JavaScript 入门经典（第5版）

[美] Phil Ballard
Michael Moncur 著
王军 译

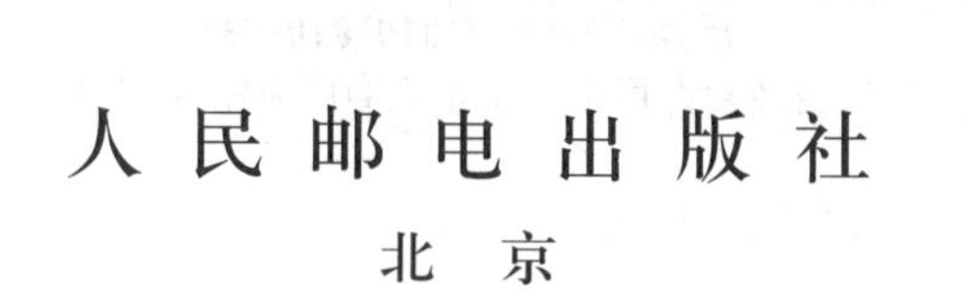

图书在版编目（CIP）数据

JavaScript入门经典 : 第5版 / (美) 巴拉德 (Ballard,P.) , (美) 蒙库尔 (Moncur,M.) 著 ; 王军译. -- 北京 : 人民邮电出版社, 2013.9（2016.6 重印）
ISBN 978-7-115-31779-7

Ⅰ. ①J… Ⅱ. ①巴… ②蒙… ③王… Ⅲ. ①JAVA语言—程序设计 Ⅳ. ①TP312

中国版本图书馆CIP数据核字(2013)第095994号

版权声明

Phil Ballard, Michael Moncur: Sams Teach Yourself JavaScript in 24 Hours, Fourth Edition

ISBN: 978-0-672-33608-9

Copyright © 2013 by Sams Publishing.

Authorized translation from the English language edition published by Sams.

All rights reserved.

本书中文简体字版由美国 **Sams** 出版公司授权人民邮电出版社出版。未经出版者书面许可，对本书任何部分不得以任何方式复制或抄袭。

版权所有，侵权必究。

◆ 著　[美] Phil Ballard　Michael Moncur
译　王　军
责任编辑　陈冀康
责任印制　程彦红　杨林杰

◆ 人民邮电出版社出版发行　北京市丰台区成寿寺路 11 号
邮编　100164　电子邮件　315@ptpress.com.cn
网址　http://www.ptpress.com.cn
北京中新伟业印刷有限公司印刷

◆ 开本：787×1092　1/16
印张：20
字数：491 千字　2013 年 9 月第 1 版
印数：7 401 – 8 400 册　2016 年 6 月北京第 9 次印刷

著作权合同登记号　图字：01-2012-5643 号

定价：45.00 元

读者服务热线：(010)81055410　印装质量热线：(010)81055316
反盗版热线：(010)81055315
广告经营许可证：京东工商广字第 8052 号

内容提要

本书是学习 JavaScript 编程的经典教程。全新的第 5 版涵盖了 JavaScript 1.8 及其以上版本、Ajax 和 jQuery 等内容。本书着力介绍 JavaScript 当今主要特性的基本技巧，从基本概念开始，逐步地介绍按照当今 Web 标准编写 JavaScript 代码的最佳方式。

全书分为七个部分，共 24 章。第一部分“JavaScript 基础”，包括第 1 章到第 5 章，介绍了如何使用常用函数编写简单的脚本，第二部分“JavaScript 进阶”，包括第 6 章到第 10 章，介绍了更复杂的编程范例，比如循环控制、事件处理、面向对象编程、JSON 标记、cookie。第三部分“文档对象模型（DOM）”，包括第 11 章到第 15 章，介绍了如何使用 CSS 遍历和编辑 DOM（文档对象模型）树，对页面元素进行样式代和动画。第四部分“Ajax”，包括第 16 到第 18 章，介绍如何利用 XMLHTTPRequest 对象向服务器进行后台调用，并且处理服务器的响应；建立简单的 Ajax 库，调试 Ajax 应用。第五部分“使用 JavaScript 库”，包括第 19 章到第 21 章，介绍如何使用第三方库，比如 Prototype 和 jQuery，简化跨浏览器的开发工作。第六部分“JavaScript 与其他 Web 技术的配合”，包括第 22 章到第 24 章，通过范例介绍如何使用 JavaScript 控制多媒体、展示 HTML5 的功能、编写浏览器插件。第七部分“附录”介绍了 JavaScript 编程常用工具，并给出了 JavaScript 快速参考。

本书内容循序渐进，逐步深入，概念和知识点讲解清楚，而且每章最后配有练习，供读者检查和巩固所学知识。本书适合对 Web 应用开发感兴趣的初中级中户阅读和自学，也可作为大中专院校相关专业的教材。

内容提要

前 言

目标读者

对于想学习 JavaScript 的读者来说，很可能已经掌握了 HTML 和 Web 页面设计的基本知识，希望为网页添加一些更好的互动性；或者，目前是在使用其他语言进行编程，想了解一下 JavaScript 能够提供哪些更多的功能。

如果对 HTML 没有任何了解，或是没有任何计算机编程经验，我们建议读者先了解一些 HTML 基本知识。HTML 是非常易于理解的，读者不必成为 HTML 专家就足以了解本书的 JavaScript 范例了。

JavaScript 很适合作为学习编程技术的出发点，在调试过程所掌握的基本概念大多可以用于其他的编程语言，比如 C、Java 或 PHP。

本书的目标

JavaScript 最初的用途是相当有限的，它只具备基本的功能，对于浏览器的支持也很不稳定，所以只被看作花哨的小技巧。现在，随着浏览器对 W3C 标准的支持越来越好，对 JavaScript 的实现不断改善，JavaScript 已经成为一种很正规的编程语言。

其他高级编程语言里的编程规则能够方便地应用于 JavaScript，比如面向对象编程方法有助于编写稳定、易读、易维护和易重用的代码。

“低调”的编程技术和 DOM 脚本都致力于为 Web 页面增加更好的互动，同时保持 HTML 简单易读，并且能够轻松地与代码分离。

本书着力介绍 JavaScript 当今主要特性的基本技巧，从基本概念开始，逐步地介绍按照当今 Web 标准编写 JavaScript 代码的最佳方式。

本书约定

本书全部代码范例都是符合 HTML5 标准的，但考虑到目前并不是所有 Web 浏览器都支持 HTML5，这些范例一般会避免使用 HTML5 特有的语法。无论读者使用什么样的计算机或操作系统，这些代码都能够在常见浏览器上正常运行。

除了每个课程里的正文之外，书中还有一些标记为“说明”、“提示”或“注意”的方框。

NOTE **说明**：这里的内容提供了额外的解释，帮助读者理解正文和范例。

TIP **提示**：这些方框里的内容提供额外的技巧、提示，帮助读者更轻松地进行编程。

CAUTION **注意**：了解这些内容以避免常见的错误。

▼ 实践练习

每章都包括至少一个部分的内容指导读者尝试自己完成脚本，帮助读者建立编写 JavaScript 脚本的信心。

问答、测验和练习

每章的最后都有这三部分内容：

“问答”主要是解答课程中最常遇到的问题；

“测验”用于测试读者对课程内容的掌握情况；

“练习”根据课程的内容提供一些让读者进一步深入学习的建议。

本书结构

本书正文分为六个部分，内容的难度逐步提高。

➢　第一部分：JavaScript 基础

第一部分是 JavaScript 语言的基本知识，介绍了如何使用常用函数编写简单的脚本。这部分的内容主要针对缺少或没有编程知识及 JavaScript 知识的读者。

➢　第二部分：JavaScript 进阶

这部分介绍更复杂的编程范例，比如循环控制、事件处理、面向对象编程、JSON 标记、cookie。

➢　第三部分：文档对象模型（DOM）

这部分内容着重介绍如何使用 CSS 遍历和编辑 DOM（文档对象模型）树，对页面元素进行样式化和动画。其中强调了使用好的编码方式，比如低调 JavaScript。

➢　第四部分：Ajax

这部分介绍如何利用 XMLHttpRequest 对象向服务器进行后台调用，并且处理服务器的响应；建立简单的 Ajax 库，调试 Ajax 应用。

➢　第五部分：使用 JavaScript 库

这部分介绍如何使用第三方库，比如 Prototype 和 jQuery，简化跨浏览器的开发工作。

➢ 第六部分：JavaScript 与其他 Web 技术的配合

最后这部分的范例介绍如何使用 JavaScript 控制多媒体、展示 HTML 5 的功能、编写浏览器插件等。

必要工具

编写 JavaScript 并不需要昂贵和复杂的工具，比如集成开发环境（IDE）、编译器或调试器。

本书的范例代码都可以利用像 Windows 记事本这样的文本编辑软件生成。每个操作系统都会提供至少一款这样的软件，而且互联网上还有大量免费或廉价的类似软件。

说明：

附录 A“JavaScript 开发工具”列出的 JavaScript 开发工具和资源都可以方便地获得。

为了查看代码的运行情况，我们需要一个 Web 浏览器，比如 IE、Firefox、Opera、Safari 或 Chrome。建议使用浏览器的最新稳定版本。

本书绝大多数范例代码在运行时并不需要互联网连接，只要把源代码保存到计算机上，然后用浏览器打开它们就可以了。例外的情况是关于 cookie 和 Ajax 的，这些代码需要一个 Web 连接（或者是局域网上的一个 Web 服务连接）和一些 Web 空间来上传代码。对于尝试过 HTML 编码的读者来说，都应该具备上述配置了；即使没有这些配置，使用业余级别的 Web 主机账户就可以满足要求，而这些都是很便宜的。（如果想测试 Ajax 代码，请确认 Web 主机允许运行 PHP 语言脚本，而基本上所有主机都是允许的。）

作者简介

Phil Ballard 的另一本著作是《Sams Teach Yourself Ajax in 10 Minutes》。他于 1980 年毕业于英国的利兹大学，以优异成绩获得了电子专业的荣誉学位。毕业后，他先是一家跨国公司的研究人员，接着担任了高科技部门的管理职务，然后成为了专职的软件工程顾问。

近些年来，通过“The Mouse Whisperer”项目（www.mousewhisperer.co.uk），Ballard 为全球的客户提供了关于网站、互联网设计与开发的服务。

Michael Moncur 是自由职业者。他作为 Web 站点管理员和作家，管理着多个网站，其中包括最古老的著名报价网站（该网站在 1994 年上线运行）。他曾编写了《Sams Teach Yourself DHTML in 24 Hours》，还著有数本网络、认证和数据库等方面的畅销书。他和妻子现居住在犹他州盐湖城。

我们期待读者的反馈

读者是我们最重要的批评家和评论家。我们非常重视读者的意见，想知道我们哪些方面做的不错，哪些方面还需要改善；想知道读者期望什么领域的图书，以及其他任何有益的建议。

我们欢迎读者反馈信息，读者可以通过电子邮件或书信来表达自己对于本书的看法和建议。

需要提醒的是，我们不能帮助读者解决实际的技术问题。

在向我们反馈信息时，请读者写明图书的名称、作者，以及自己的姓名和电子邮件地址。我们将仔细地查看这些建议，并且将它们转达给作者和编辑。

电子邮件地址：feedback@samspublishing.com

通信地址：Sams Publishing
ATTN:Reader Feedback
800 East 96th Street
Indianapolis, IN 46240 USA

读者服务

读者可以访问 www.informit.com/register，以本书信息进行注册，就可以方便地获得与本书相关的更新、下载和勘误。

目　录

第一部分　JavaScript 基础

第三部分 文档对象模型（DOM）

第四部分 Ajax

第五部分 使用 JavaScript 库

第七部分 附录

第一部分

JavaScript 基础

第 1 章

了解 JavaScript

本章主要内容包括：

- 关于服务器端和客户端编程
- JavaScript 如何改善 Web 页面
- JavaScript 历史
- “文档对象模型”（DOM）基础知识
- window 和 document 对象
- 如何使用 JavaScript 给 Web 页面添加内容
- 如何利用对话框提示用户

与其只有文本内容的祖先相比，现代的 Web 几乎是完全不同的，它包含了声音、视频、动画、交互导航等很多元素，而 JavaScript 对于实现这些功能扮演了非常重要的角色。

在第 1 章中，我们将简要介绍 JavaScript，回顾它的发展历史，展示它如何能够改善 Web 页面，读者还会直接开始编写一些实用的 JavaScript 代码。

1.1 Web 脚本编程基础

阅读本书的读者很可能已经熟练使用万维网，而且对于使用某种 HTML 编写 Web 页面有一些基本的理解。

HTML 不是编程语言（如其名所示），而是一款标签语言，用于标签页面的各个部分在浏览器里以何种方式展现，比如加粗或斜体字，或是作为标题，或是一系列选项，或是数据表格，或是其他修饰方式。

一旦编写完成，这些页面的本质就决定了它们是*静态*的。它们不能对用户操作做出响应，不能进行判断，不能调整页面元素显示。无论用户何时访问这些页面，其中的标签都会被以相同的方式进行解析和显示。

根据使用万维网的经验，我们知道网站可以做的事情要多的多。我们时常访问的页面基本上都不是静态的，它们能够包含“活”的数据，比如分享商品价格或航班到达时间，字体和颜色的动画显示，或是点击相册或数据列表这样的交互操作。

这些灵活的功能是通过程序（通常称为“脚本”）来实现的，它们在后台运行，操纵着浏览器显示的内容。

NOTE **说明**：“脚本”这个术语显然来自于话剧和电视领域，那里所用的脚本决定了演员或主持人要做的事情。对于 Web 页面来说，主角是页面上的元素，而脚本是由某种脚本语言（比如 JavaScript）生成的。对于本书描述的内容来说，“程序”与“脚本”两个术语基本上是可以通用的。

1.2 服务器端与客户端编程

给静态页面添加脚本有两种最基本的方式。

- 让 Web 服务器在把页面发送给用户之前执行脚本。这样的脚本可以确定把哪些内容发送给浏览器以显示给用户，比如从在线商店的数据库获取产品价格，在用户登录到站点的私有区域之前核对用户身份，或是从邮箱获取邮件内容。这些脚本通常运行在 Web 服务器上，而且是在生成页面并提供给用户之前运行的。
- 另外一种方式并不是在服务器运行脚本，而是把脚本与页面内容一起发送给用户的浏览器。然后浏览器运行这些脚本，操作已经发送给浏览器的页面内容。这些脚本的主要功能包括动画页面的部分内容，重新安排页面布局，允许用户在页面内拖放元素，验证用户在表单里输入的内容，把用户重定向到其他页面，等等。自然而然，这些脚本称为“客户端脚本”。

NOTE **说明**：有一种很酷的方法可以把来自于服务器端脚本的输出组合到客户端脚本，在本书第四部分介绍 Ajax 技术时将有所涉及。

本书介绍的 JavaScript 是互联网上最广泛应用的客户端脚本。

1.3 JavaScript 简介

用 JavaScript 编写的程序能够访问 Web 页面的元素和运行它的浏览器，对这些元素执行操作，还可以创建新元素。JavaScript 常见的功能包括：

- 以指定尺寸、位置和样式（比如是否具有边框、菜单、工具栏等）打开新窗口；
- 提供给用户友好的导航帮助，比如下拉菜单；
- 检验 Web 表单输入的数据，在向 Web 服务器提交表单之前确保数据格式正确；

- 在特定事件发生时，改变页面元素的外观与行为，比如当鼠标指针经过元素时；
- 检测和发现特定浏览器支持的功能，比如第三方插件，或是对新技术的支持。

由于 JavaScript 代码只在用户浏览器内部运行，页面会对 JavaScript 指令做出快速响应，从而改善用户的体验，让 Web 应用更像在用户本地计算机运行的程序而不是一个页面。另外，JavaScript 能够检测和响应特定的用户操作，比如鼠标点击和键盘操作。

几乎每种 Web 浏览器都支持 JavaScript。

> **说明**：虽然 JavaScript 与 Java 的名称有些相同部分，但两者几乎没有什么联系。虽然它们有一些相同的语法，但这些共同之处并不比与其他语言的共同之处多。 **NOTE**

1.4 JavaScript 起源

JavaScript 的祖先可以追溯到 20 世纪 90 年代中期，首先是 Netscape Navigator 2 引入了 1.0 版本。

随后，“欧洲计算机制造商协会”（ECMA）开始介入，制定了 ECMAScript 规范，奠定了 JavaScript 迅猛发展的基础。与此同时，微软开发了自己版本的 JavaScript：jScript，在 IE 浏览器上使用。

> **说明**：JavaScript 不是仅有的客户端脚本语言，微软的浏览器还支持自己的 Visual Basic 面向脚本的版本：VBScript。 **NOTE**

但是，JavaScript 得到了更好的浏览器支持，现代浏览器几乎都支持它。

浏览器战争

在 20 世纪 90 年代后期，Netscape Navigator 4 和 IE 4 都宣布对 JavaScript 提供更好的支持，比以前版本的浏览器大有改善。

但不幸的是，这两组开发人员走上了不同的道路，分别给 JavaScript 语言本身及如何与 Web 页面交互定义了自己的规范。

这种荒唐的情况导致开发人员总是要编写两个版本的脚本，利用一些复杂的、经常可能导致错误的程序来判断用户在使用什么浏览器，然后再切换到适当版本的脚本。

好在“网际网络联盟”（W3C）非常努力地通过 DOM 规范各个浏览器制作商生成和操作页面的方式。1 级 DOM 于 1998 年完成，2 级版本完成于 2000 年年末。

关于 DOM 是什么或它能做什么，本书的相应章节会有所介绍。

> **说明**：“网际网络联盟”（W3C）是一个国际组织，致力于制定开放标准来支撑互联网的长期发展。其站点 http://www.w3.org/包含了大量与 Web 标准相关的信息与工具。 **NOTE**

1.5 <script>标签

当用户访问一个页面时，页面中包含的 JavaScript 代码会与其他页面内容一起传递给浏览器。

在 HTML 里使用<script>和</script>标签，可以在 HTML 代码里直接包含 JavaScript 语句。

```
<script>
    …JavaScript 语句…
</script>
```

本书的代码都是符合 HTML5 规范的，也就是说，<script>元素没有任何必须设置的属性（在 HTML5 里，type 属性是可选的，本书的范例里都没有使用这个属性）。但如果是在 HTML4.x 或 XHTML 页面里添加 JavaScript，就需要使用 type 属性了：

```
<script type="text/javascript">
    …JavaScript 语句…
</script>
```

> **NOTE** **说明**：JavaScript 是一种解释型语言，不是 C++或 Java 那样的编译语言。JavaScript 指令以普通文本形式传递给浏览器，然后依次解释执行。它们不必首先"编译"成只有计算机处理器能够理解的机器码，这让 JavaScript 程序很便于阅读，能够迅速地进行编辑，然后在浏览器里重新加载页面就可以进行测试。

偶尔还会看到<script>元素使用属性 language="JavaScript"，这种方式已经被抛弃很久了。除非是需要支持很古老的浏览器，比如 Navigator 或 Mosaic，否则完全不必使用这种方式。

> **NOTE** **说明**："抛弃"这个词对于软件功能或编码方式来说意味着最好避免使用，因为它们已经被新功能或新方式取代了。
>
> 虽然为了实现向下兼容而仍然使用这类的功能，但"被抛弃"这个状态通常暗示这样的功能会在不久之后被清除。

本书的范例把 JavaScript 代码放置到文档的 body 部分，但实际上 JavaScript 代码也能出现在其他位置。我们还可以利用<script>元素加载保存在外部文件里的 JavaScript 代码，关于这方面的详细介绍请见第 2 章。

1.6 DOM 简介

"文档对象模型"（DOM）是对文档及其内容的抽象表示。

每次浏览器要加载和显示页面时，都需要解释（更专业的术语是"解析"）构成页面的 HTML 源代码。在解析过程中，浏览器建立一个内部模型来代表文档里的内容，这个模型就是 DOM。在浏览器渲染页面的可见内容时，就会引用这个模型。我们利用 JavaScript 可以访问和编辑这个 DOM 模型的各个部分，从而改变页面的显示内容和用户交互的方式。

在早期，JavaScript 只能对 Web 页面的某些部分进行最基本的访问，比如访问页面里的图像和表单，可以选择"页面上第二个表单"，或是"名称为 registration 的表单"。

Web 开发人员有时把这种情形称为 0 级 DOM，以便与 W3C 的 1 级 DOM 向下兼容。0 级 DOM 有时也被称为 BOM（浏览器对象模型）。从 0 级 DOM 开始，W3C 逐渐扩展和改善了 DOM 规范。它更大的野心是不仅让 DOM 能够用于 Web 页面与 JavaScript，也能用于任何编程语言和 XML。

说明：本书使用 1 级和 2 级 DOM 定义。如果想了解各种级别 DOM 的详细内容，可以访问 https://developer.mozilla.org/en/DOM_Levels。 ***NOTE***

1.6.1 W3C 和标准兼容

浏览器制作商在最近的版本中对 DOM 的支持都有了很大的改善。在编写本书时，IE 最新版本是 9，Netscape Navigator 以 Mozilla Firefox 重新出世（当前版本是 9），其他竞争对手还包括 Opera、Konqueror、苹果公司的 Safari、谷歌的 Chrome 和 Chromium，都对 DOM 提供了出色的支持。

Web 开发人员的处境有了很大改善。除了极特殊的一些情况，只要我们遵循 DOM 标准，在编程时基本上可以不考虑为某个浏览器编写特殊代码了。

说明：早期浏览器，比如 Netscape Navigator（任何版本）和 IE 5.5 以前版本，现在基本上已经没有人使用了。本书只关注与 1 级或更高级别 DOM 兼容的现代浏览器，比如 IE 7+、Firefox、Google Chrome、Apple Safari、Opera 和 Konqueror。我们建议读者把自己使用的浏览器升级到最新版本。 ***NOTE***

1.6.2 window 和 document 对象

浏览器每次加载和显示页面时，都在内存里创建页面及其全部元素的一个内部表示体系，也就是 DOM。在 DOM 里，页面的元素具有一个逻辑化、层级化的结构，就像一个由父对象和子对象组成的树形结构。这些对象及其相互关系构成了 Web 页面及显示页面的浏览器的抽象模型。每个对象都有“属性”列表来描述它，而利用 JavaScript 可以使用一些方法来操作这些属性。

这个层级树的最顶端是浏览器 window 对象，它是 DOM 树里一切对象的根。

window 对象具有一些子对象，如图 1.1 所示。图 1.1 中第一个子对象是 document，这也是本书最经常使用的对象。浏览器加载的任何 HTML 页面都会创建一个 document 对象，包含全部 HTML 内容及其他构成页面显示的资源。利用 JavaScript 以父子对象的形式就可以访问这些信息。这些对象都具有自己的属性和方法。

图 1.1 中 window 对象的其他子对象是 location（包含着当前页面 URL 的全部信息）、history（包含浏览器以前访问的页面地址）和 navigator（包含浏览器类型、版本和兼容的信息）。第 4 章将会更详细地介绍这些对象，其他章节也会使用它们，但目前我们着重于 document 对象。

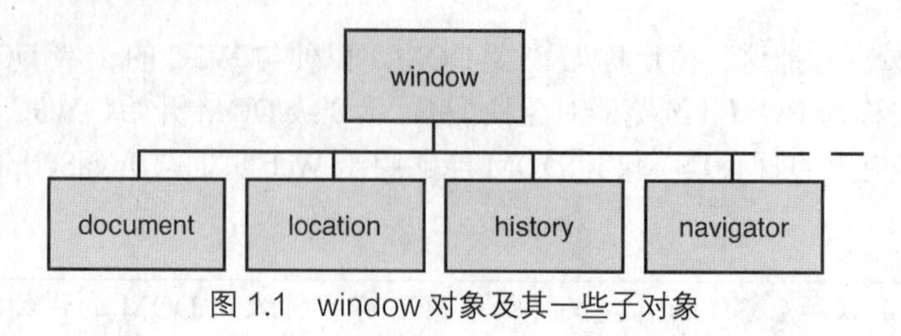

图 1.1 window 对象及其一些子对象

1.6.3 对象标签法

我们用句点方式表示树形结构里的对象：

```
parent.child
```

如图 1.1 所示，document 对象是 window 对象的子对象，所以在 DOM 里就像这样表示它：

```
window.document
```

HTML 页面的 body 部分在 DOM 里是 document 对象的一个子对象，所以表示为：

```
window.document.body
```

这种表示法的最后一个部分除了可以是对象外，还可以是属性或方法：

```
object1.object2.property

object1.object2.method
```

举例来说，如果想访问当前文档的 title 属性，也就是 HTML 标签<title>和</title>，我们可以这样表示：

```
window.document.title
```

> **TIP** **提示**：window 对象永远包含当前浏览器窗口，所以使用 window.document 就可以访问当前文档。作为一种简化表示，使用 document 也能访问当前文档。
>
> 如果是打开了多个窗口，或是使用框架集，那么每个窗口或框架都有单独的 window 和 document 对象，为了访问其中的某一个文档，需要使用相应的窗口名称和文档名称。

1.7 与用户交互

现在来介绍 window 和 document 对象的一些方法。首先介绍的这两个方法都能提供与用户交互的手段。

1.7.1 window.alert()

即使不知道 window.alert()，我们实际上在很多场合已经看到过它了。window 对象位于 DOM 层级的最顶端，代表了显示页面的浏览器窗口。当我们调用 alert()方法时，浏览器会弹出一个对话框显示设置的信息，还有一个“确定”按钮。范例如下：

```
<script>window.alert("Here is my message");</script>
```

这是第一个使用句点表示法的范例，其中调用了 window 对象的 alert()方法，所以按照 object.method 表示方法就写为 window.alert。

> **提示：** 在实际编码过程中，可以不明确书写 window 对象名称。因为它是 DOM 层级结构的最顶层（有时也被称为“全局对象”），任何没有明确指明对象的方法调用都会被指向 window，所以<script>alert("Here is my message");</script>也能实现同样功能。 **TIP**

请注意要显示的文本位于引号之中。引号可以是双引号，也可以是单引号，但必须有引号，否则会产生错误。

这行代码在浏览器执行时，产生的弹出对话框如图 1.2 所示。

图 1.2 window.alert()对话框

> **提示：** 图 1.2 显示的弹出对话框由运行在 Windows 7 旗舰版环境下的 Chrome 浏览器产生。不同操作系统、不同浏览器、不同显示设置都会影响这个对话框的最终显示情况，但它总是会包含要显示的信息和一个“确定”按钮。 **TIP**

> **提示：** 在用户点击“确定”按钮之前，页面上是不能进行其他任何操作的。具有这种行为模式的对话框被称为“模态”对话框。 **TIP**

1.7.2 document.write()

从这个方法名称就可以猜到它的功能。显然它不是弹出对话框，而是直接向 HTML 文档写入字符，如图 1.3 所示。

```
<script>document.write("Here is another message");</script>
```

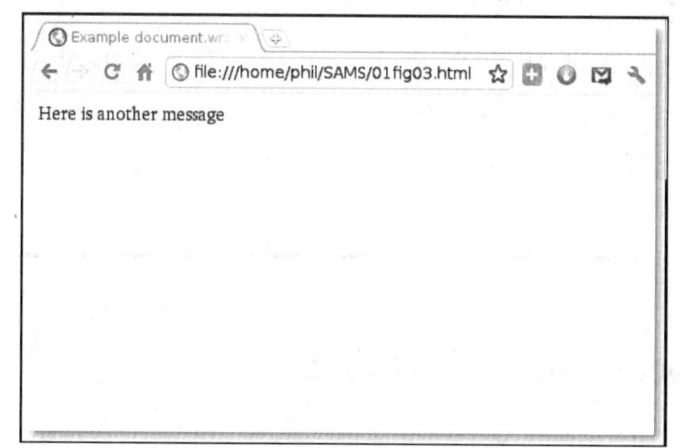

图 1.3 使用 document.write()

NOTE **说明**：实际上，无论从功能来说，还是从编码风格与可维护性来说，document.write 都是一种向页面输出内容的笨拙方式。大多数“严肃”的 JavaScript 程序员都不会使用这种方式，更好的方式是使用 JavaScript 和 DOM。但在本书第一部分介绍 JavaScript 语言的基本知识时，我们还会使用这个方法。

实践

JavaScript 编写的“Hello World!”

在介绍一种编程语言时，如果不使用传统的“Hello World!”范例似乎说不过去。这个简单的 HTML 文档如程序清单 1.1 所示。

程序清单 1.1 使用 alert()对话框实现“Hello World!”

```
<!DOCTYPE html>
<html>
<head>
    <title>Hello from JavaScript!</title>
</head>
<body>
    <script>
        alert("Hello World!");
    </script>
</body>
</html>
```

在文本编辑器里创建一个文档，命名为 hello.html，输入上述代码，保存到计算机，然后在浏览器里打开它。

CAUTION **注意**：有些文本编辑器会尝试给我们指定的文件名添加.txt 后缀，因此在保存文件时要确保使用了.html 后缀，否则浏览器可能不会正常打开它。

几乎全部操作系统都允许我们用鼠标右键单击 HTML 文件图标，从弹出菜单里选择“打开方式...”（或类似的字眼）。另外一种打开方式是先运行喜欢的浏览器，然后从菜单栏里选择“文件”>“打开”，找到相应的文件，加载到浏览器。

CAUTION **注意**：有些浏览器的默认安全设置会在打开本地内容（比如本地计算机上的文件）时显示警告内容，如果看到这样的提示，只要选择允许继续操作即可。

这时会看到如图 1.2 所示的对话框，但其中的内容是“Hello World!”。如果计算机里安装了多个浏览器，可以尝试用它们打开这个文件，比较得到的结果。对话框外观可能有细微差别，但信息和“确定”按钮都是一样的。

▲

1.7.3 读取 document 对象的属性

正如前文所述，DOM 树包含着方法和属性。前面的范例展示了如何使用 document 对象的 write 方法向页面输出文本，现在我们来读取 document 对象的属性。以 document.title 属性为例，它包含了 HTML 文档里<title>标签的内容。

在文本编辑器里修改 hello.html，修改对 window.alert()方法的调用：

```
alert(document.title);
```

注意到 document.title 并没有包含在引号里，这时如果使用引号，JavaScript 会认为我们要输出文本“document.title”。在不使用引号的情况下，JavaScript 会把 document.title 属性的值传递给 alert()方法，得到的结果如图 1.4 所示。

图 1.4　显示 document 对象的属性

1.8　小结

本章简要介绍了服务器端脚本和客户端脚本的概念，还简述了 JavaScript 和 DOM 的历史演变，大概展示了 JavaScript 能够实现什么功能来改善页面和优化用户体验。

本章还简单介绍了 DOM 的基本结构，展示了如何使用 JavaScript 访问特定对象及其属性，并且使用这些对象。

后面的章节将基于这些基本概念逐渐展开更高级的脚本编程项目。

1.9　问答

问：如果使用服务器端脚本（比如 PHP 或 ASP），还能在客户端使用 JavaScript 进行编程吗？

答：当然可以。事实上，这种组合方式能够形成一个有力的平台，实现功能强大的应用。Google Mail 就是个很好的范例。

问：应该对多少种不同的浏览器进行测试呢？

答：方便的情况下越多越好。编写与标准兼容的避免使用浏览器专用功能的代码，从而让程序在各个浏览器上都能顺畅运行，这不是简单的事情。浏览器在特定功能的实现上有一两处细微差别，总是难免的。

问：包含 JavaScript 代码会不会增加页面加载的时间？

答：是的，但通常这种影响很小，可以忽略不计。如果 JavaScript 代码的内容比较多，就应该在用户可能使用的最慢连接上进行测试。除了一些极其特殊的情况，这一般不会成为什么问题。

1.10　作业

请先回答问题，再参考后面的答案。

1.10.1 测验

1．JavaScript 是解释型语言还是编译型语言？

a．编译型语言

b．解释型语言

c．都不是

d．都是

2．若要添加 JavaScript 语句，必须在 HTML 页面里使用什么标签？

a．<script>和</script>

b．<type="text/javascript">

c．<!--和-->

3．DOM 层级结构的最顶层是：

a．document 属性

b．document 方法

c．document 对象

d．window 对象

1.10.2 答案

1．选 b。JavaScript 是一种解释型语言，它以纯文本方式编写代码，一次读取并执行一条语句。

2．选 a。JavaScript 语句添加在<script>和</script>之间。

3．选 d。window 对象位于 DOM 树的顶端，document 对象是它的一个子对象。

1.11 练习

在本章的“实践”环节中，我们使用了这样一行代码：

```
alert(document.title);
```

它可以输出 document 对象的 title 属性。请尝试修改这段脚本，输出 document.lastModified 属性，它包含的是 Web 页面最后一次修改的日期和时间。（提示：属性名称是区分大小写的，注意这个属性里大写的 M。）还可以尝试用 document.write()代替 alert()方法向页面直接输出信息。

在不同的浏览器里运行本章的范例代码，观察页面显示情况有什么区别。

第 2 章

创建简单的脚本

本章主要内容包括：

- 在 Web 页面里添加 JavaScript 的各种方式
- JavaScript 语句的基本语法
- 声明和使用变量
- 使用算术操作符
- 代码的注释
- 捕获鼠标事件

第 1 章介绍了 JavaScript 是一种能够让 Web 页面更具有交互性的脚本语言。

本章将介绍如何向 Web 页面添加 JavaScript，以及它的一些基本语法，比如语句、变量、操作符和注释。同时，本章将涉及更加实用的脚本范例。

2.1 在 Web 页面里添加 JavaScript

正如上一章所介绍的，JavaScript 代码是和页面内容一起发送给浏览器的，这是如何做到的呢？有两种方法可以把 JavaScript 代码集成到 HTML 页面，它们都要使用第 1 章介绍的<script>和</script>标签。

第一种方法是把 JavaScript 语句直接包含在 HTML 文件里，就像上一章所介绍的一样。

```
<script>
    …JavaScript 语句…
</script>
```

第二种方法，也是更好的方法，是把 JavaScript 代码保存到单独的文件，然后利用<script>标签的 src（源）属性把这个文件包含到页面里。

```
<script src='mycode.js'></script>
```

前例包含了一个名为mycode.js的文件，其中有我们编写的JavaScript语句。如果JavaScript文件与调用脚本不在同一个文件夹，就需要使用相对或绝对路径：

```
<script src='/path/to/mycode.js'></script>
```

或

```
<script src='http://www.example.com/path/to/mycode.js'></script>
```

NOTE **说明：**按照惯例，JavaScript 代码文件的名称后缀是.js。但从实际情况来看，代码文件的名称可以使用任何后缀，浏览器都会把其中的内容当作 JavaScript 来解释。

把 JavaScript 代码保存到单独的文件有不少好处：

- 当 JavaScript 代码有更新时，这些更新可以立即作用于使用这个 JavaScript 文件的页面。这对于 JavaScript 库是尤为重要的（本书稍后会有介绍）。
- HTML 页面的代码可以保持简洁，从而提高易读性和可维护性。
- 可以稍微改善一点性能。浏览器会把包含文件进行缓存，当前页面或其他页面再次需要使用这个文件时，就可以直接从内存读取了。

CAUTION **注意：**外部文件里不能使用<script>和</script>标签，也不能使用任何 HTML 标签，只能是纯粹的 JavaScript 代码。

程序清单 2.1 是第 1 章里 Web 页面的代码，修改为在<body>区域里包含了一个 JavaScript 代码文件。JavaScript 可以放置到 HTML 页面的<head>或<body>区域里，但一般情况下，我们把 JavaScript 代码放到页面的<head>区域，从而让文档的其他部分能够调用其中的函数。第 3 章将介绍函数的有关内容。就目前而言，我们把范例代码暂时放到文档的<body>区域。

程序清单 2.1　包含了 JavaScript 文件的 HTML 文档

```
<!DOCTYPE html>
<html>
<head>
    <title>A Simple Page</title>
</head>
<body>
    <p>Some content ...</p>
    <script src='mycode.js'></script>
</body>
</html>
```

当 JavaScript 代码位于文档的 body 区域时，在页面被呈现时，遇到这些代码就会解释和执行，然后继续完成页面的其他内容。

NOTE

说明：有时在<script>标签里可以看到HTML风格的注释标签<!--和-->，比如：

```
<script>
    <!--
    …JavaScript 语句…
    -->
</script>
```

这是为了兼容不能识别<script>标签的老版本浏览器。这种“注释”方式可以防止老版本浏览器把JavaScript源代码当作页面内容显示出来。除非我们有特别明确的需求要支持老版本的浏览器，否则是不需要使用这种技术的。

2.2 JavaScript 语句

JavaScript 程序是由一些单独的指令组成的，这些指令被称为“语句”。为了能够正确地解释语句，浏览器对语句的书写方式有所要求。第一种方式是把每个语句一行：

```
语句 1
语句 2
```

另一种方式是在同一行里书写多个语句，每个语句以分号表示结束。

```
语句 1; 语句 2;
```

为了提高代码的可读性，也为了减少无意中造成的语法错误，最好是结合上述两种方式的优点，也就是一行书写一个语句，并且用分号表示语句结束：

```
语句 1;
语句 2;
```

代码注释

有些语句的作用并不是为了让浏览器执行，而且为了方便需要阅读代码的人。我们把这些语句称为“注释”，它有一些特定的规则。

长度在一行之内的注释可以在行首以双斜线表示：

```
//注释内容
```

如果需要用这种方式添加多行注释，需要在每一行的行首都使用这个前缀：

```
//注释内容
//注释内容
```

实现多行注释的更简单方法是使用/*标签注释的开始，使用*/标签注释的结束。其中的注释内容可以跨越多行。

```
/* 这里的注释
   内容可以跨越
   多行   */
```

NOTE

说明：JavaScript 还可以使用 HTML 注释语法来实现单行注释：

```
<-- 注释内容 -->
```

但我们一般不在 JavaScript 中使用这种方式。

在代码里添加注释是一种非常好的习惯，特别是在编写较大、较复杂的 JavaScript 程序时。注释不仅可以作为我们自己的提示，还可以为以后阅读代码的其他人提供指示和说明。

NOTE **说明**：注释的确会略微增加 JavaScript 源文件的大小，从而对页面加载时间产生不好的影响。一般来说，这种影响小到可以忽略不计，但如果的确需要消除这种影响，我们可以清除 JavaScript 文件里的全部注释，形成所谓的“运行”版本，用于实际的站点。

2.3 变量

变量可以看作一种被命名的分类容器，用于保存特定的数据。数据可以具有多种形式：整数或小数、字符串或其他数据类型（本章稍后有所介绍）。变量可以用任何方式进行命名，但我们一般只使用字母、数字、美元符号（$）和下划线。

CAUTION **注意**：JavaScript 是区分大小写的，变量 mypetcat 和 Mypetcat 或 MYPETCAT 是不一样的。

JavaScript 程序员和其他很多程序员习惯使用一种名为“驼峰大小写”（或被称为“混合大小写”等）的方法，也就是把各个单词或短语连写在一起，没有空格，每个单词的首字母大写，但名称的第一个字母可以是大写或小写。按照这种方式，前面提到的变量就应该命名为 MyPetCat 或 myPetCat。

假设有个变量的名称是 netPrice。通过一个简单的语句就可以设置保存在 netPrice 里的数值：

```
netPrice = 8.99;
```

这个操作被称为给变量“赋值”。有些编程语言在赋值之前必须进行变量声明，JavaScript 不必如此。但变量声明是个很好的编程习惯，在 JavaScript 里可以这样做：

```
var netPrice;
netPrice = 8.99;
```

还可以把上述两个语句结合成一个语句，更加简洁和易读。

```
var netPrice = 8.99;
```

如果要把“字符串”赋值给一个变量，需要把字符串放到一对单引号或双引号之中：

```
var productName = "Leather wallet";
```

然后就可以传递这个变量所保存的值，比如传递给 window.alert 方法：

```
alert(productName);
```

生成的对话框会计算变量的值，然后显示出来，如图 2.1 所示。

图 2.1 显示变量 productName 的值

TIP **提示**：尽量使用含义明确的名称，比如 productName 和 netPrice。虽然像 var123 或 myothervar49 这样的名称也是合法的，但前者显然具有更好的易读性和可维护性。

2.4 操作符

如果不能通过计算操作变量里保存的值，那么这些值的作用就是十分有限的。

2.4.1 算术操作符

首先，JavaScript 可以使用标准的算术操作符进行加、减、乘、除。

```
var theSum = 4 + 3;
```

显然，前面这个语句执行之后，变量 theSum 的值是 7。在运算中，我们还可以使用变量名称：

```
var productCount = 2;
var subtotal = 14.98;
var shipping = 2.75;
var total = subtotal + shipping;
```

JavaScript 的减法（–）、乘法（*）和除法（/）也是类似的：

```
subtotal = total - shipping;
var salesTax = total * 0.15;
var productPrice = subtotal / productCount;
```

如果想计算除法的余数，可以使用 JavaScript 的“模”运算符，也就是“%”：

```
var itemsPerBox = 12;
var itemsToBeBoxed = 40;
var itemsInLastBox = itemsToBeBoxed % itemsPerBox;
```

上述语句运行之后，变量 itemsInLastBox 的值是 4。

JavaScript 对变量值的增加和减少有快捷操作符，分别是（++）和（––）：

```
productCount++;
```

上述语句相当于：

```
productCount = productCount + 1;
```

类似地，

```
items--;
```

与下面的语句作用相同：

```
items = items - 1;
```

关于 JavaScript 算术操作符的更详细介绍请见附录 B。

提示：如果变量值的增加或减少不是 1，而是其他数值，JavaScript 还允许把算术操作符与等号结合使用，比如+=和–=。 TIP

如下面两行代码的效果是相同的：

```
total = total + 5;
total += 5;
```

下面两行也是一样：

```
counter = counter - step;
counter -= step;
```

乘法和除法算术操作符也可以这样使用：

```
price = price * uplift;
price *= uplift;
```

2.4.2 操作符优先级

在一个计算中使用多个操作符时，JavaScript 根据“优先级规则”来确定计算的顺序。比如下面这条语句：

```
var average = a + b + c / 3;
```

根据变量的名称，这应该是在计算平均数，但这个语句不会得到我们想要的结果。在与 *a* 和 *b* 相加之前，*c* 会先进行除法运算。为了正确地计算平均数，需要添加一对括号，像下面这样：

```
var average = (a + b + c) / 3;
```

如果对于运算优先级不是十分确定，我们建议使用括号。这样做并不需要什么额外的代价，不仅能够让代码更易读（无论是编写者本人还是需要查看代码的其他人），还能避免优先级影响运算过程。

> **NOTE**
> **说明**：对于有 PHP 或 Java 编程经验的读者来说，可以发现 JavaScript 的操作符优先级规则与它们基本是一样的。关于 JavaScript 操作符优先级的详细说明请见：http://msdn.microsoft.com/en-us/library/z3ks45k7(v=vs.94).aspx。

2.4.3 对字符串使用操作符“+”

当变量保存的是字符串而不是数值时，算术操作符基本上就没有什么意义了，唯一可用的是操作符“+”。JavaScript 把它用于两个或多个字符串的连接（按照顺序组合）：

```
var firstname="John";
var surname="Doe";
var fullname=firstname+" "+surname;
//变量 fullname 里的值是"John Doe"
```

如果把操作符“+”用于一个字符串变量和一个数值变量，JavaScript 会把数值转换为字符串，再把两个字符串连接起来。

```
var name = "David";
var age = 45;
alert(name + age);
```

图 2.2 所示是一个字符串变量和一个数值变量使用操作符“+”的结果。

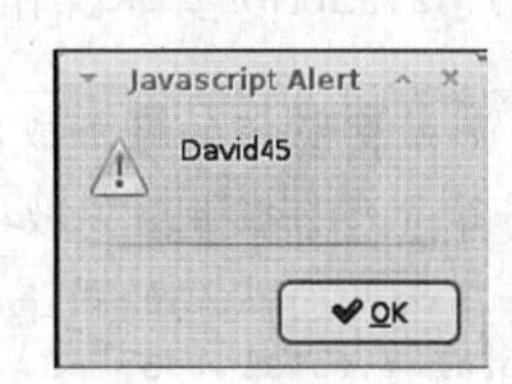

图 2.2 连接一个字符串和一个数值

本书的第 5 章将会更详细地讨论 JavaScript 的数据类型和字符串操作。

▼ 实践

把摄氏度转换为华氏度

把摄氏度转换为华氏度的方法是把数值乘 9，除以 5，然后加 32。用 JavaScript 可以这样做：

```
var cTemp=100;  //摄氏度
// 在表达式里充分使用括号
```

```
var hTemp=((cTemp*9)/5)+32;
```

实际上，我们可以省略代码里的括号，结果也是正确的：

```
var hTemp = cTemp*9/5 + 32;
```

然而使用括号可以让代码更易懂，而且有助于避免操作符优先级可能导致的问题。

让我们在页面里测试上述代码。

程序清单 2.2 摄氏度转换为华氏度

```
<!DOCTYPE html>
<html>
<head>
    <title>Fahrenheit From Celsius</title>
</head>
<body>
    <script>
        var cTemp = 100;  // temperature in Celsius
        // Let's be generous with parentheses
        var hTemp = ((cTemp * 9) /5 ) + 32;
        document.write("Temperature in Celsius: " + cTemp + "
degrees<br/>");
        document.write("Temperature in Fahrenheit: " + hTemp + "
degrees");
    </script>
</body>
</html>
```

把这段代码保存到文件 temperature.html，加载到浏览器，应该能够看到如图 2.3 所示的结果。

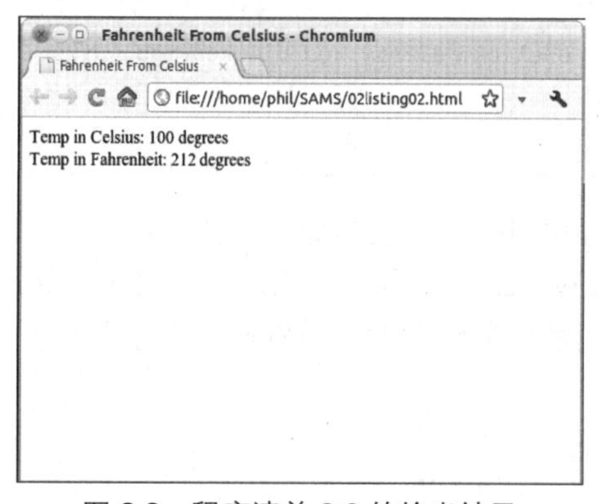

图 2.3 程序清单 2.2 的输出结果

编辑代码文件，给 cTemp 设置不同的值，每次都应该能够得到正确的结果。

▲

2.5 捕获鼠标事件

为页面增加与用户的交互是 JavaScript 的基本功能之一。为此，我们需要一些机制来检测用户和程序在特定时间在做什么，比如鼠标在浏览器的什么位置，用户是否点击了鼠标或按了按键，页面是否完整加载到浏览器，等等。

这些发生的事情，我们称之为“事件”，JavaScript 提供了多种工具来操作它们。第 9 章将详细介绍事件和处理事件的高级技术，现在先来看看利用JavaScript检测用户鼠标动作的一些方法。

JavaScript使用"事件处理器"来处理事件，本章介绍其中的3个：onClick、onMouseOver和onMouseOut。

2.5.1 onClick 事件处理器

onClick事件处理器几乎可以用于页面上任何可见的HTML元素。使用它的方式之一是给HTML元素添加一个属性：

```
onclick="…一些JavaScript语句…"
```

NOTE **说明**：虽然给HTML元素直接添加事件处理器是完全可行的，但目前已经不认为这是个好的编程方式了。本书的第一部分仍然会使用这种方式，但后面的章节里会介绍更强大、更灵活的方式来使用事件处理器。

先来看一个范例，如程序清单2.3所示。

程序清单2.3 使用onClick事件处理器

```
<!DOCTYPE html>
<html>
<head>
    <title>onClick Demo</title>
</head>
<body>
    <input type="button" onclick="alert('You clicked the button!')"
➥value="Click Me" />
</body>
</html>
```

上述HTML代码在页面的body区域添加一个按钮，并且设置了它的onClick属性，从而在它被点击时运行相应的JavaScript代码。当用户点击这个按钮时，onClick事件被激活（通常称为"被触发"），然后属性中所包含的JavaScript语句被执行。

本例中只有一个语句：

```
alert('You clicked the button!')
```

图2.4是单击这个按钮得到的结果。

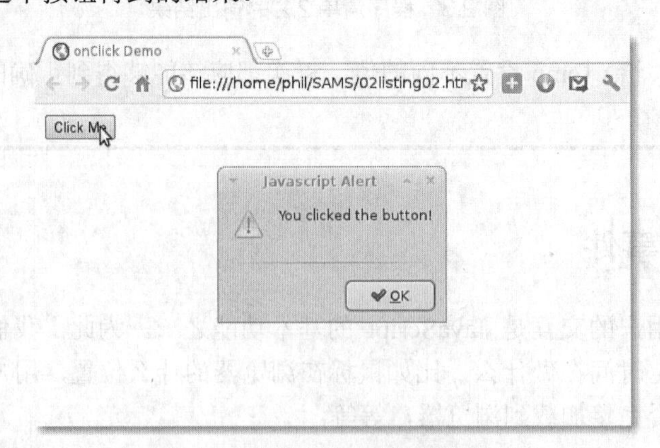

图2.4 使用onClick事件处理器

说明：也许有人注意到了，我们称这个事件处理器为 onClick，而在 HTML 元素里添加它时却使用小写的 onclick。这是因为 HTML 是不区分大小写的，而 XHTML 是区分大小写的，并且要求全部的 HTML 元素及属性名称都使用小写字母。 **NOTE**

2.5.2 onMouseOver 和 onMouseOut 事件处理器

如果需要检测鼠标指针与特定页面元素的位置关系，可以使用 onMouseOver 和 onMouseOut 事件处理器。

当鼠标进入页面上某个元素占据的区域时，会触发 onMouseOver 事件。而 onMouserOut 事件，很显然是在鼠标离开这一区域时触发的。

程序清单 2.4 示范了一个简单的 onMouseOver 事件处理过程。

程序清单 2.4 使用 onMouseOver 事件处理器

```
<!DOCTYPE html>
<html>
<head>
    <title>onMouseOver Demo</title>
</head>
<body>
    <img src="image1.png" alt="image 1" onmouseover="alert('You entered
➥the image!')" />
</body>
</html>
```

图 2.5 展示了上述代码的执行结果。如果把程序清单 2.4 里的 onmouseover 替换为 onmouseout，就会在鼠标离开图像区域（而不是进入）时触发事件处理器，从而弹出警告对话框。

图 2.5 使用 onMouseOver 事件处理器

实践

实现图像变化

利用 onMouseOver 和 onMouseOut 事件处理器可以在鼠标位于图像上方时，改变图像的显示方式。为此，当鼠标进入图像区域时，可以利用 onMouseOver 改变<img>元素的 src 属性；而当鼠标离开时，利用 onMouseOut 再把这个属性修改回来。代码如程序清单 2.5 所示。

程序清单 2.5 利用 onMouseOver 和 onMouseOut 实现图像变化

```
<!DOCTYPE html>
<html>
<head>
    <title>OnMouseOver Demo</title>
</head>
<body>
    <img src="tick.gif" alt="tick" onmouseover="this.src='tick2.gif';"
onmouseout="this.src='tick.gif';" />
</body>
</html>
```

上述代码中出现了一些新语法，在 onMouseOver 和 onMouseOut 的 JavaScript 语句中，使用了关键字 this。

当事件处理器是通过 HTML 元素的属性添加到页面时，其中的 this 是指 HTML 元素本身。本例中就是“当前图像”，this.src 就是指这个图像对象的 src 属性。

本例中使用了两个图像：tick.gif 和 tick2.gif。当然可以使用任何可用的图像，但为了达到最佳效果，两个图像最好具有相同尺寸，而且文件不要太大。

使用编辑软件创建一个 HTML 文件，包含程序清单 2.5 所示的代码。可以根据实际情况修改图像文件的名称，但要确保所使用的图像与 HTML 文件位于同一个目录里。保存 HTML 文件并且在浏览器里打开它。

我们应该可以看到鼠标指针进入时，图像改变；当指针离开时，图像恢复原样，如图 2.6 所示。

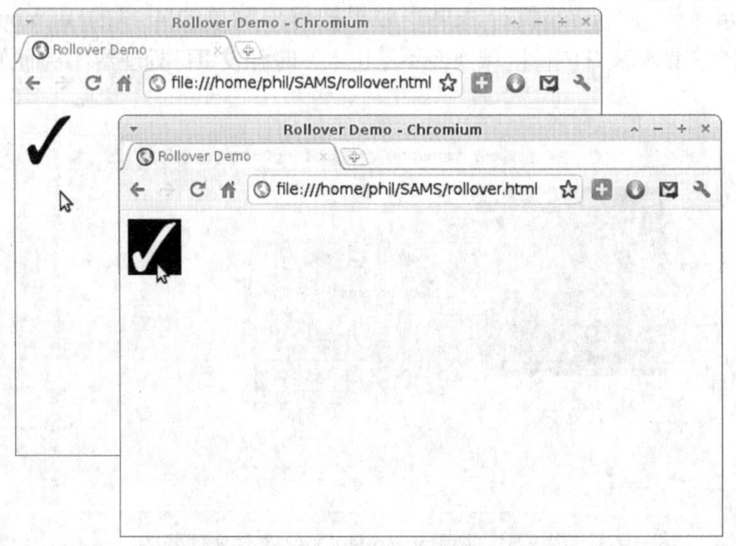

图 2.6 利用 onMouseOver 和 onMouseOut 实现的图像变化

NOTE **说明**：这曾经是图像变化的经典方式，现在已经被更高效的“层叠样式表”（CSS）取代了，但它仍不失为展示 onMouseOver 和 onMouseOut 事件处理器的简洁方式。

2.6 小结

本章的内容相当丰富。

首先是在 HTML 页面里添加 JavaScript 代码的不同方式。

接着是在 JavaScript 里声明变量，给变量赋值以及利用算术操作符操作变量。

最后是 JavaScript 的一些事件处理器，展示如何检测用户鼠标的特定行为。

2.7 问答

问：在程序清单和片段里，有时把<script>开始和结束标签写在一行里，有时写在不同的行，这有什么区别吗？

答：空格、制表符和空行这类空白内容在 JavaScript 里是完全被忽略的。我们可以利用这些空白调整代码的布局，使它们更容易理解。

问：是否能使用同一个<script>元素来引用外部 JavaScript 文件，同时包含 JavaScript 语句？

答：不行。如果利用<script>元素的 src 属性包含了外部 JavaScript 文件，就不能在<script>和</script>之间包含 JavaScript 语句了，而是必须为空。

2.8 作业

请先回答问题，再参考后面的答案。

2.8.1 测验

1. 什么是 onClick 事件处理器？
   a. 检测鼠标在浏览器里位置的一个对象
   b. 响应用户点击鼠标动作时执行的脚本
   c. 用户能够点击的一个 HTML 元素
2. 页面里允许有几个<script>元素？
   a. 0
   b. 仅 1 个
   c. 任意数量
3. 关于变量，下列哪个说法是不正确的？
   a. 名称是区分大小写的
   b. 可以保存数值或非数值信息

c．名称里可以包含空格

2.8.2 答案

1．选 b。用户点击鼠标时，onClick 事件被触发。

2．选 c。可以根据需要使用多个<script>元素。

3．选 c。JavaScript 的变量名称不能包含空格。

2.9 练习

从程序清单 2.4 入手，删除<img>元素里的 onMouseOver 和 onMouseOut 事件处理器，添加 onClick 事件处理器，把图像的 title 属性设置为 My New Title。（提示：利用 this.title 可以访问图像的 title 属性。）

有什么办法可以方便地确定脚本正确地设置了新的图像标题？

第 3 章

使用函数

本章主要内容包括：

- 如何定义函数
- 如何调用（执行）函数
- 函数如何接收数据
- 从函数返回值
- 变量的作用域

很多情况下，程序在执行过程中会反复完成相同或类似的任务，为了避免多次重复编写相同的代码段，JavaScript 把部分代码包装为能够重复使用的模块，称为“函数”。函数可以在程序的其他部分使用，就像它是 JavaScript 语言的组成部分一样。

使用函数可以让代码更加易读和维护。举例来说，我们编写了一个计算货运成本的程序，当税率或公路运费改变时，就需要修改脚本，如果不使用函数，这可能涉及多达 50 处执行计算的代码。在这个修改过程中，就很可能漏掉某些部分，从而导致错误的发生。如果这些计算都被集中到几个函数中，然后在程序中使用，那么就只需要修改这几个函数，其结果会作用于整个程序。

函数是 JavaScript 的基本模块之一，几乎会出现在每个脚本中。本章将介绍如何创建和使用函数。

3.1 基本语法

创建函数就好像是创建一个新的 JavaScript 命令，能够在脚本的其他部分使用。

下面是创建函数的基本语法：

```
function sayHello() {
```

```
    alert("Hello");
    //…其他语句…
}
```

首先是关键字是 function，接着是函数的名称，后面紧跟着一对圆括号，然后是一对花括号。花括号里面是构成函数的 JavaScript 语句。在前面这个例子里只有一行代码，用于弹出一个警告对话框。我们可以根据需要添加任意数量的代码来实现函数的功能。

CAUTION **注意**：关键字 function 必须是小写的，否则会产生错误。

为了让代码更整洁，可以在一个<script>元素里创建多个函数。

```
<script>
    function doThis() {
        alert("Doing This");
    }
    function doThat() {
        alert("Doing That");
    }
</script>
```

TIP **提示**：函数名称与变量名称一样，是区分大小写的，如函数 MyFunc()与 myFunc()是不同的。与变量名称一样，使用含义明确的函数名称可以提高代码的易读性。

3.2 调用函数

在页面加载时，包含在函数定义区域内的代码不会被执行，而是在被“调用”时执行。

调用函数只需要使用函数名称（以及一对括号），就可以在需要的地方执行函数的代码：

```
sayHello();
```

举例来说，可以在按钮的 onClick 事件处理器里调用函数 sayHello():

```
<input type="button" value="Say Hello" onclick="sayHello()" />
```

TIP **提示**：本书前面的内容里展示了不少使用 JavaScript 对象方法的代码，比如 document.write()或 window.alert()。“方法”实际上就是属于特定类的函数。关于对象的更详细介绍请见第 4 章。

把 JavaScript 代码放置到页面的<head>区域

到目前为止，我们的范例都把 JavaScript 代码放置到 HTML 页面的<body>区域。为了更好地发挥函数的作用，我们要采取更适当的方式，也就是把 JavaScript 代码放置到页面的<head>区域。当函数位于页面<head>区域的<script>元素里，或是位于页面<head>区域的<script>元素的 src 属性所指向的外部文件时，它就可以从页面的任何位置被调用。把函数放到文档的 head 部分能够确保它们在被调用前已经被定义了。

程序清单 3.1 展示了一个范例。

程序清单 3.1 位于页面<head>区域的函数

```
<!DOCTYPE html>
<html>
<head>
    <title>Calling Functions</title>
    <script>
        function sayHello() {
            alert("Hello");
        }
    </script>
</head>
<body>
    <input type="button" value="Say Hello" onclick="sayHello()" />
</body>
</html>
```

在这段代码里，可以看到函数定义位于页面<head>区域的<script>元素里，而函数的调用则位于完全不同的位置，本例是页面<body>区域里按钮的 onClick 事件处理程序。

点击按钮后的结果如图 3.1 所示。

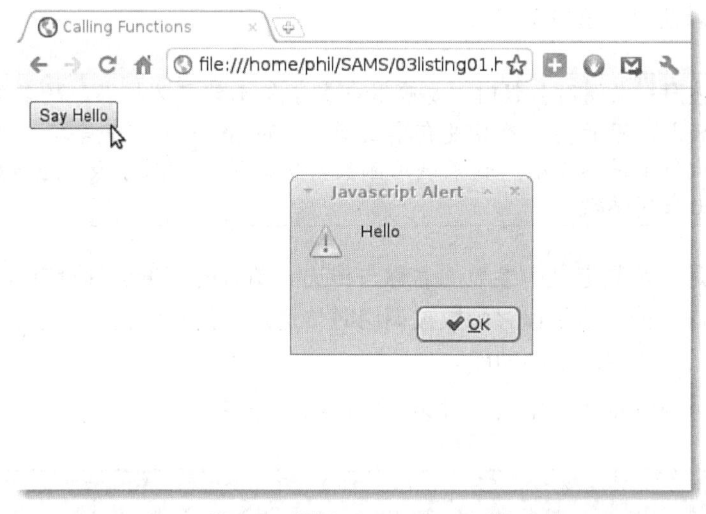

图 3.1 调用 JavaScript 函数

3.3 参数

如果函数只是像前面范例中那样在每次调用时只能实现完成相同的操作，那么其应用就会受到很大的局限。

好在我们可以通过向函数传递数据来扩展函数的功能，其实现方法是在调用函数时给它传递一个或多个“参数”：

```
functionName(arguments)
```

下面是一个简单的函数，可以计算一个数的立方并且显示结果：

```
function cube(x) {
    alert(x * x * x);
}
```

现在来调用这个函数，用一个数值来代替其中的 x。调用方式是这样的：

```
cube(3);
```

得到的对话框里会显示计算的结果，本例就是 27。

当然，我们还可以传递一个变量作为参数。下面的代码也会显示一个对话框，其中显示数值 27：

```
var length = 3;
cube(length);
```

多参数

函数不只能接收一个参数。在使用多个参数时，只需要使用逗号分隔它们就行了：

```
function times(a,b) {
     alert(a*b);
 }
 times(3,4);   //显示12
```

根据需要可以使用任意多个参数。

> **CAUTION** **注意：**在调用函数时，要确保包含了与函数定义相匹配的参数数量。如果函数定义里的某个参数没有接收到值，JavaScript 可能会报告错误，或是函数执行结果不正确。如果调用函数时传递了过多的参数，JavaScript 会忽略多出来的参数。

需要明确的是，函数定义中参数的名称与传递给函数的变量名称没有任何关系。参数列表里的名称就是占位符，用于保存函数被调用时传递过来的实际值。这些参数的名称只会在函数定义内部使用，实现函数的功能。

本章稍后在讨论变量“作用域”时会有更详细的介绍。

▼ 实践

输出消息的函数

现在我们利用已经学到的知识来创建一个函数，当用户点击按钮时，向用户发送关于按钮的信息。这个函数放在页面的<head>区域，具有多个参数。

这个函数的代码如下：

```
function buttonReport(buttonId, buttonName, buttonValue) {
     //按钮id信息
     var userMessage1="Button id: "+ buttonId+"\n";
     //按钮名称
     var userMessage2="Button name: "+buttonName+"\n";
     //按钮值
     var userMessage3="Button value: "+buttonValue;
     //提醒用户
```

```
    alert(userMessage1+userMessage2+userMessage3);
}
```

函数 buttonReport 具有三个参数，分别是被点击按钮的 id、name 和 value。根据这些三个参数，函数组成简短的信息，然后把三段信息组合成一个字符串，传递给 alert()方法，从而在对话框里进行显示。

> **提示**：从代码中可以看到，前两条消息的末尾添加了"\n"，这是表示“新行”的字符，能够让对话框里的文本另起一行，从左侧开始显示。在字符串里，像这样的特殊字符如果想要发挥正确的功能，必须以“\”作为前缀。这种具有前缀的字符被称为“转义序列”，更详细的介绍请见第 4 章。

TIP

为了调用这个函数，我们在 HTML 页面上放置一个按钮，并且定义它的 id、name 和 value 属性：

```
<input type="button" id="id1" name="Button 1" value="Something" />
```

接着添加一个 onClick 事件处理器，从中调用我们定义的函数。这里又要用到关键字 this：

```
onclick = "buttonReport(this.id, this.name, this.value)"
```

完整的代码如程序清单 3.2 所示。

程序清单 3.2　调用多个参数的函数

```
<!DOCTYPE html>
<html>
<head>
    <title>Calling Functions</title>
    <script>
        function buttonReport(buttonId, buttonName, buttonValue) {
            // information about the id of the button
            var userMessage1 = "Button id: " + buttonId + "\n";
            // then about the button name
            var userMessage2 = "Button name: " + buttonName + "\n";
            // and the button value
            var userMessage3 = "Button value: " + buttonValue;
            // alert the user
            alert(userMessage1 + userMessage2 + userMessage3);
        }
    </script>
</head>
<body>
    <input type="button" id="id1" name="Left Hand Button" value="Left"
➥onclick = "buttonReport(this.id, this.name, this.value)"/>
    <input type="button" id="id2" name="Center Button" value="Center"
➥onclick = "buttonReport(this.id, this.name, this.value)"/>
    <input type="button" id="id3" name="Right Hand Button" value="Right"
➥onclick = "buttonReport(this.id, this.name, this.value)"/>
</body>
</html>
```

利用编辑软件创建文件 button.html，输入上述代码。它的运行结果类似于图 3.2 所示，具体的输出内容取决于点击了哪个按钮。

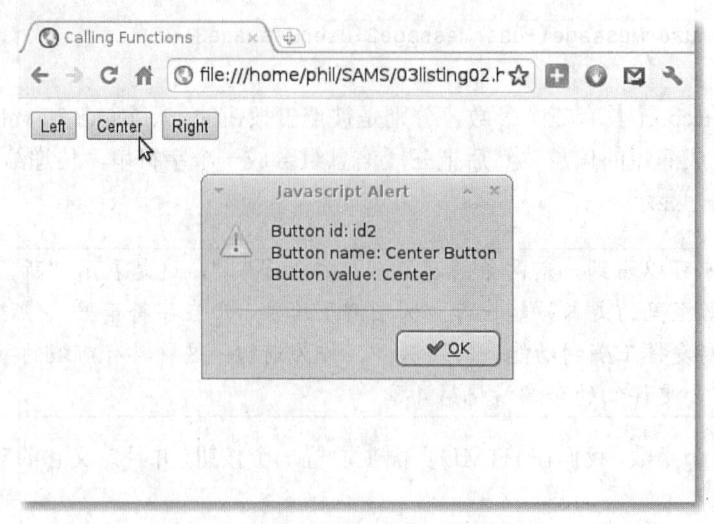

图 3.2 使用函数发送消息

▲

3.4 从函数返回值

前面介绍了如何向函数传递参数，让函数对这些数据进行处理。那么，如何从函数获得数据呢？毕竟，我们不能只通过弹出对话框来获得函数的结果。

从函数调用获得数据的机制是“返回值”，其工作方式如下所示：

```
function cube(x) {
    return x * x * x;
}
```

这个函数里没有使用alert()对话框，而是在需要获取的结果前面使用了关键字return。为了在函数外部得到这个值，只需要把函数返回的值赋予一个变量：

```
var answer = cube(3);
```

现在变量answer包含的数值是27。

NOTE **说明**：函数返回的值不一定是数值，而是可以返回JavaScript支持的任何数据类型，详情请见第5章。

TIP **提示**：当函数返回一个值时，我们可以利用函数调用把返回的值直接传递给另一个语句，比如下面的代码：

```
var answer=cube(3);
alert(answer);
```

可以简单地写为：

```
alert(cube(3));
```

函数调用cube(3)的返回值27直接成为传递给alert()方法的参数。

3.5 变量作用域

前面已经介绍过如何使用关键字 var 声明变量。在函数里声明变量时，有一条最重要的原则需要了解：

“函数内部声明的变量只存在于函数内部。”

这种限制被称为变量的“作用域”。来看下面这个范例：

```
//定义函数 addTax()
function addTax(subtotal, taxRate) {
    var total=subtotal*(1+(taxRate/100));
    return total;
}
//调用这个函数
var invoiceValue=addTax(50,10);
alert(invoiceValue);  //正常工作
alert(total);  //不工作
```

运行上述代码，首先会看到一个 alert()对话框显示变量 invoiceValue 的值（应该是 55，但可能会看到类似 55.000 000 01 这样的数值，因为我们没有让 JavaScript 对结果四舍五入）。

之后，我们并不会看到 alert()对话框显示变量 total 的值。JavaScript 会生成一个错误，而我们是否能够看到这个错误提示取决于浏览器的设置（本书稍后会更详细地介绍有关错误处理的问题），但无论如何，JavaScript 都不能显示包含变量 total 值的 alert()对话框。

这是因为变量 total 的声明是在 addTax()函数内部进行的，在函数之外变量 total 就是不存在的（JavaScript 术语就是“未定义的”）。范例中利用关键字 return 返回的只是变量 total 里保存的值，然后这个值被保存到另一个变量 invoice Value 里。

我们把函数内部定义的变量称为“局部”变量，也就是属于函数这个“局部”。函数之外声明的变量称为“全局”变量。全局变量和局部变量可以使用相同的名称，但仍然是不同的变量！

变量能够使用的范围称为变量的“作用域”，因此可以称一个变量具有“局部作用域”或“全局作用域”。

实践

变量作用域示范

为了说明变量的作用域，来看下面这段代码：

```
var a=10;
var b=10;
function showVars() {
    var a=20;  //声明一个新的局部变量 a
    b=20;   //改变全局变量 b 的值
    return"Local variable'a' = "+a+"\nGlobal variable'b'="+b;
}
var message=showVars();
alert(message+"\nGlobal variable'a'="+a);
```

函数 showVars()操作了两个变量：*a* 和 *b*。变量 *a* 是在函数内部定义的，它是个局部变量，仅存在于函数内部，与脚本一开始定义的全局变量（名称也是 *a*）是完全不同的。

变量 *b* 不是在函数内部而是在外部定义的，它是个全局变量。

程序清单 3.3 是把上述代码放置于 HTML 页面的结果。

程序清单 3.3 全局和局部作用域

```
<!DOCTYPE html>
<html>
<head>
    <title>Variable Scope</title>
</head>
<body>
    <script>
        var a = 10;
        var b = 10;
        function showVars() {
            var a = 20; // declare a new local variable 'a'
            b = 20;     // change the value of global variable 'b'
            return "Local variable 'a' = " + a + "\nGlobal variable 'b' =
➥" + b;
        }
        var message = showVars();
        alert(message + "\nGlobal variable 'a' = " + a);
    </script>
</body>
</html>
```

当页面加载之后，showVars()函数返回一个消息字符串，其中包含了两个变量（*a* 和 *b*）在函数内部被更改之后的信息。这里的 *a* 具有局部作用域，*b* 具有全局作用域。

之后，全局变量 *a* 的当前值也附加到这个消息之后，完整地显示给用户。

把上述代码保存到 scope.html，用浏览器加载它，得到的结果如图 3.3 所示。

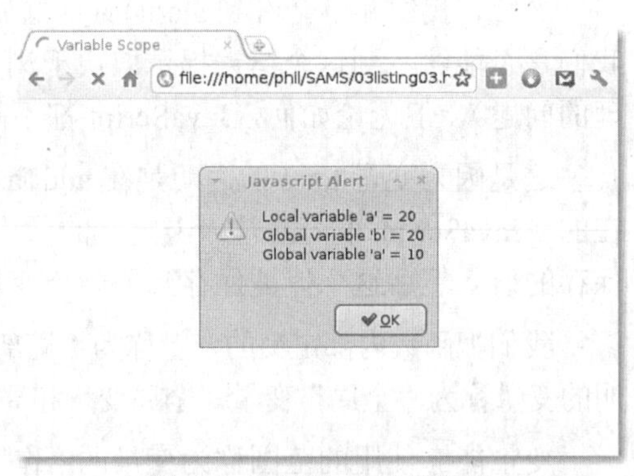

图 3.3 局部和全局作用域

3.6 小结

本章介绍了什么是函数，如何创建函数，如何从代码中调用函数并以参数方式向其传递数据，以及如何从函数向调用语句返回数据。

最后，本章介绍了变量的局部作用域和全局作用域，以及变量的作用域如何影响函数对变量的操作。

3.7 问答

问：函数内部能够包含对其他函数的调用吗？

答：当然可以。我们可以根据需要进行多重的嵌套调用。

问：函数名称里可以具有哪些字符？

答：函数名称必须以字母或下划线开头，可以包含字母、数字和下划线，不能包含空格、标点符号和其他特殊字符。

3.8 作业

请先回答问题，再参考后面的答案。

3.8.1 测验

1. 调用函数时使用：
    a. 关键字 function
    b. 命令 call
    c. 函数名称及一对括号
2. 函数执行 return 语句的结果是什么？
    a. 生成一条错误信息
    b. 返回一个值，函数继续执行
    c. 返回一个值，函数停止执行
3. 在函数内部声明的变量称为：
    a. 局部变量
    b. 全局变量
    c. 参数

3.8.2 答案

1. 选 c。使用函数名称调用函数。
2. 选 c。在执行 return 语句之后，函数返回一个值，然后终止函数。
3. 选 a。函数内部定义的变量具有局部作用域。

3.9 练习

编写一个函数，接收摄氏度数值作为参数，返回相应的华氏度（参考第 2 章介绍的代码）。在 HTML 页面里测试这个函数。

第 4 章

DOM 对象和内置对象

本章主要内容包括：

- 利用 alert()、prompt()和 confirm()与用户交互
- 利用 getElementById()选择页面元素
- 使用 innerHTML 访问 HTML 内容
- 使用浏览器的 history 对象
- 通过 navigator 对象获得浏览器信息
- 利用 Date 对象操作日期和时间
- 利用 Math 对象简化计算

第 1 章简要介绍了 DOM 及 DOM 树里顶端对象 window，还有它的一个子对象 document。本章进一步详细介绍一些实用的对象和方法。

4.1 与用户交互

在 window 对象的方法中，有一些是专门用于处理输入与输出信息的，从而实现页面与用户的交互。

4.1.1 alert()

前面已经使用过 alert()向用户弹出一个信息对话框，但这种模态对话框只是显示一些消息和一个“确定”按钮。术语“模态”意味着脚本暂时停止运行，页面与用户的交互也被暂停，直到用户关闭对话框为止。alert()方法把字符串作为参数：

```
alert("This is my message");
```

alert()没有返回值。

4.1.2 confirm()

与alert()方法相同的是，confirm()也弹出一个模态对话框，向用户显示一些消息。不同的是，confirm()对话框为用户提供了一个选择，可以点击“确定”或“取消”按钮，而不只是一个“确定”按钮，如图4.1所示。点击任意一个按钮都会关闭对话框，让脚本继续执行，但根据哪个按钮被单击，confirm()方法返回不同的值。单击“确定”按钮返回布尔值“真”，单击“取消”按钮返回布尔值“假”。关于数据类型的详细介绍会在下一章进行，目前我们只需要知道布尔类型的变量只有两种取值可能：真或假。

图4.1 confirm()对话框

调用confirm()对话框的方式与alert()类似，也是以所需的字符串作为参数：

```
var answer=confirm("Are you happy to continue?");
```

其中不同的是可以把返回的值（真或假）赋予一个变量，之后程序就可以根据这个值进行适当的操作。

4.1.3 prompt()

prompt()是打开模态对话框的另一种方式，它允许用户输入信息。

prompt()对话框的调用方式与confirm()是一样的：

```
var answer = prompt("What is your full name?");
```

prompt()方法还可以有第二个可选参数，表示默认的输入内容，从而避免用户直接点击“确定”按钮而不输入任何内容。

```
var answer = prompt("What is your full name?", "John Doe");
```

prompt()对话框的返回值取决于用户进行了什么操作。

- 如果用户输入了信息，然后点击“确定”按钮或按回车键，返回值就是用户输入的字符串。
- 如果用户没有在对话框里输入信息就点击“确定”按钮或按回车键，返回值是调用prompt()方法设置的第二个可选参数的值（如果有的话）。
- 如果用户简单关闭了这个对话框（也就是点击“取消”按钮或按Esc键），返回值就是null。

> **说明：**JavaScript在多种情况下使用null表示空值。作为数值使用时，它代表0；作为字符串使用时，它代表空字符串“”；作为布尔值时，它代表“假”。 **NOTE**

前面代码生成的prompt()对话框如图4.2所示。

图 4.2 prompt()对话框

4.2 根据 id 选择元素

本书第三部分将详细介绍使用 document 对象的多种方法遍历 DOM 对象，但目前我们着重介绍一个方法：getElementById()。

如果想从 HTML 页面里选择某个特定 id 的元素，我们只需要把相应元素的 id 作为参数来调用 document 对象的 getElementById()方法，它就会返回特定 id 的页面元素所对应的 DOM 对象。

举例来说，假设 Web 页面包含一个<div>元素：

```
<div id="div1">
    …DIV 元素的内容…
</div>
```

在 JavaScript 代码里，把相应的 id 作为参数调用 getElementById()方法，就可以访问这个<div>元素：

```
var myDiv = document.getElementById("div1");
```

这样就得到了页面特定的元素，能够访问它的全部属性和方法。

> **CAUTION** **注意：**为了让范例代码得到期望的结果，这个页面元素一定要设置 id 属性。HTML 页面元素的 id 属性要求是唯一的，所以这个方法能够返回与 id 匹配的唯一元素。

innerHTML 属性

innerHTML 属性对于很多 DOM 对象来说都是一个很好用的属性，可以读取或设置特定页面元素内部的 HTML 内容。假设 HTML 页面包含如下元素：

```
<div id="div1">
    <p>Here is some original text.</p>
</div>
```

利用 getElementById()和 innerHTML()的组合就可以访问这个<div>元素里的 HTML 内容。

```
var myDivContents = document.getElementById("div1").innerHTML;
```

变量 myDivContents 现在会包含如下字符串：

```
"<p>Here is some original text.</p>"
```

还可以利用 innerHTML 设置选定元素的内容：

```
document.getElementById("div1").innerHTML =
    "<p>Here is some new text instead!</p>";
```

执行上述代码会删除<div>元素当前的 HTML 内容，以新字符串替代。

4.3 访问浏览器历史记录

在 JavaScript 里，浏览器的历史记录是以 window.history 对象代表的，它基本上就是访问过的 URL 列表。这个对象的方法让我们能够使用这个列表，但不能直接地修改这些 URL。

这个对象只有一个属性，就是它的长度，表示用户访问过的页面的数量：

```
alert("You've visited " + history.length + " web pages in this browser
➥session");
```

history 对象有三个方法。

forward()和 backward()方法相当于点击浏览器的“前进”和“后退”按钮，可以得到历史列表里下一个或前一个页面。

```
history.next();
```

第三个方法是 go()，它有一个参数，是正的或负的整数，可以跳到历史记录列表里的相对位置：

```
history.go(-3);  //回退 3 个页面
history.go(2);  //前进 2 个页面
```

这个方法也可以接收字符串作为参数，找到历史记录列表里第一个匹配的 URL。

```
history.go("example.com");  //到达历史记录列表里第一个包含"example.com"的 URL
```

4.4 使用 location 对象

location 对象包含当前加载页面的 URL 信息。

页面的 URL 是由多个部分组成的：

```
[协议]//[主机名]:[端口]/[路径][搜索][hash]
```

下面是个 URL 范例：

http://www.example.com:8080/tools/display.php?section=435#list

location 对象的一系列属性包含了 URL 各个部分的数据，如表 4.1 所示。

表 4.1 location 对象的属性

属性	内容
location.href	‘http://www.example.com:8080/tools/display.php?section=435#list’
location.protocol	‘http:’
location.host	‘www.example.com:8080’
location.hostname	‘www.example.com’
location.port	‘8080’
location.pathname	‘/tools/display.php’
location.search	‘?section=435’
location.hash	‘#list’

4.4.1 使用 location 对象导航

利用 location 对象有两种方式可以帮助用户导航至新页面。

第一种是直接设置对象的href属性：

```
location.href = 'www.newpage.com';
```

使用这种方法把用户转移到新页面时，原始页面还保留在浏览器的历史记录里，用户可以利用浏览器的“后退”按钮方便地返回到以前的页面。如果想用新的URL直接替换当前页面，即把当前页面从历史记录列表里删除，可以使用location对象的replace()方法：

```
location.replace('www.newpage.com');
```

这样就会在浏览器和历史记录列表里都使用新的URL来代替旧的。

4.4.2 刷新页面

如果要在浏览器里重新加载当前页面，也就是相当于用户点击“刷新”按钮，我们可以使用reload()方法：

```
location.reload();
```

TIP **提示**：如果使用没有参数的reload()方法，当浏览器的缓存里保存了当前页面时，就会加载缓存的内容。为了避免这种情况的发生，确保从服务器获得页面数据，可以在调用reload()方法时添加参数true：

```
document.reload(true);
```

4.5 浏览器信息：navigator对象

location对象保存了浏览器当前URL的信息，而navigator对象包含了浏览器程序本身的数据。

实践

利用navigator对象显示信息

我们将编写一段代码，展示navigator对象所包含的浏览器设置信息。利用编辑软件创建文件navigator.html，输入程序清单4.1所示的代码。保存文件并且在浏览器里打开它。

程序清单4.1 使用navigator对象

```
<!DOCTYPE html>
<html>
<head>
    <title>window.navigator</title>
    <style>
        td {border: 1px solid gray; padding: 3px 5px;}
    </style>
</head>
<body>
    <script>
        document.write("<table>");
        document.write("<tr><td>appName</td><td>"+navigator.appName +
➥"</td></tr>");

document.write("<tr><td>appCodeName</td><td>"+navigator.appCodeName +
➥"</td></tr>");
```

```
        document.write("<tr><td>appVersion</td><td>"+navigator.appVersion
➥+ "</td></tr>");
        document.write("<tr><td>language</td><td>"+navigator.language +
➥"</td></tr>");

document.write("<tr><td>cookieEnabled</td><td>"+navigator.cookieEnabled +
➥"</td></tr>");
        document.write("<tr><td>cpuClass</td><td>"+navigator.cpuClass +
➥"</td></tr>");
        document.write("<tr><td>onLine</td><td>"+navigator.onLine +
➥"</td></tr>");
        document.write("<tr><td>platform</td><td>"+navigator.platform +
➥"</td></tr>");
        document.write("<tr><td>No of
Plugins</td><td>"+navigator.plugins.length + "</td></tr>");
        document.write("</table>");
    </script>
</body>
</html>
```

得到的结果如图 4.3 所示。

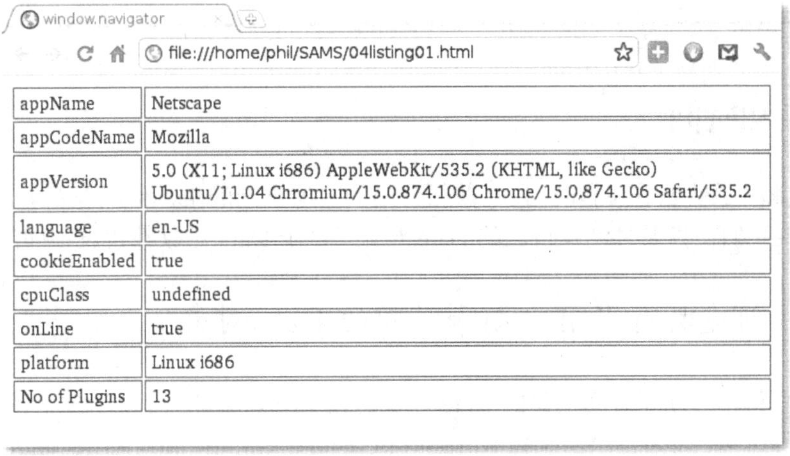

window.navigator

file:///home/phil/SAMS/04listing01.html

appName	Netscape
appCodeName	Mozilla
appVersion	5.0 (X11; Linux i686) AppleWebKit/535.2 (KHTML, like Gecko) Ubuntu/11.04 Chromium/15.0.874.106 Chrome/15.0.874.106 Safari/535.2
language	en-US
cookieEnabled	true
cpuClass	undefined
onLine	true
platform	Linux i686
No of Plugins	13

图 4.3　navigator 对象里的浏览器信息

天哪，这是怎么了？我们使用的操作系统是 Ubuntu Linux，浏览器是 Chromium，为什么报告的 appName 属性显示的是 Netscape，appCodeName 属性显示的是 Mozilla？而且 cpuClass 的数据是“未定义”，这是为什么呢？

navigator 对象向我们展示了丰富历史和复杂行业竞争的一角。这些关于用户平台的信息虽然并不可靠，但也是它能够提供的最佳结果了。不是任何浏览器都支持全部这些属性的（比如本例中 cpuClass 就没有信息），而且浏览器类型和版本信息也不是和我们所想的匹配。图 4.4 是在 Windows 7 环境下使用 IE 9 加载同一页面所得到的结果。

这里的 cpuClass 有了数据，但 IE 不支持 language 属性，所以值是“未定义”。

虽然浏览器间的兼容性已经比前几年好多了，但有时我们还是需要了解用户浏览器的功能，而这时使用 navigator 对象几乎就是一个错误的选择。

NOTE

说明：本书稍后会介绍“功能检测”，那是一种更精确的跨浏览器手段来检测用户浏览器的功能，从而决定如何进行相应的操作。

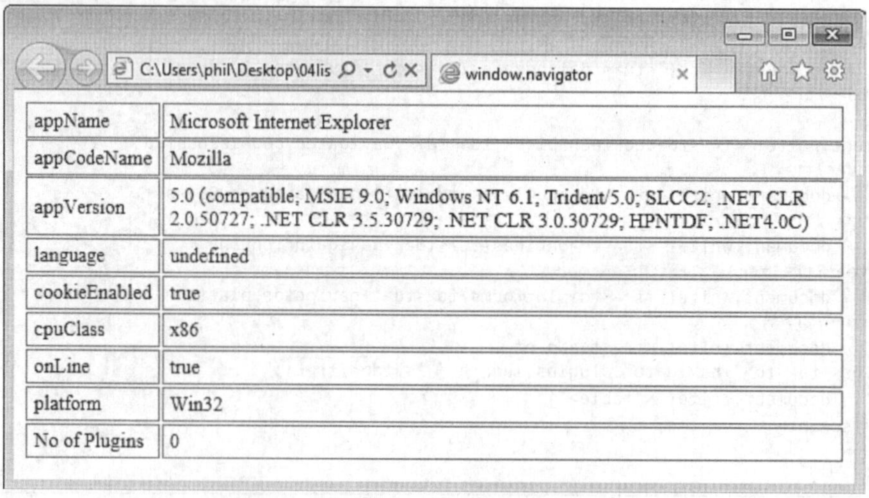

appName	Microsoft Internet Explorer
appCodeName	Mozilla
appVersion	5.0 (compatible; MSIE 9.0; Windows NT 6.1; Trident/5.0; SLCC2; .NET CLR 2.0.50727; .NET CLR 3.5.30729; .NET CLR 3.0.30729; HPNTDF; .NET4.0C)
language	undefined
cookieEnabled	true
cpuClass	x86
onLine	true
platform	Win32
No of Plugins	0

图 4.4 navigator 对象里的浏览器信息

▲

4.6 日期和时间

Date 对象用于处理日期和时间。与前面介绍的对象不同的是，DOM 里并没有现成的 Date 对象，而是要我们在需要时创建自己的 Date 对象。每个 Date 对象都代表不同的日期和时间。

4.6.1 创建具有当前日期和时间的 Date 对象

新建一个包含日期和时间信息的 Date 对象的最简单方法是：

```
var mydate = new Date();
```

变量 mydate 就是一个 Date 对象，包含了创建对象时的日期和时间信息。JavaScript 具有很多方法用于获取、设置和编辑 Date 对象里的数据，下面是一些范例：

```
var year=mydate.getFullYear(); //四位数字表示的年份，比如 2012
var month=mydate.getMonth(); //数字表示的月份，0～11，0 表示 1 月，其余类推
var date=mydate.getDate(); //日期，1～31
var day=mydate.getDay(); //星期，0～6，0 表示星期日，其余类推
var hours=mydate.getHours(); //时，0～23
var minutes=mydate.getMinutes(); //分，0～59
var seconds=mydate.getSeconds(); //秒，0～59
```

4.6.2 创建具有指定日期和时间的 Date 对象

给 Date()语句传递相应的参数，我们就可以创建任意指定日期和时间的 Date 对象，方式有下面几种：

```
new Date(milliseconds) //自 1970 年 1 月 1 日起的毫秒数
new Date(dateString)
```

```
new Date(year,month,day,hours,minutes,seconds,milliseconds)
```

下面是一些范例。

比如使用日期字符串：

```
var d1=new Date("October 22, 1995 10:57:22")
```

在使用分散的各部分参数时，位置靠后的参数是可选的，不明确指定的参数值是 0：

```
var d2=new Date(95,9,22)  //1995 年 10 月 22 日 00：00：00
var d3=new Date(95,9,22,10,57,0)  //1995 年 10 月 22 日 10：57：00
```

4.6.3 设置和编辑日期与时间

Date 对象具有丰富的方法来设置或编辑日期和时间的各个组成部分。

```
var mydate=new Date();  //当前日期和时间
document.write("Object created on day number"+mydate.getDay()+"<br />");
mydate.setDate(15);  //改成当月 15 日
document.write("After amending date to 15th, the day number is"+mydate.getDay());
```

前面的代码片段里，首先创建了一个 mydate 对象来代表创建时的日期与时间，接着就把日子换成了 15 日。如果在这个操作前后我们分别获取相应的星期几，就会发现相应的数据已经重新计算过了。

```
Object created on day number 5
After amending date to 15th, the day number is 0
```

在这个范例里，对象创建的日期是星期五，而当月的 15 日是星期日。

我们还可以对日期和时间进行算术运算，让 Date 对象帮我们完成这些复杂的过程。

```
var mydate=new Date();
document.write("Created: "+mydate.toDateString()+" "+mydate.toTimeString()+"
  <br />");
mydate.setDate(mydate.getDate()+33);  //给日期部分增加 33 天
document.write("After adding 33 days: "+mydate.toDateString()+"
  "+mydate.toTimeString());
```

前面的范例计算了当日之后 33 天的日期，自动根据需要自动调整了星期、日、月和（或）年。注意其中的 toDateString()和 toTimeString()方法，它们是很实用的，能够把日期转换为更容易理解的格式。前例的输出是如下这样的：

```
Created: Fri Jan 06 2012 14:59:24 GMT+0100 (CET)
After adding 33 days: Wed Feb 08 2012 14:59:24 GMT+0100 (CET)
```

操作日期和时间的方法非常多，在此难以完全介绍。附录 B 有 Date 对象的完整方法列表。

4.7 利用 Math 对象简化运算

在需要进行常见的各种运算时，使用 Math 对象能够简化很多工作。

与 Date 对象不同的是，Math 对象不需要创建就可以使用。它是已经存在的，我们直接调用它的方法就可以了。

附录 B 包含了 Math 对象的完整方法列表，下面的表 4.2 列出了常见的一些方法。

表 4.2 Math 对象的一些方法

方法	描述
ceil(n)	返回 *n* 向上取整到最近的整数
floor(n)	返回 *n* 向下取整到最近的整数
max(a,b,c,…)	返回最大值
min(a,b,c,…)	返回最小值
round(n)	返回 *n* 四舍五入到最近的整数
random()	返回一个 0 到 1 之间的随机数

下面来看一些范例。

4.7.1 取整

ceil()、floor()和 round()方法以不同方式把带小数点的数值截取为整数：

```
var myNum1=12.55;
var myNum2=12.45;
alert(Math.floor(myNum1));   //显示 12
alert(Math.ceil(myNum1));    //显示 13
alert(Math.round(myNum1));  //显示 13
alert(Math.round(myNum2));  //显示 12
```

在使用 round()时，如果分数部分的值大于等于 0.5，得到的结果就是向上最近的整数；反之，得到的结果就是向下最近的整数。

4.7.2 获得最大值和最小值

利用 min()和 max()可以从一组数据中获得最小值和最大值：

```
var ageDavid = 23;
var ageMary = 27;
var ageChris = 31;
var ageSandy = 19;
document.write("The youngest person is "
    + Math.min(ageDavid, ageMary, ageChris, ageSandy)
    + " years old<br />");
document.write("The oldest person is "
    + Math.max(ageDavid, ageMary, ageChris, ageSandy)
    + " years old<br />");
```

输出结果类似如下所示：

```
The youngest person is 19 years old
The oldest person is 31 years old
```

4.7.3 随机数

利用 Math.random()方法可以生成 0 到 1 之间的一个随机数。

更常见的情况是，我们想指定随机数的范围，比如，获得 0 到 100 之间的随机数。

由于 Math.random()产生的是 0 到 1 之间的随机数，要让它实现我们的要求，最好把它包装到一个小函数里。下面这个函数利用 Math 对象生成的随机数，乘变量 range（作为参数传递给函数）来扩大数值的范围，然后利用 round()去除数值中的小数部分。

```
function myRand(range) {
    return Math.round(Math.random() * range);
}
```

如果想得到 0 到 100 之间的随机数，只需要调用 myRand(100)。

注意：在程序里要直接使用 Math 的方法，这些方法是属于 Math 的，而不是属于创建的对象。换句话说，下面的语句是错误的：

```
var myNum=24.77;
myNum.floor();
```

这样的代码会导致 JavaScript 错误。

正确的用法是

```
Math.floor(myNum);
```

CAUTION

4.7.4 数学常数

很多常用的数学常数都以 Math 属性的方式出现，如表 4.3 所示。

表 4.3 数学常数

常数	描述
E	自然对数的底，大约是 2.718
LN2	2 的自然对数，大约是 0.693
LN10	10 的自然对数，大约是 2.302
LOG2E	以 2 为底 e 的对数，大约是 1.442
LOG10E	以 10 为底 e 的对数，大约是 0.434
PI	圆周率，大约是 3.141 59
SQRT1_2	2 的平方根的倒数，大约是 0.707
SQRT2	2 的平方根，大约是 1.414

我们可以在计算中直接使用这些常数：

```
var area=Math.PI*radius*radius;   // 圆的面积
var circumference=2*Math.PI*radius;   //周长
```

4.7.5 关键字 with

任何对象都可以使用关键字 with，但 Math 对象是最适合用来示范的。通过使用 with，我们可以减少一些枯燥的键盘输入工作。

关键字 with 以对象作为参数，然后是一对花括号，其中包含着代码块。代码块里的语句在调用特定对象的方法时可以不明确指定这个对象，因为 JavaScript 会假定这些方法是属于作为参数的那个对象。

下面是一个范例：

```
with (Math) {
    var myRand = random();
    var biggest = max(3,4,5);
```

```
    var height = round(76.35);
}
```

在这个范例里，我们只使用方法的名称就调用了 Math.random()、Math.max()和Math.round()方法，因为调用这些方法的代码块与 Math 对象实现了关联。

实践

读取日期与时间

根据本章介绍的知识，我们来编写一段脚本，在页面加载时获取当前的日期与时间。其中还包括一个按钮，点击它可以刷新页面，从而刷新日期和时间信息。

代码如程序清单 4.2 所示。

程序清单 4.2 获取日期和时间信息

```
<!DOCTYPE html>
<html>
<head>
    <title>Current Date and Time</title>
    <style>
        p {font: 14px normal arial, verdana, helvetica;}
    </style>
    <script>
        function telltime() {
            var out = "";
            var now = new Date();
            out += "<br />Date: " + now.getDate();
            out += "<br />Month: " + now.getMonth();
            out += "<br />Year: " + now.getFullYear();
            out += "<br />Hours: " + now.getHours();
            out += "<br />Minutes: " + now.getMinutes();
            out += "<br />Seconds: " + now.getSeconds();
            document.getElementById("div1").innerHTML = out;
        }
    </script>
</head>
<body>
    The current date and time are:<br/>
    <div id="div1"></div>
    <script>
        telltime();
    </script>
    <input type="button" onclick="location.reload()" value="Refresh" />
</body>
</html>
```

函数 telltime()的第一个语句创建一个名为 now 的 Date 对象。根据前面介绍的知识，由于创建这个对象时没有向 Date()传递任何参数，它的属性里所保存的日期和时间就是对象创建时的信息。

```
var now = new Date();
```

利用 getDate()、getMonth()等类似的方法，我们可以访问日期和时间的各个组成部分，然后把输出的信息组合成一个字符串，保存在变量 out 里。

```
out += "<br />Date: " + now.getDate();
out += "<br />Month: " + now.getMonth();
out += "<br />Year: " + now.getFullYear();
out += "<br />Hours: " + now.getHours();
```

```
out += "<br />Minutes: " + now.getMinutes();
out += "<br />Seconds: " + now.getSeconds();
```

最后，我们使用 getElementById()方法选中 id="div1"的<div>元素（初始为空），利用 innerHTML 方法把变量的内容写入其中。

```
document.getElementById("div1").innerHTML = out;
```

页面<body>区域里有一小段代码，会调用函数 telltime()。

```
<script>
   telltime();
</script>
```

为了刷新日期和时间信息，我们只需要在浏览器里重新加载页面。当脚本重新运行时，就会新建 Date 对象的一个新实例，包含当前的日期和时间。当然，我们可以点击浏览器的“刷新”按钮来实现上述操作。但既然我们知道如何使用 location 对象重新加载页面，我们就从按钮的 onClick 方法里调用 location 对象的方法：

```
location.reload()
```

图 4.5 展示了脚本运行的结果。注意到其中的月份显示为 0，这是因为 JavaScript 对月份的计数是从 0（1 月）开始，到 11（12 月）结束。

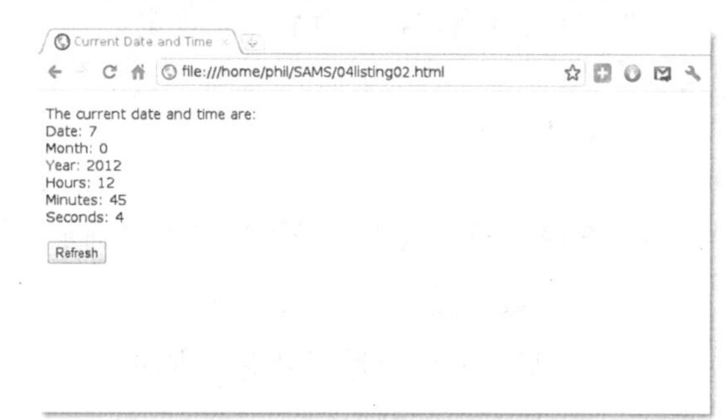

图 4.5 获取日期和时间信息

▲

4.8 小结

本章首先介绍了一些实用的对象，它们有的内置于 JavaScript，有的是通过 DOM 使用的；它们的方法和属性能够让我们更轻松地编写代码。

其次介绍了如何使用 window 对象的模态对话框与用户交互信息。

然后介绍了如何利用 document.getElementById()方法选择具有指定 id 的页面元素，如何使用 innerHTML 属性读取和设置页面元素内部的 HTML。

接着介绍了如何利用 navigator 对象获得浏览器信息，使用 location 对象处理 URL 信息。

最后介绍了如何使用 Date 和 Math 对象。

4.9 问答

问：Date()函数有没有处理时区的方法？

答：当然有。除了本章介绍的 getXXX()方法和 setXXX()方法（比如 getDate()和 setMonth()）外，它们还有相应的 UTC（协调世界时，以前称为“格林尼治标准时间”）版本，比如 getUTCDate()和 setUTCMonth()。利用 getTimeZoneOffset()方法可以获得本地时间与 UTC 时间的时差。详细的方法目录请见附录 B。

问：Date()的方法 getFullYear()和 setFullYear()为什么不直接命名为 getYear()和 setYear()呢？

答：getYear()方法和 setYear()方法也是存在的，它们使用 2 位数字表示年份，而 getFullYear()和 setFullYear()使用 4 位数字表示年份。考虑到日期跨越千禧年时可能产生的问题，getYear()和 setYear()已经不再使用了，而应该使用 getFullYear()和 setFullYear()。

4.10 作业

请先回答问题，再参考后面的答案。

4.10.1 测验

1．在确认对话框里，当用户点击“确定”按钮时，会发生什么？

a．true 值返回到调用程序

b．显示的信息返回到调用程序

c．什么也不发生

2．Math 对象的哪个方法总是把数值向上取整？

a．Math.round()

b．Math.floor()

c．Math.ceil()

3．如果加载的页面是 http://www.example.com/documents/letter.htm?page=2，location 对象的 pathname 属性会包含什么信息？

a．http

b．www.example.com

c．/documents/letter.htm

d．page=2

4.10.2 答案

1．选 a。当“确定”按钮被点击后，会返回一个 true 值；对话框会关闭，控制权返回到调用程序。

2．选 c。Math.ceil()总是把数值向上取整到最近的整数。

3．选 c。location.pathname 属性包含的内容是“/documents/letter.htm”。

4.11 练习

修改代码清单 4.3，用一个字符串输出日期和时间，如下所示：

```
25 Dec 2011 12:35
```

使用 Math 对象编写一个函数，计算圆柱体的体积。以圆柱体的直径和高度作为参数（单位为米），最后的结果要向上取整（单位为立方米）。

利用 history 对象创建一些页面，这些页面包含自己的“前进”和“后退”按钮。在遍历了这些页面之后（也就是让它们进入了浏览器的历史记录），查看一下页面里的“前进”和“后退”按钮的操作结果是否与浏览器里的相应按钮一样？

第5章

数据类型

本章主要内容包括：

- JavaScript 支持的多种数据类型
- 数据类型之间的转换
- 如何操作字符串
- 如何创建和填充数组
- 管理数组内容

“数据类型”这个术语表示了变量包含数据的本质特征。字符串变量包含一个字符串，数值变量包含一个数值，等等。JavaScript 属于“宽松类型”的编程语言，意味着 JavaScript 变量在不同的场合可以被解释为不同的类型。

在 JavaScript 里，不必事先声明变量的数据类型就可以使用变量，这时 JavaScript 解释程序会根据情况做出它认为正确的判断。如果我们先在变量里保存了一个字符串，稍后又想把它当作数值使用，这在 JavaScript 里是完全可行的，前提是字符串里的确包含“像”数值的内容（比如“200px”或“50 分”）。之后，这个变量又可以当作字符串使用了，毫无问题。

本章将介绍的 JavaScript 数据类型有数值、字符串和布尔值，以及处理这些数据类型的内置方法。其中还会介绍字符串里的“转义序列”和 JavaScript 的两种特殊数据类型：null（空）和 undefined（未定义）。最后会介绍 JavaScript 强大实用的数据结构之一：数组对象。

5.1 数值

数学家们给各种数值类型都定义了不同的名称，比如自然数 1，2，3，4，...，加上 0 就组成了整数 0，1，2，3，4，…，再包括负整数-1，-2，-3，-4，…就组成了整数集。

为了表示整数之间的数值，只需要使用一个小数点，之后添加一位或多位数字：

```
3.141 592 6
```

这种数值称为“浮点数”，表示小数点前后可以有任意位，好像小数点可以浮动到任何数字的任何位置一样。

JavaScript 支持整数和浮点数。

5.1.1 整数

整数可以是正整数、负整数和 0。换句话说，整数就是没有小数部分的数值。

下面都是有效的整数：

- 33
- -1 000 000
- 0
- -1

5.1.2 浮点数

与整数不同的是，浮点数具有小数部分，但小数部分可以为 0。浮点数的表示形式可以是传统方式，比如 3.141 59，也可以是指数形式的，比如 35.4e5。

下面都是有效的浮点数：

- 3.0
- 0.00001
- -99.99
- 2.5e12
- 1e-12

说明：在指数表示方法中，e 表示“10 的幂”，所以 35.4e5 表示“35.4 乘 10 的 5 次幂”。利用指数表示法，可以方便地表示特别大或特别小的数值。 **NOTE**

提示：JavaScript 还可以处理十六进制数值，以前缀 0x 表示，比如 0xab0080。 **TIP**

5.1.3 非数值（NaN）

当脚本尝试把一些非数值数据当作数值处理，却无法得到数值时，其返回值就是 NaN。举例来说，如果尝试用一个整数乘一个字符串，得到的结果就是非数值。利用 isNaN()函数能够检测非数值：

```
isNaN(3);  //返回 false
isNaN(3.14159);   //返回 false
isNaN("horse");   //返回 true
```

5.1.4 使用 parseFloat()和 parseInt()

JavaScript 提供了两个可以把字符串强制转换为数值格式的函数。

parseFloat()函数解析字符串并返回一个浮点数。

如果被解析的字符串的首字符是个数字，函数会一直解析到数值结束，然后返回一个数值而不是字符串：

```
parseFloat("21.4");    //返回 21.4
parseFloat("76 trombones");    //返回 76
parseFloat("The magnificent 7");    //返回 NaN
```

parseInt()函数的功能是很类似的，但返回的值是整数或 NaN。它还可以有第二个可选参数，用于指定数值的基，从而返回二进制、八进制或其他进制数值所对应的十进制数值。

```
parseInt(18.95, 10);    //返回 18
parseInt("12px", 10);    //返回 12
parseInt("1110", 2);    //返回 14
parseInt("Hello");    //返回 NaN
```

5.1.5 无穷大（Infinity）

超过 JavaScript 能够表示的最大数值，就是无穷大。在大多数 JavaScript 版本中，最大的数值是正或负的 2^{53}，虽然它并不是真正的无穷大，但也相当大了。

还有一个表示负的无穷大：-Infinity。

利用 isFinite()函数可以判断一个数值是否是无穷大。它会把参数转换为数值，如果得到的结果是 NaN、正无穷大（Infinity）或负无穷大（-Infinity），函数返回 false（假），其他情况返回 true（真）。（false 和 true 是布尔类型的值，本章稍后介绍。）

```
isFinite(21);  //返回 true
isFinite("This is not a numeric value");  //返回 false
isFinite(Math.sqrt(-1));  //返回 false
```

5.2 字符串

字符串是由特定字符集（通常是 ASCII 或通用字符集）里的字符组成的序列，通常用于保存文本内容。

字符串的定义是用一对单引号或一对双引号实现的：

```
var myString = "This is a string";
```

使用一对内容为空的引号可以定义空字符串：

```
var myString = "";
```

5.2.1 转义序列

我们想放到字符串里的字符有些可能没有相应的键盘按键，或是由于其他原因而成为不能在字符串里出现的特殊字符，比如制表符、换行符、定义字符串所用的单引号或双引号。为了在字符串里使用这些字符，必须使用以反斜线（\）开头的字符组合，让 JavaScript 把它们解释为正确的特殊字符。这种组合被称为“转义序列”。

举例来说，我们想在字符串里添加一些换行符，从而让 alert()方法使用这个字符串时，它会显示为多行：

```
var message = "IMPORTANT MESSAGE:\n\nError detected!\nPlease check your
➥data";
alert(message);
```

图 5.1 展示了插入转义序列后得到的结果。

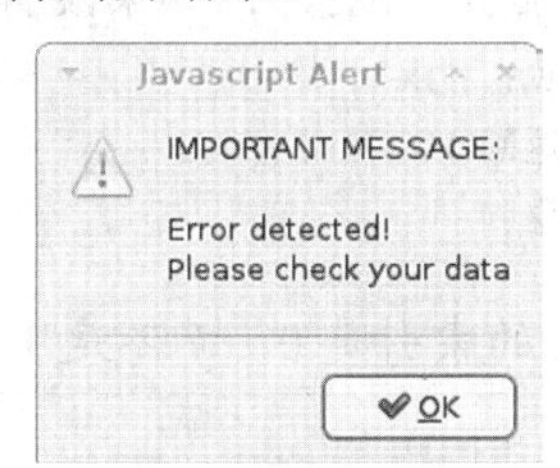

图 5.1　在字符串里使用转义序列

表 5.1 列出了常用的转义序列。

表 5.1　常用的转义序列

转义序列	代表的字符
\t	制表符
\n	新行，在字符串里插入一个换行
\"	双引号
\'	单引号
\\	反斜线
\x99	ASCII 字符的值，以 2 位十六进制数值表示
\u9999	统一编码字符的值，以 4 位十六进制数值表示

5.2.2　字符串方法

附录 B 有 string 对象的完整属性和方法列表，表 5.2 里列出了比较重要的一部分。

表 5.2　string 对象的一些常用方法

方法	描述
concat	连接字符串，返回结果字符串的一个拷贝
indexOf	返回指定值在字符串里出现的第一个位置
lastIndexOf	返回指定值在字符串里出现的最后一个位置
replace	在一个字符串里搜索指定的子字符串，并且用新的子串进行替换
split	把字符串分解为一系列子串，保存到数组里；返回一个新数组
substr	从指定的开始位置，提取指定数量的字符组成字符串
toLowerCase	把字符串转换为小写字符
toUpperCase	把字符串转换为大写字符

concat()

前面的范例里展示过使用操作符“+”连接字符串，这称为字符串级联。JavaScript 的 concat() 函数还具有额外一些功能：

```
var string1 = "The quick brown fox ";
var string2 = "jumps over the lazy dog";
var longString = string1.concat(string2);
```

indexOf()

这个函数可以寻找子字符串（由一个或多个字符组成）在另一个字符串里第一次出现的位置，返回子串在目标字符串里的索引（位置）；如果没有找到，就返回-1。

```
var string1="The quick brown fox";
string1.indexOf('fox')  //返回16
string1.indexOf('dog')  //返回-1
```

TIP **提示**：字符串里第一个字符的索引是 0，而不是 1。

lastIndexOf()

从名称可以看出，lastIndexOf()的工作方式类似于 indexOf()，只是返回子串最后一次出现的位置，而不是第一次。

replace()

在目标字符串里搜索与子串匹配的内容，并且用新的子串替换它：

```
var string1="The quick brown fox";
string1.replace("brown", "orange");  //string1现在是"the quick orange fox"
```

split()

把字符串分解为多个子串的组合，返回一个新数组。

```
var string1 = "The quick brown fox ";
var newArray = string1.split(" ")
```

TIP **提示**：本章稍后将会介绍数组。学习了数组知识之后，能够更好地了解这个函数的用法。

substr()

这个方法可以有一个或两个参数。

它从第一个参数指定的索引位置开始提取字符，返回一个新字符串。第二个参数指定了要提取的字符数量，是可选的；如果没有指定，就会提取从起始位置到字符串结束的全部字符。

```
var string1="The quick brown fox";
var sub1=string1.substr(4,11);   //提取"quick brown"
var sub2=string1.substr(4);  //提取"quick brown fox"
```

toLowerCase()和 toUpperCase()

把字符串转换为全部小写或全部大写。

```
var string1="The quick brown fox";
var sub1=string1.toLowerCase();  //sub1的内容是"the quick brown fox"
var sub2=string1.toUpperCase();  //sub2的内容是"THE QUICK BROWN FOX"
```

5.3 布尔值

布尔类型的数据只有两个值：true（真）或 false（假），最常用于保存逻辑操作的结果。

```
var answer=confirm("Do you want to continue?");  //answer 的值会是 true 或 false
```

如果布尔值用于计算，JavaScript 自动把 true 转换为 1，把 false 转换为 0。

```
var answer=confirm("Do you want to continue?");  //answer 的值会是 true 或 false
alert(answer*1);  //  结果会是 0 或 1
```

> **注意**：在对布尔类型的变量进行赋值时，注意不要把值包含在引号里，否则值会当作字符串处理：
>
> ```
> var success = false;     //正确
> var success = "false";   //错误
> ```
>
> ***CAUTION***

还有另外一种使用方式：JavaScript 把非 0 值当作 true 来处理，把 0 值当作 false 来处理。下面这些值在 JavaScript 里都当作 false 处理：

- 布尔值 false
- 未定义（undefined）
- null
- 0
- NaN
- ""（空字符串）

> **提示**：上面这些值通常称为"类假"，也就是说，"不是确切的 false，但当作 false 处理"。
>
> ***TIP***

"非"操作符（!）

当字符"!"位于布尔变量之前时，JavaScript 把它解释为"非"，也就是"相反的值"。比如下面这段代码：

```
var success=false;
alert(!success);  //  显示"true"
```

第 6 章里将使用它和其他一些操作符来检测 JavaScript 变量的值，并且根据结果执行不同的操作。

> **说明**：JavaScript 还有两个含义很直观的关键字：null（空）和 undefined（未定义）。
>
> 当我们想让变量具有有效值，却又不是任何具体值时，就把 null 赋给变量。对于数值来说，null 相当于 0；对于字符串来说，null 相当于空字符串""；对于布尔变量来说，null 表示 false。
>
> 与 null 不同的是，undefined 不是关键字，而是预定义的全局变量。当某个变量已经在语句里使用了，但却没有被赋予任何值时，它的值不是 0 或 null，而是 undefined，表示 JavaScript 不能识别它。
>
> ***NOTE***

5.4 数组

数组这种数据类型可以在一个变量里保存多个值，每个值都有一个数值索引，而且能够保存任何数据类型，比如布尔值、数值、字符串、函数、对象，甚至是其他数组。

5.4.1 创建新数组

创建数组的语法并不新奇，因为数组也是一个对象而已：

```
var myArray = new Array();
```

创建数组还可以使用另外一种方便的形式，只要使用一对方括号即可：

```
var myArray = [];
```

5.4.2 初始化数组

在创建数组时可以同时加载数据：

```
var myArray = ['Monday', 'Tuesday', 'Wednesday'];
```

或者，在数组创建之后，添加元素数据：

```
var myArray = [];
myArray[0] = 'Monday';
myArray[1] = 'Tuesday';
myArray[2] = 'Wednesday';
```

array.length

数组都有一个 length 属性，表示数组包含了多少项。当我们给数组添加或删除项目时，这个属性是自动更新的。对于上面那个数组，myArray.length 的值是 3。

CAUTION

注意：长度的值总是比最大索引的值大 1，即使数组中实际的元素数量没有这么多。举例来说，假设我们给前面那个数组添加一个新元素：

```
myArray[50] = 'Ice creamday';
```

myArray.length 现在的值就是 51，即使数组中实际只包含 4 个元素。

5.4.3 数组的方法

表 5.3 列出了数组最常用的一些方法。

表 5.3 数组的常用方法

方法	描述
concat	合并多个数组
join	把多个数组元素合并为一个字符串
toString	以字符串形式返回数组
indexOf	在数组搜索指定元素
lastIndexOf	返回与搜索规则匹配的最后一个元素
slice	根据指定的索引和长度返回一个新数组
sort	根据字母顺序或提供的函数对数组进行排序
splice	在数组指定索引添加或删除一个或多个元素

注意：数组与字符串的一些方法具有相同的名称，甚至是几乎类似的功能。使用时请注意这些方法所处理的数据类型，否则可能得不到预想的结果。

CAUTION

concat()

前面已经介绍过字符串的连接，JavaScript 的数组也有同名的一个方法：

```
var myOtherArray = ['Thursday','Friday'];
var myWeek = myArray.concat(myOtherArray);
```

数组 myWeek 包含的元素是 Monday、Tuesday、Wednesday、Thursday 和 Friday。

join()

这个方法可以把数组的全部元素连接在一起形成一个字符串：

```
var longDay = myArray.join();
```

longDay 的值是"MondayTuesdayWednesday"。

使用这个方法时还可以有一个字符串参数，它会作为分隔符插入到最终的字符串里：

```
var longDay = myArray.join("-");
```

这时 longDay 的值就是"Monday-Tuesday-Wednesday"。

toString()

这个方法可以说是 join()方法的一个特例。它返回由数组元素组成的字符串，用逗号分隔每个元素：

```
var longDay = myArray.toString();
```

longDay 的值是"Monday,Tuesday,Wednesday"。

indexOf()

这个方法找到指定元素在数组里第一次出现的位置，返回指定元素的索引值；如果没有找到，就返回-1。

```
myArray.indexOf('Tuesday');    //返回 1（记住：数组索引从 0 开始）
myArray.indexOf('Sunday');  //返回-1
```

lastIndexOf()

从名称中可以看出，这个方法的工作方式与 indexOf()一样，但返回指定元素在数组里最后一次出现的位置，而不是第一次出现的位置。

slice()

如果想从当前数组中提取一个子集，可以使用这个方法，在参数中指定开始的索引值和要提取的元素数量：

```
var myShortWeek = myWeek.slice(1, 3);
```

myShortWeek 包含的内容是 Tuesday、Wednesday 和 Thursday。

sort()

这个方法可以把数组元素按照字母顺序排列。

```
myWeek.sort()
```

返回 Friday、Monday、Thursday、Tuesday 和 Wednesday。

splice()

这个方法可以在数组里添加或删除指定的一个或多个元素。

与前面的其他方法相比，它的语法有点复杂：

```
array.splice(index, howmany, [new elements]);
```

第一个参数指定在数组的什么位置进行操作，第二个参数说明要删除多少个元素（设置为 0 表示不删除元素），第三个参数是可选的，是要插入的新元素列表。

```
myWeek.splice(2,1,"holiday")
```

这行代码指向索引为 2 的元素（Wednesday），删除 1 个元素（Wednesday），插入 1 个新元素（holiday）；现在数组 myWeek 包含的元素是 Monday、Tuesday、holiday、Thursday、Friday。这个方法的返回值是被删除的元素。

CAUTION **注意**：splice()方法会改变原数组。如果代码的其他部分仍需使用这个数组，需在使用 splice()方法之前把它拷贝到新的变量里。

实践

数组操作

现在来实际使用一下前面介绍的方法。打开文本编辑软件，输入程序清单 5.1 所示的代码，保存为 array.html 文件。

程序清单 5.1 数组操作

```
<!DOCTYPE html>
<html>
<head>
<title>Strings and Arrays</title>
<script>
    function wrangleArray() {
        var sentence = "JavaScript is a really cool language";
        var newSentence = "";
        //Write it out
        document.getElementById("div1").innerHTML = "<p>" + sentence +
➥"</p>";
        //Convert to an array
        var words = sentence.split(" ");
        // Remove 'really' and 'cool', and add 'powerful' instead
        var message = words.splice(3,2,"powerful");
        // use an alert to say what words were removed
        alert('Removed words: ' + message);
        // Convert the array to a string, and write it out
        document.getElementById("div2").innerHTML = "<p>" + words.join("
➥") + "</p>";
    }
</script>
</head>
<body>
    <div id="div1"></div>
    <div id="div2"></div>
    <script>wrangleArray();</script>
</body>
</html>
```

在查看上述代码时，可以参考前面对于这些方法的定义，以及第 4 章对于 getElementById()和 innerHTML()方法的介绍。

在 wrangleArray()函数里，我们首先定义了一个字符串：

```
var sentence = "JavaScript is a really cool language";
```

在利用 innerHTML 方法把它写到一个空的<div>元素之后，我们对字符串使用了 split()方法，以一个空格作为参数，从而得到一个数组，数组的每个元素都是字符串根据空格进行分隔的子串（也就是单个的单词）。这个数组保存到变量 words 里。

接着对 words 数组使用 splice()方法，在索引位置 3 删除两个单词“really”和“cool”。因为 splice()方法把删除的元素作为返回值，所以我们可以把它们显示在 alert()对话框里：

```
var message = words.splice(3,2,"powerful");
alert('Removed words: ' + message);
```

然后，我们对数组使用 join()方法，再次把它组合成字符串。由于使用了空格作为 join 的参数，字符串里每个单词都会以一个空格间隔。最后，我们利用 innerHTML 把修改过的句子输出到第二个<div>元素。

wrangleArray()函数被文档 body 部分的一小段代码调用：

```
<script>wrangleArray();</script>
```

这段脚本的操作结果如图 5.2 所示。

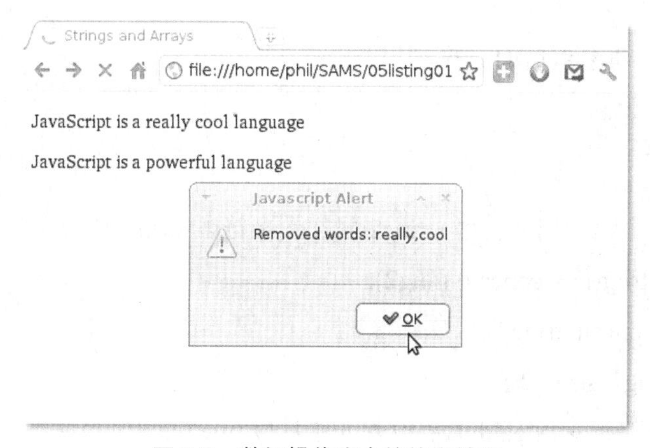

图 5.2 数组操作脚本的输出结果

▲

5.5 小结

本章介绍了 JavaScript 支持的多种数据类型，还介绍了 JavaScript 里字符串和数组的一些方法。

第 5 章到此就结束了，也结束了本书的第一部分。这部分内容主要是 JavaScript 的基本知识：JavaScript 是什么、源自于哪里、它能做什么以及如何实现一些基本功能，比如声明变量、赋值和进行计算。

这部分还介绍了 JavaScript 一些内置对象和 DOM 对象，练习了如何使用它们的属性和方法。本书的第二部分将介绍如何创建自己的对象及属性，编写方法来访问和操作这些属性，其中会涉及“面向对象编程”（OOP）的基本知识。

为了表达清晰，第一部分使用了一些不是“最佳方式”的编码技术，虽然它们都是非常合乎规则的。第二部分里会尽力对此做出修正，介绍更好的方式来处理事件及其他高级JavaScript技术，包括程序流控制、cookie、JSON标签等。

5.6 问答

问：JavaScript里字符串的长度最大是多少？

答：JavaScript规范并没有规定字符串的最大长度，这应该是由浏览器和操作系统决定的。对于特定的运行环境来说，它应该是由可用内存决定的一个数值。

问：JavaScript是否支持联合数组？

答：不是直接支持的，但可以利用对象来实现这种行为。本书后面将会介绍这方面的范例。

5.7 作业

请先回答问题，再参考后面的答案。

5.7.1 测验

1. 使用如下哪个语句把字符串string2附加到字符串string1？
   a. concat(string1) + concat(string2);
   b. string1.concat(string2);
   c. join(string1, string2);
2. 下列哪个语句把变量paid的值设置为布尔值true？
   a. var paid = true;
   b. var paid = "true";
   c. var paid.true();
3. 字符串myString的内容是“stupid is as stupid does”，下列哪个语句的返回值是-1？
   a. myString.indexOf("stupid");
   b. myString.lastIndexOf("stupid");
   c. myString.indexOf("is stupid");

5.7.2 答案

1. 选b。这样使用concat()方法才能把string2添加到string1的末尾。
2. 选a。布尔值不应该位于引号里。
3. 选c。子字符串“is stupid”并没有出现在myString里。

5.8 练习

修改程序清单 5.1 的代码，让用户通过 prompt()对话框输入初始字符串。利用本章介绍的其他字符串和数组方法来扩展这个脚本。

复习具有相同名称的字符串和数组方法，熟悉这些方法在应用于字符串或数组时如何具有不同的语法和操作。

第二部分

JavaScript 进阶

第6章

功能更强大的脚本

本章主要内容包括：

- 使用条件语句
- 使用比较操作符
- 使用逻辑操作符
- 编写循环和控制结构
- 调试脚本

本书第一部分的内容简要介绍了 JavaScript 变量能够处理的数据类型，然而为了实现更复杂的功能，我们还需要脚本能够根据这些数据进行判断。本章将介绍如何对特定条件进行判断，让程序按照预定的方式执行。

本章还会介绍如何利用基于浏览器的工具来调试这些越来越复杂的 JavaScript 程序。

6.1 条件语句

正如其名称所表示的，条件语句用于检测脚本中变量所保存的值是否满足指定的条件。JavaScript 里的条件语句有多种，详述如下。

6.1.1 if()语句

前一章介绍了布尔变量，它具有两个可能的取值：真（true）或假（false）。

JavaScript 有多种方式可以检测这样的值，最简单的是 if 语句，其基本形式如下：

```
if ( 条件为真 ) 执行操作
```

下面来看一个小例子：

```
var message = "";
var bool = true;
if(bool) message = "The test condition evaluated to TRUE";
```

首先是声明一个变量 message，给它赋一个空字符串值。接着声明了一个布尔变量 bool，把它的值设置为 true。第三条语句检测变量 bool 的值是否为 true。如果结果是肯定的（如本例的情况），变量 message 的值就被设置为新的字符串。如果第二个语句把变量 bool 的值设置为 false，那么第三个语句里的检测结果就是否定的，给 message 变量设置新字符串的指令就会被忽略，从而让它的值仍然是空字符串。

记住，if 语句的基本形式是这样的：

```
if ( 条件为真 ) 执行操作
```

在使用布尔变量的情况下（如本例所示），我们用变量代替了条件。这是因为布尔变量的值只能是 true 或 false，所以括号里内容的结果传递给 if 语句时，只会是 true 或 false。

如果需要检测 false 条件，可以使用表示“非”的字符“!”（前一章介绍过）：

```
if(!bool) message = "The value of bool is FALSE";
```

显然，为了让!bool 的结果为 true，bool 的值必须为 false。

6.1.2 比较操作符

if()语句并不是只能检测布尔变量的值，而是可以在括号里输入表达式作为条件。JavaScript 会计算表达式的值，判断其结果是真还是假：

```
var message = "";
var temperature = 60;
if(temperature < 64) message = "Turn on the heating!";
```

小于号（<）是 JavaScript 支持的多种比较操作符之一。表 6.1 列出了一些常用的比较操作符。

表 6.1 JavaScript 比较操作符

操作符	含义
==	等于
===	值和类型都相等
!=	不等于
>	大于
<	小于
>=	大于等于
<=	小于等于

> **NOTE** **说明**：附录 B 提供了比较操作符的更详细列表。

6.1.3 测试相等

仍然以前面的代码为例，我们如何判断温度正好等于 64 度呢？JavaScript 利用等号（=）

给变量赋值，所以判断相等时不能这样书写代码：

```
if(temperature = 64) ....
```

JavaScript 会计算表达式的值，如果像上面这样书写代码，变量 temperature 会被赋值 64。若赋值操作成功完成（没有什么不成功的理由），会给 if 语句返回一个 true，这样 if 后面的语句就会被执行。显然，这不是我们想要的结果。

为了要测试值是否相等，需要使用双等号（==）：

```
if(temperature == 64) message = "64 degrees and holding!";
```

注意：如果想判断两项在值和类型上都相同，JavaScript 使用三等号（===）操作符。举例来说：

```
var x=2;             //给变量赋予数值
if(x=="2")…          //结果为 true，因为字符串"2"会被解释为数值 2。
if(x==="2")…         //结果为 false，因为字符串与数值类型不同。
```

这种判断方式很适合区分返回的结果是实际的 false，还是等同于 false 的值，比如：

```
var x=0;             //给变量赋值 0
if(!x)…              //结果为 true
if(x===false)..      //结果为 false
```

CAUTION

6.1.4 if 进阶

在前面的范例里，当条件满足时，只能执行一条语句。如果我们想执行多行语句，怎么办？这时可以使用一对花括号，把需要在条件满足时执行的语句包含进去：

```
if (temperature<64) {
    message="Turn on the heating!";
    heatingStatus="on";
    // 其他语句
}
```

还可以给 if 语句添加一个子句，当条件不满足时执行相应的操作：

```
if (temperature<64) {
    message="Turn on the heating!";
    heatingStatus="on";
    // 其他语句
} else {
    message="Temperature is high enough";
    heatingStatus="off";
    // 其他语句
}
```

提示：if()语句有一种简便语法：

```
（条件为真）? [条件为真执行的语句] : [条件为假执行的语句];
```

范例如下：

```
errorMessage=count+((count==1)? "error":"errors")+"found.";
```

TIP

在这个例子里，如果变量 count 里保存的错误数量的确是 1，errorMessage 变量保存的内容就是“1 error found”。

如果 count 变量的值是 0 或大于 1 的，errorMessage 变量保存的内容就类似于“3 errors found”。

6.1.5 测试多个条件

利用“嵌套”的多个 if 和 else 语句可以检测多个条件，分别执行不同的操作。继续前面的调温范例，添加功能：如果温度过高，就打开冷却系统。

```
if(temperature < 64) {
    message = "Turn on the heating!";
    heatingStatus = "on";
    fanStatus = "off";
} else if(temperature > 72){
    message = "Turn on the fan!";
    heatingStatus = "off";
    fanStatus = "on";
} else {
    message = "Temperature is OK";
    heatingStatus = "off";
    fanStatus = "off";
}
```

6.1.6 switch 语句

如果需要对同一个条件语句的多种不同可能进行判断，更简洁的语法是使用 JavaScript 的 switch 语句。

```
switch(color) {
    case "red" :
        message = "Stop!";
        break;
    case "yellow" :
        message = "Pass with caution";
        break;
    case "green" :
        message = "Come on through";
        break;
    default :
        message = "Traffic light out of service. Pass only with great
➥care";
}
```

关键字 switch 之后用圆括号包含要判断的变量。

实际的判断操作位于一对花括号里。每个 case 语句对应的值包含在引号里，然后是一个冒号，接着是满足当前条件要执行的语句，语句的数量没有限制。

注意每个 case 里的 break 语句，它会在 case 部分的语句执行完成之后，把程序转到 switch 语句的末尾。如果没有这个 break 语句，就可能有多个 case 区域的语句被执行。

default 部分是可选的，可以在任何 case 都不匹配的情况下执行一些操作。

6.1.7 逻辑操作符

有时需要判断组合条件来决定进行什么操作，这时使用 if...else 或 switch 语句都会显得不那么简洁。

还是以调温代码为例。JavaScript 支持使用逻辑“与”（&&）和逻辑“或”(||)，如下所示：

```
if(temperature >= 64 && temperature <= 72) {
    message = "The temperature is OK";
} else {
    message = "The temperature is out of range!";
}
```

这个条件就是：如果温度大于等于 64 而且小于等于 72。

利用逻辑“或”同样可以实现上述条件：

```
if(temperature < 64 || temperature > 72) {
    message = "The temperature is out of range!";
} else {
    message = "The temperature is OK";
}
```

我们颠倒了进行判断的方式，条件被设置为“如果温度小于 64 或大于 72”，就表示超过了温度范围。

6.2 循环和控制结构

if 语句可以看作是程序执行的交叉路口，根据对数据的判断结果，程序从不同的路径上执行语句。

在很多情况下，我们需要把某个操作反复进行。如果这种操作的次数是固定的，我们当然可以利用多个 if 语句，并且利用一个变量进行计数，但代码会变得很多，不易阅读。而且，如果代码段要重复的次数是不确定的，比如保存变量里的会改变的数值，那么应该怎么办呢？

JavaScript 提供了多种内置的循环结构可以实现上述目标。

6.2.1 while

while 语句的语法与 if 语句十分类似：

```
while(this condition is true) {
    carry out these statements ...
}
```

while 语句的工作方式也类似于 if，唯一的区别在于，在完成一次判断执行之后，while 回到语句的开始，再对条件进行判断。只要条件判断结果为 true，while 语句就反复执行相应的代码。举例如下：

```
var count = 10;
var sum = 0;
while(count > 0) {
    sum = sum + count;
    count--;
}
alert(sum);
```

只要 while 判断条件的结果是 true，花括号里的语句就会被反复执行，也就是不断把 count 的当前值累加到变量 sum 里。

当 count 减少为 0 时，就不满足条件了，循环就会停止，程序继续执行花括号“}”后面的语句。这时，变量 sum 的值是：

```
10 + 9 + 8 + 7 + 6 + 5 + 4 + 3 + 2 + 1 = 55
```

6.2.2 do…while

do…while 结构在操作上与 while 很相似，但有一个重要的区别。它的语法如下：

```
do {
   … these statements …
} while(this condition is true)
```

真正的区别在于，由于 while 语句出现在花括号“}”之后，在进行条件判断之前，代码块会执行一次。因此，do…while 语句里的代码块至少会被执行一次。

6.2.3 for

for 循环的操作也类似于 while，但语法更复杂一点。在使用 for 循环时，我们可以指定初始条件、判断条件（用于结束循环）、每次循环后修改计数变量的方式，这些都在一个语句里，具体语法如下：

```
for (x=0; x<10; x++) {
    …执行这些语句…
}
```

这个语句的含义是：

“*x* 的初始值设置为 0，当 *x* 小于 10 时，每次循环之后把 *x* 的值加 1，执行相应的代码块”。

现在利用 for 语句重新编写前面使用 while 的范例：

```
var count;
var sum = 0;
for(count = 10; count > 0; count--) {
    sum = sum + count;
}
```

如果没有提前声明计数变量，我们可以在 for 语句里使用关键字 var 进行声明。这是一种很简便的方式：

```
var sum = 0;
for(var count = 10; count > 0; count--) {
    sum = sum + count;
}
alert(sum);
```

与前面使用 while 的范例一样，当循环结束时，变量 sum 的值是：

```
10 + 9 + 8 + 7 + 6 + 5 + 4 + 3 + 2 + 1 = 55
```

6.2.4 使用 break 跳出循环

break 语句在循环里的作用与其在 switch 语句里差不多，它中断循环，把程序导向右花括号后面的第一条语句。

范例如下：

```
var count = 10;
var sum = 0;
while(count > 0) {
    sum = sum + count;
    if(sum > 42) break;
    count--;
}
alert(sum);
```

在前面没有 break 语句的范例里，变量 sum 的值是：

```
10 + 9 + 8 + 7 + 6 + 5 + 4 + 3 + 2 + 1 = 55
```

而现在，当 sum 的值达到

```
10 + 9 + 8 + 7 + 6 + 5 = 45
```

if(sum>42)的条件就满足了，就会执行 break 语句而中断循环。

注意：小心造成无限循环。前面我们使用的循环是这样的：

```
while(count>0) {
    sum=sum+count;
    count--;
}
```

假设去掉 count--;这一行，那么每次 while 判断变量 count 时，都会发现它的值大于 0，因此循环永远不会停止。无限循环会导致浏览器停止响应，产生 JavaScript 错误，或是导致浏览器崩溃。

CAUTION

6.2.5 利用 for…in 在对象集里循环

for…in 是一种特殊的循环，用于在对象的属性里进行循环。我们用程序清单 6.1 里的代码来展示它是如何工作的。

程序清单 6.1 for…in 循环

```
<!DOCTYPE html>
<html>
<head>
    <title>Loops and Control</title>
</head>
<body>
    <script>
        var days = ['Sun','Mon','Tue','Wed','Thu','Fri','Sat'];
        var message = "";
        for (i in days) {
            message += 'Day ' + i + ' is ' + days[i] + '\n';
        }
        alert(message);
    </script>
</body>
</html>
```

在这种循环中，我们不必考虑使用循环计数器，或是判断循环结束的条件。循环会对集合中每个对象（本例中是数组元素）执行一次，然后结束。

NOTE **说明**：在 JavaScript 里，数组是一种对象。利用 for...in 循环可以操作任何对象的属性，无论是 DOM 对象、JavaScript 内置对象还是我们创建的对象。

上述范例代码的执行结果如图 6.1 所示。

图 6.1 for...in 循环的运行结果

6.3 调试代码

随着脚本不断变得更加复杂，我们迟早都会遇到代码出错误的情况。

很多小小的失误都可能导致 JavaScript 错误，比如起始与结束括号不匹配，变量名称或关键字输入错误，调用不存在的方法，等等。本章的范例脚本包含了各种循环和分支，就很可能产生错误，需要发现和解决。

遇到错误时，浏览器的反应是各不相同的。现在来看看程序清单 6.2 里的代码。

程序清单 6.2 一段有错误的代码

```
<!DOCTYPE html>
<html>
<head>
    <title>Strings and Arrays</title>
</head>
<body>
    <script>
        function sayHi() {
            alert("Hello!);
        }
    </script>
    <input type="button" value="good" onclick="sayHi()" />
    <input type="button" value="bad" onclick="sayhi()" />
</body>
</html>
```

这段代码有两种不同类别的错误。首先，在调用 alert()方法时，参数部分缺少右引号。

其次，第二个按钮的 onClick 事件处理器调用了函数 sayhi()，但由于函数名称是区分大小写的，而实际上并没有名为 sayhi()的函数。

用 Firefox 加载这个页面，我们可以看到两个按钮，一个标签是“good”；另一个是“bad”。点击两个按钮，似乎都没有什么反应。在 Firefox 里按 Ctrl+Shift+J 组合键打开 Firefox 的错误控制台，可以看到如图 6.2 所示的内容。

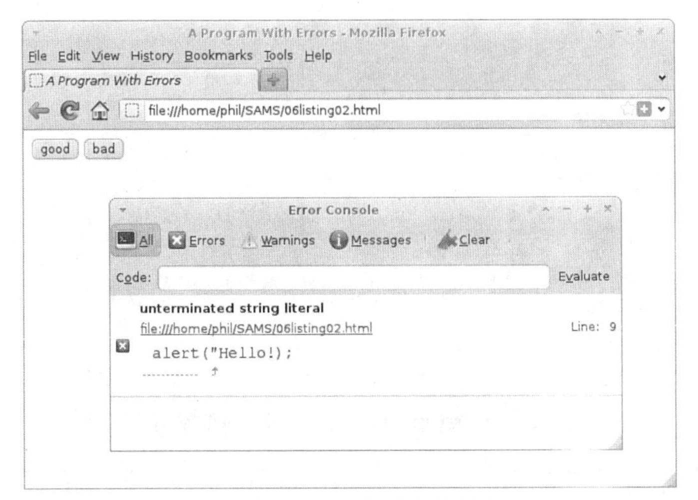

图 6.2 Firefox 的错误控制台

其中有很不错的提示，它告诉我们发现一个“未结束的字符串”，指明了行号，甚至显示出那行代码，并且用一个箭头指向问题所在的部分。

修改这个错误，保存文件，再次尝试。先点击错误控制台上的“清除”按钮，清除旧的错误信息，然后重新加载页面。

这次似乎好多了，页面正常显示，错误控制台的内容也是空的。点击标签为“good”的按钮会打开预想的 alert()窗口，到目前为止，一切正常。

但点击标签为“bad”的按钮似乎没有反应，这时再次查看错误控制台，结果如图 6.3 所示。

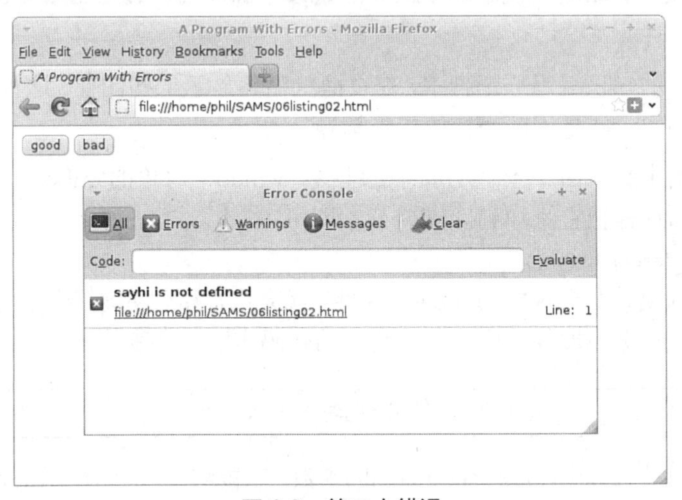

图 6.3 第二个错误

Firefox 同样标识了这个错误：“sayhi 未定义”。对于我们来说，很容易修改这个错误，让页面正常运行。

不同的浏览器具有自己处理错误的方式。图 6.4 展示了 Chrome 浏览器如何报告第一个字符串未结束的错误。

NOTE **说明：**Google Chrome 和 Chromium 几乎是相同的浏览器，主要区别在于其打包和分发的方式。简要来说，Google Chrome 就是 Chromium 的开源版本。

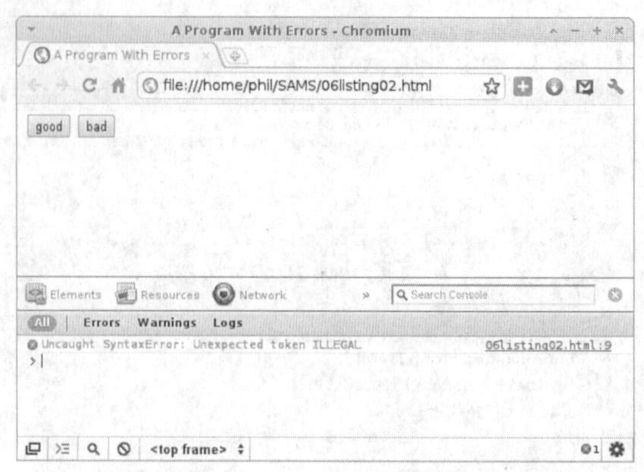

图 6.4　Google Chrome JavaScript 控制台

Chrome 的消息用词有些隐晦："未捕获的语法错误：意外的非法符号"，但它同样用一个可以点击的链接指出错误的代码行。

如果要使用 IE 9 的开发者工具，可以按 F12 键，或从"工具"菜单里选择"开发者工具"，然后选择"控制台"选项卡来查看 JavaScript 返回的错误消息。

TIP

提示：花一些时间熟悉常用浏览器的调试工具是值得的。但如果经常编写 JavaScript 代码，那么使用开发环境进行调试是更好的选择，这样效率更高，调试过程更清晰。

实践

循环标题

利用本章介绍的知识编写一个脚本，在页面上循环显示一些图像。这种效果是很常见的，比如滑动显示的图像，或是不断变换的广告标题。

首先要介绍两个新东西。一个是事件处理器：window 对象的 onLoad 方法。它的操作很简单，只要像下面这样把它添加到<body>元素即可：

```
<body onload="somefunction()" >
```

当页面完成加载时，会触发 onLoad 事件，就会执行事件处理器里指定的代码。利用这个事件处理器，一旦页面加载完成就运行我们的代码实现标题变换。

提示：第 9 章会介绍其他一些添加事件处理器的方法。

TIP

另一个新东西是 JavaScript 的 setInterval()函数。它能够重复运行 JavaScript 函数，每次运行有一定的间隔。

setInterval()函数有两个参数，第一个参数是要重复运行的函数，第二个参数是每次执行的时间间隔（单位是毫秒）。下面这个范例：

```
setInterval(myFunc, 5000);
```

会每隔 5 秒运行函数 myFunc()。

利用 setInterval()函数能够以固定间隔变换标题图像。

新建文件 banner.html，输入程序清单 6.3 的代码。

程序清单 6.3 标题变换

```
<!DOCTYPE html>
<html>
<head>
    <title>Banner Cycler</title>
    <script>
        var banners = ["banner1.jpg", "banner2.jpg", "banner3.jpg"];
        var counter = 0;
        function run() {
            setInterval(cycle, 2000);
        }
        function cycle() {
            counter++;
            if(counter == banners.length) counter = 0;
            document.getElementById("banner").src = banners[counter];
        }
    </script>
</head>
<body onload = "run();">
    <img id="banner" alt="banner" src="banner1.jpg" />
</body>
</html>
```

页面的 HTML 部分是非常简单的。页面的 body 部分包含一个图像元素，它将构成标题。通过修改它的 scr 属性就可以实现图像变换。

接着来看看 JavaScript 代码。

函数 run()只包含一个语句，就是 setInterval()函数，后者每隔 2 秒（2 000 毫秒）执行另一个函数 cycle()。

cycle()函数每次执行时完成三个操作：

➢ 计数器增加。

```
counter++;
```

➢ 使用条件语句判断计数器是否达到图像数组的元素数量，如果达到了，就把计数器重置为 0。

```
if(counter == banners.length) counter = 0;
```

➢ 把图像元素的 src 属性设置为图像文件名称数组里相应的文件名。

```
document.getElementById("banner").src = banners[counter];
```

代码的操作结果如图 6.5 所示。

现在使用浏览器的调试工具检测这个脚本的操作。在使用 Chromium 时，打开调试工具的方法是选择 Wrench Icon>Tools>Developer Tools，或是使用快捷键 Ctrl+Shift+I。

选择下方窗格里的 Scripts 选项卡，左侧是代码。点击第 15 行代码的行号来设置一个断点，如图 6.6 所示。

当设置了这个断点之后，代码每次运行到这行时，在执行其中的代码之前，都会暂停。在本例中就是在结束函数 cycle()之前会暂停。

在这个窗格右侧的 Breakpoints 选项卡里可以看到我们设置的断点。在 Watch Expressions 选项卡里可以添加变量或表达式，在程序暂停时查看它们的值。在这里，我们输入 counter 和 getElementById("Banner").src，查看它们的值。

图 6.5 标题变换

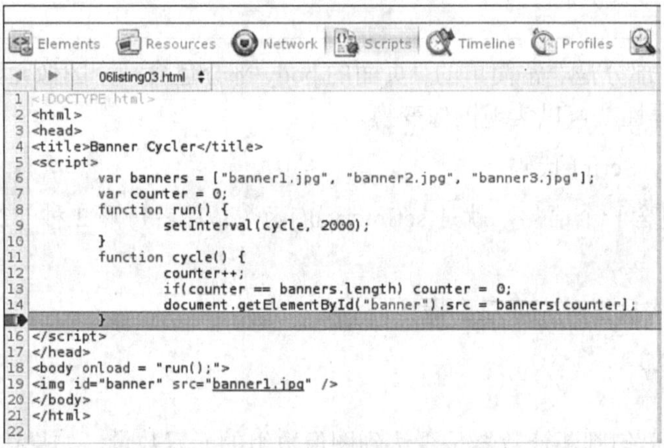

```
Elements  Resources  Network  Scripts  Timeline  Profiles
06listing03.html
1  <!DOCTYPE html>
2  <html>
3  <head>
4  <title>Banner Cycler</title>
5  <script>
6          var banners = ["banner1.jpg", "banner2.jpg", "banner3.jpg"];
7          var counter = 0;
8          function run() {
9                  setInterval(cycle, 2000);
10         }
11         function cycle() {
12                 counter++;
13                 if(counter == banners.length) counter = 0;
14                 document.getElementById("banner").src = banners[counter];
15         }
16 </script>
17 </head>
18 <body onload = "run();">
19 <img id="banner" src="banner1.jpg" />
20 </body>
21 </html>
22
```

图 6.6 设置断点

当程序再一次暂停时的情况如图 6.7 所示，可以看到两个表达式的值。

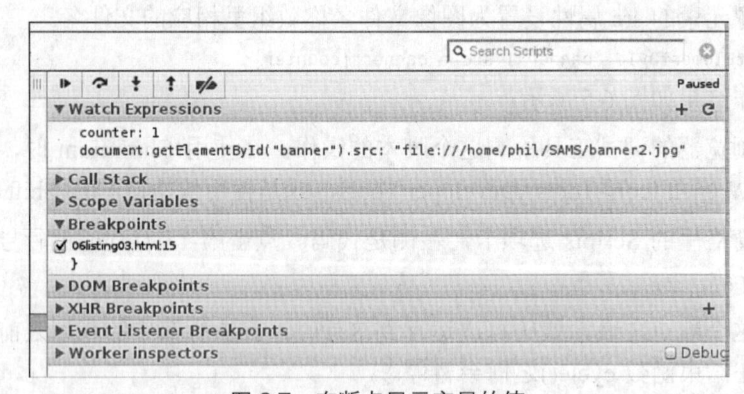

图 6.7 在断点显示变量的值

点击选项卡上方的 Play，可以让脚本重新启动。

可以看出，利用浏览器的调试工具，我们可以查看脚本的运行情况。

> **提示**：这里只是简单地展示了 Google Chrome/Chromium 调试能力的一小部分，如果想进一步了解，可以参考 http://code.google.com/chrome/devtools/docs/scripts-breakpoints.html。
>
> 如果使用的是 Firefox，最好是安装很流行的 Firebug 扩展。它的功能与前者大致相同，详情请见 http://getfirebug.com/javascript。
>
> IE 9 中打开调试工具的方法是按 F12 键，关于它的介绍请见 http://msdn.microsoft.com/en-us/library/ie/dd565622(v=vs.85).aspx。
>
> Opera 的调试工具是 Dragonly，详情请见 http://www.opera.com/dragonly/documentation/。

TIP

▲

6.4 小结

本章介绍了如何根据变量值判断条件并控制程序流，介绍了多种由条件控制的循环结构。另外还简要介绍了如何使用浏览器工具追踪并修改程序里的错误。

6.5 问答

问：不同的循环结构之间有无优劣之分，有没有在什么情况下必须使用某种结构呢？

答：对于任何特定的编程任务，通常都有多种循环类型可以实现。但最好还是根据代码的整体情况挑选最合理的循环方式。

问：能否停止当前循环，直接进入下一次循环？

答：可以，方法是使用 continue 命令。它的使用方法与 break 很相似，但它不是停止循环并转到循环体后面的语句，而是只中断当前循环，然后进入下一次循环。

6.6 作业

请先回答问题，再参考后面的答案。

6.6.1 测验

1. JavaScript 里如何表示“大于等于”？

   a. >

   b. >=

   c. >==

2. 哪个命令会终止当前循环，把程序流转到循环体后面的语句？

   a. break;

b．loop;

c．close;

3．下面哪种情况可能导致无限循环？

a．使用错误的循环类型

b．终止循环的条件永远不能达到

c．循环里有太多的语句

6.6.2 答案

1．选 b。JavaScript 以“>=”表示“大于等于”。

2．选 a。break 语句终止循环。

3．选 b。如果终止循环的条件始终不能达到，就会造成无限循环。

6.7 练习

修改实现标题循环的代码，为每个标题添加一个链接，从而让每个显示的图像链接到一个外部页面。

修改实现标题循环的代码，利用 Math 对象的随机数生成功能，在每次变换标题时随机显示一幅图像，而不是按照次序显示。

利用浏览器的内置工具来帮助进行代码调试。

第7章

面向对象编程

本章主要内容包括：

- 什么是面向对象编程
- 创建对象的两种方式
- 对象实例化
- 利用 prototype 扩展和继承对象
- 访问对象的方法与属性
- 使用功能检测

随着程序越来越复杂，需要使用一些编码技术帮助我们保持对代码的掌控，并且确保代码的有效性、易读性和可维护性。面向对象编程是一种很重要的技术，有助于编写清晰可靠的可以重复使用的代码。本章将介绍这方面的基本知识。

7.1 什么是面向对象编程（OOP）

本书前面部分展示的代码范例都属于“过程”编程的类型，这种编程方式的特点是把数据保存到变量里，然后由一系列指令操作变量。每个指令（或一系列指令，比如函数）都能够创建、删除或修改数据，显得数据与程序代码在某种程度上是“分离”的。

在面向对象编程（OOP）方式中，程序指令与其操作的数据密切关联。换句话说，OOP 把程序的数据包含在被称为“对象”的独立体里，每个对象都有自己的属性（数据）和方法（指令）。

举例来说，如果要编写一个用于汽车租赁的脚本，我们可以设计一个通用功能的对象 Car，它具有一些属性（比如 color、year、odometerReading 和 make），还可能有一些方法（比如 setOdometer(newMiles)可以把属性 odometerReading 的值设置为 newMiles)。

对于租赁清单里的每一辆汽车，我们都会创建 Car 对象的一个“实例”。

> **NOTE** **说明**：对象的实例就是对象“模块”的特定实现，是基于特定数据的能够工作的对象。举例来说，通用的对象模板 Car 可以创建一个实例，其特定数据是“blue 1998 Ford”；还可以创建另外一个实例，其特定数据是“yellow 2004 Nissan”。在面向对象编程中，这种对象模板一般被称为“类”。但本书不准备使用这个术语，因为 JavaScript 实际上并不使用类。但它的“构造函数”概念与之类似，具体介绍请见本章后面的内容。

与过程编程方式相比，面向对象编程有不少优点：

- 代码复用。面向对象编程能够以多种方式复用代码。利用普通的函数也能实现代码复用，但跟踪全部需要传递的变量、它们的作用域和含义是很困难的。与之相比，如果使用对象来实现，我们只需要标明每个对象的属性和方法，保证它们遵守规则，其他程序，甚至其他程序员都可以轻松地使用这些对象。
- 封装。通过仔细地设置属性和方法对于程序其他部分的“可见性”，我们可以定义对象如何与脚本的其他部分相互作用。对象的“内部”内容对外是隐蔽的，外部代码如何访问对象的数据只能通过对象标明的接口。
- 继承。在编写代码时，经常会遇到这样的情况：需要编写的代码与已经编写过的代码几乎是相同的，但不完全相同。利用“继承”这种方式，我们可以基于已经定义的对象来创建新对象，新对象会“继承”老对象的属性和方法，还可以根据需要添加或调整属性和方法。

本书中前面的范例里也经常使用对象，包括 JavaScript 的内置对象和 DOM 里的对象。不仅如此，我们还可以创建自己的对象，设置它们的属性和方法，在程序中使用。

> **NOTE** **说明**：有些编程语句，比如 C++和 Smalltalk 非常偏重于使用面向对象方法，它们被称为面向对象语言。JavaScript 并不属于这种类型，但它也提供了足够的支持，让我们可以编写非常实用的面向对象代码。面向对象编程具有很丰富的内容，但本书在此只讨论一些基本知识。

7.2 创建对象

JavaScript 提供了多种创建对象的方式，首先来介绍如何声明对象的“直接实例”，稍后会介绍使用“构造函数”创建对象。

7.2.1 创建直接实例

JavaScript 有一个内置对象 Object，利用它可以创建一个空白的对象：

```
myNewObject = new Object();
```

这样就得到了一个崭新的对象 myNewObject，这时它还没有任何属性和方法，因此没有任何实际功能。我们可以像下面这样添加属性：

```
myNewObject.info = 'I am a shiny new object';
```

现在对象有了一个属性，它是文本字符串，包含了一些关于对象的信息，其名称是 info。给对象添加方法也很简单，首先定义一个函数，然后把它附加到 myNewObject 作为方法：

```
function myFunc(){
        alert(this.info);
    };
myNewObject.showInfo = myFunc;
```

使用熟悉的句点形式，就可以调用这个方法：

```
myNewObject.showInfo();
```

> **注意：**在把函数关联到对象时，只使用了函数名称，并不包含括号。这是因为我们是要把函数 myFunc()的定义赋予 mynewObject.showInfo 方法。
> 如果使用像下面这样的代码：
> ```
> myNewObject.showInfo = myFunc();
> ```
> 其作用是让 JavaScript 执行函数 myFunc()，然后把它的返回值赋予 mynewObject.showInfo。

CAUTION

7.2.2 使用关键字 this

前面的函数定义使用了关键字 this。在第 2 章和第 3 章的范例里，我们在内嵌的事件处理器里也使用过 this。

```
<img src="tick.gif" alt="tick" onmouseover="this.src='tick2.gif';"  />
```

在以这种方式使用时，this 是指 HTML 元素本身（前例中就是 img 元素）。而当我们在函数（或方法）里使用 this 时，它指向函数的“父对象”。

在函数最初声明时，它的父对象是全局对象 window。window 对象并没有名为 info 的属性，如果直接调用 myFunc()函数，会发生错误。

我们接着给 myNewObject 对象创建了一个方法 showInfo，并且把 myFunc()赋予这个方法：

```
myNewObject.showInfo = myFunc;
```

对于 showInfo()方法来说，它的父对象是 myNewObject，所以 this.info 就表示 myNewObject.info。

现在来看程序清单 7.1，进一步说明上述概念。

程序清单 7.1 创建对象

```
<!DOCTYPE html>
<html>
<head>
    <title>Object Oriented Programming</title>
    <script>
        myNewObject = new Object();
        myNewObject.info = 'I am a shiny new object';
        function myFunc(){
                alert(this.info);
            }
        myNewObject.showInfo = myFunc;
```

```
    </script>
</head>
<body>
    <input type="button" value="Good showInfo Call"
➥onclick="myNewObject.showInfo()" />
    <input type="button" value="myFunc Call" onclick="myFunc()" />
    <input type="button" value="Bad showInfo Call" onclick="showInfo()"
➥/>
</body>
</html>
```

在页面的<head>区域，我们像前面一样创建了一个对象，设置了一个属性 info 和一个方法 showInfo。

在浏览器里加载页面，我们可以看到三个按钮。

点击第一个按钮会调用新建对象的 showInfo 方法：

```
<input type="button" value="Good showInfo Call"
➥onclick="myNewObject.showInfo()" />
```

与预想的一样，info 属性的值传递给 alert()对话框，如图 7.1 所示。

第二个按钮试图直接调用函数 myFunc()。

```
<input type="button" value="myFunc Call" onclick="myFunc()" />
```

由于 myFunc 是全局对象的一个方法（因为它定义时没有指定任何对象作为父对象），它会试图给 alert()对话框传递一个并不存在的属性 window.info 的值，其结果如图 7.2 所示。

图 7.1　正确地调用 info 属性

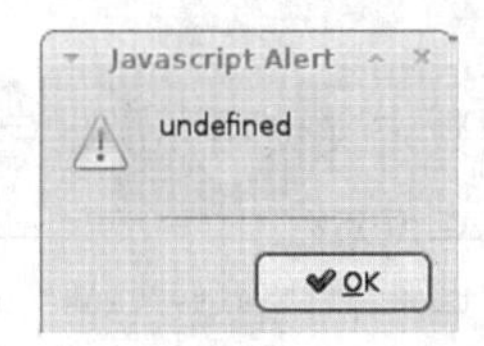

图 7.2　全局变量没有名为 info 的属性

最后，第三个按钮尝试在没有指定父对象的情况下调用 showInfo 方法：

```
<input type="button" value="Bad showInfo Call" onclick="showInfo()" />
```

由于这个方法在对象 myNewObject 之外是不存在的，JavaScript 会报告一个错误，如图 7.3 所示。

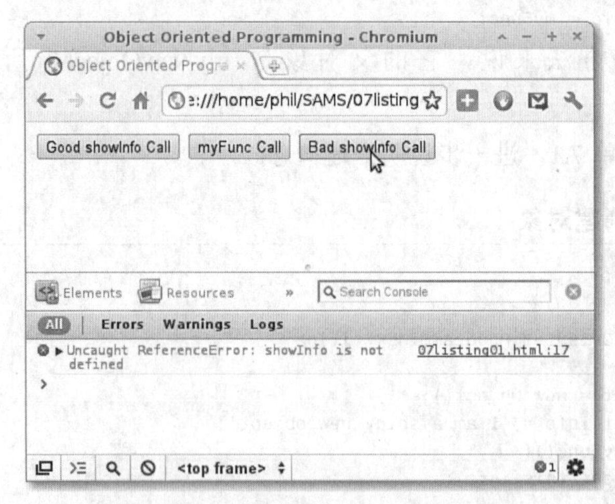

图 7.3　JavaScript 报告 showInfo 没有定义

> **说明**：关于如何使用浏览器的 JavaScript 控制台或错误控制台了解 JavaScript 错误，请参考第 6 章的内容。 **NOTE**

7.2.3 匿名函数

前面介绍了一种设置对象方法的方式，就是创建一个单独的函数，然后把它的名称赋予某个方法。现在来介绍一种更简单方便的方式。

前面的代码是这样的：

```
function myFunc(){
        alert(this.info);
    };
myNewObject.showInfo = myFunc;
```

；

同样的功能可以这样实现：

```
myNewObject.showInfo = function() {
    alert(this.info);
}
```

由于在这种方式中并不需要给函数命名，所以被称为“匿名函数”。

使用类似的语句，我们可以给实例化的对象添加任意多的属性和方法。

> **提示**：JavaScript 还可以使用 JSON（JavaScript 对象标签）技术直接创建对象的实例，具体介绍请见第 8 章。 **TIP**

7.2.4 使用构造函数

如果只需要某个对象的一个实例，使用直接创建对象实例的方法还算不错。但如果要创建同一个对象的多个实例，使用这种方式就要反复重复整个过程：创建对象、添加属性、定义方法等。

> **提示**：只有一个全局实例的对象有时被称为“单例”，在有些场合很适用。举例来说，程序的用户应该只有一个相关的 userProfile 对象，其中包含他或她的姓名、最后访问的页面等类似的属性。 **TIP**

如果要创建可能具有多个实例的对象，更好的方式是“对象构造函数”。它会创建某种模板，方便实现多次实例化。

查看下面的代码，其中并没有使用 new Object()，而是先声明一个函数 myObjectType()，然后在它的定义里使用关键字 this 添加属性和方法。

```
function myObjectType(){
    this.info = 'I am a shiny new object';
    this.showInfo = function(){
        alert(this.info);  // show the value of the property info
    }
     this.setInfo = function (newInfo) {
        this.info = newInfo; // overwrite the value of the property info
    }
}
```

这段代码添加了一个属性 info，两个方法 showInfo 和 setInfo。前一个方法显示 info 属性当前保存的值；后一个方法接收一个参数 newInfo，用它的值覆盖 info 属性的值。

7.2.5 对象实例化

现在可以创建这种对象的多个实例，它们都具有 myObjectType()函数里定义的属性和方法。创建对象实例被称为“实例化”一个对象。

在定义了构造函数之后，就可以方便地创建对象的实例：

```
var myNewObject = new myObjectType();
```

> **NOTE 说明：**这里使用的语法与 new Object()相同，只是用预先定义的对象类型代替了 JavaScript 通用的 Object，这样实例化的对象具有构造函数里定义的全部属性和方法。

现在可以调用它的方法和查看它的属性：

```
var x = myNewObject.info // x now contains 'I am a shiny new object'
myNewObject.showInfo();  // alerts 'I am a shiny new object'
myNewObject.setInfo("Here is some new information");  // overwrites the
info property
```

如果要创建多个实例，只需要多次使用构造函数就可以了：

```
var myNewObject1 = new myObjectType();
var myNewObject2 = new myObjectType();
```

接下来看一些实际的例子。程序清单 7.2 首先定义了一个构造函数。

程序清单 7.2 使用构造函数创建对象

```
<!DOCTYPE html>
<html>
<head>
    <title>Object Oriented Programming</title>
    <script>
        function myObjectType(){
            this.info = 'I am a shiny new object';
            this.showInfo = function(){
                alert(this.info);
            }
            this.setInfo = function (newInfo) {
                this.info = newInfo;
            }
        }
        var myNewObject1 = new myObjectType();
        var myNewObject2 = new myObjectType();
    </script>
</head>
<body>
    <input type="button" value="Show Info 1"
onclick="myNewObject1.showInfo()" />
    <input type="button" value="Show Info 2"
➥onclick="myNewObject2.showInfo()" />
    <input type="button" value="Change info of object2"
➥onclick="myNewObject2.setInfo('New Information!')" />
</body>
</html>
```

然后生成对象的两个实例，显然，两个实例是完全相同的。点击标签为“Show Info 1”和“Show Info 2”的两个按钮，可以查看 info 属性里保存的值。

第三个按钮调用 myNewObject2 对象的 setInfo 方法，把一个新字符串传递给它，这样就修改了 myNewObject2 对象里 info 属性保存的值，再次点击前两个按钮可以观察属性值的改变。当然，上述操作并不会影响 myNewObject 的定义。

7.2.6 构造函数参数

在把对象实例化时，还可以通过给构造函数传递一个或多个参数来定制对象。在下面的代码里，构造函数的定义包含了一个参数 personName，它的值会赋予构造函数的 name 属性。之后在实例化两个对象时，我们给每个实例都传递了一个姓名作为参数。

```
function Person(personName){
    this.name = personName;
    this.info = 'I am called ' + this.name;
    this.showInfo = function(){
        alert(this.info);
    }
}
var person1 = new Person('Adam');
var person2 = new Person('Eve');
```

提示：定义构造函数时可以设置多个参数：

```
function Car(Color, Year, Make, Miles) {
    this.color = Color;
    this.year = Year;
    this.make = Make;
    this.odometerReading = Miles;
    this.setOdometer = function(newMiles) {
        this.odometerReading = newMiles;
    }
}
var car1 = new Car("blue","1998","Ford",79500);
var car2 = new Car("yellow","2004","Nissan", 56350);
car1.setOdometer(82450);
```

TIP

7.3 使用 prototype 扩展和继承对象

使用对象的主要优点之一是能够在崭新的环境中重复使用已经编写好的代码。JavaScript 提供的机制能够基于已有的对象来修改对象，使其拥有新的方法或属性，甚至可以创建完全崭新的对象。

这些技术分别被称为“扩展”和“继承”。

7.3.1 扩展对象

当一个对象已经被实例化之后，如果想使其具有新的方法和属性，怎么办呢？这时可以使用关键字 prototype，从而迅速地添加属性和方法，然后就可以用于对象的全部实例。

实践

使用 prototype 扩展对象

我们来扩展前面范例里的对象 Person，给它添加一个新方法 sayHello。

```
Person.prototype.sayHello = function() {
    alert(this.name + " says hello");
}
```

在编辑软件里新建一个 HTML 文档，输入程序清单 7.3 的内容。

程序清单 7.3 利用 prototype 添加新方法

```
<!DOCTYPE html>
<html>
<head>
<title>Object Oriented Programming</title>
    <script>
        function Person(personName){
            this.name = personName;
            this.info = 'This person is called ' + this.name;
            this.showInfo = function(){
                alert(this.info);
            }
        }
            var person1 = new Person('Adam');
            var person2 = new Person('Eve');
            Person.prototype.sayHello = function() {
                alert(this.name + " says hello");
            }
        </script>
    </head>
    <body>
        <input type="button" value="Show Info on Adam"
    onclick="person1.showInfo()" />
        <input type="button" value="Show Info on Eve"
    onclick="person2.showInfo()" />
        <input type="button" value="Say Hello Adam"
    onclick="person1.sayHello()" />
        <input type="button" value="Say Hello Eve"
    onclick="person2.sayHello()" />
    </body>
</html>
```

现在来看看代码里都发生了什么。

首先，我们定义了一个构造函数，它有一个参数 personName，定义了两个属性 name 和 info、一个方法 showInfo。

接着创建了两个对象，每个对象在实例化时给 name 属性设置了不同的值。在创建了这两个对象之后，我们使用关键字 prototype 给 Person 对象定义里添加了一个方法 sayHello。

在浏览器里加载上述代码，单击页面上显示的四个按钮，可以发现最初定义的 showInfo 方法没有任何变化，而且新方法 sayHello 对于两个已有的实例也能正常操作。

7.3.2 继承

继承是指从一种对象类型创建另一种对象类型，新对象类型继承老对象类型的属性和方法，还可以添加自己的属性和方法。通过这种方式，我们可以先设计出“通用”的对象类型，然后不断细化它们来得到更特定的类型，这样可以节省很多工作。

JavaScript 模拟实现继承的方式也是使用关键字 prototype。

因为 object.prototype 可以添加新方法和属性，所以我们可以用它把已有的构造函数里的全部方法和属性都添加给新的对象。

现在来定义另一个简单的对象：

```
function Pet() {
    this.animal = "";
    this.name = "";
    this.setAnimal = function(newAnimal) {
        this.animal = newAnimal;
    }
    this.setName = function(newName) {
        this.name = newName;
    }
}
```

Pet 对象具有表示动物类型和宠物名称的属性，以及设置这些属性的方法：

```
var myCat = new Pet();
myCat.setAnimal = "cat";
myCat.setName = "Sylvester";
```

假设现在要为狗类专门创建一个对象，但不是从头开始创建，而是让 Dog 对象从 Pet 继承，并且添加属性 breed 和方法 setBreed。

首先，我们要创建 Dog 构造函数，定义新的属性和方法：

```
function Dog() {
    this.breed = "";
    this.setBreed = function(newBreed) {
        this.breed = newBreed;
    }
}
```

这样就完成了新的属性和方法。接下来就是从 Pet 继承属性和方法，这需要使用关键字 prototype。

```
Dog.prototype = new Pet();
```

现在就不仅可以访问 Dog 里的属性和方法，还可以访问 Pet 里的属性和方法：

```
var myDog = new Dog();
myDog.setName("Alan");
myDog.setBreed("Greyhound");
alert(myDog.name + " is a " + myDog.breed);
```

▼ 实践

扩展 JavaScript 内置的对象

关键字 prototype 还能够扩展 JavaScript 内置的对象。举例来说，我们可以实现 String.prototype.backwards 方法，让它返回字符串的逆序结果，代码如程序清单 7.4 所示。

程序清单 7.4 扩展 String 对象

```
<!DOCTYPE html>
<html>
<head>
    <title>Object Oriented Programming</title>
    <script>
        String.prototype.backwards = function(){
            var out = '';
            for(var i = this.length-1; i >= 0; i--){
                out += this.substr(i, 1);
            }
            return out;
        }
    </script>
</head>
<body>
    <script>
        var inString = prompt("Enter your test string:");
        document.write(inString.backwards());
    </script>
</body>
</html>
```

把上述代码保存为 HTML 文件，在浏览器里打开它。脚本使用 prompt()对话框让用户输入一个字符串，然后在页面上显示它的逆序结果。

我们来看看代码是如何实现这个功能的。

```
String.prototype.backwards = function(){
    var out = '';
    for(var i = this.length-1; i >= 0; i--){
        out += this.substr(i, 1);
    }
    return out;
}
```

首先在创建的匿名函数里声明了一个新变量 out，用于保存逆序后的字符串。

然后开始一个循环，从输入字符串的末尾开始，每次前移一个字符（请记住 JavaScript 字符串的索引从 0 开始，而不是 1，所以末尾的位置是 this.length -1）。随着循环从后向前遍历字符串，每次都向变量 out 添加一个字符。

当循环到达输入字符串的起始位置时，循环结束，函数返回逆序的字符串，如图 7.4 所示。

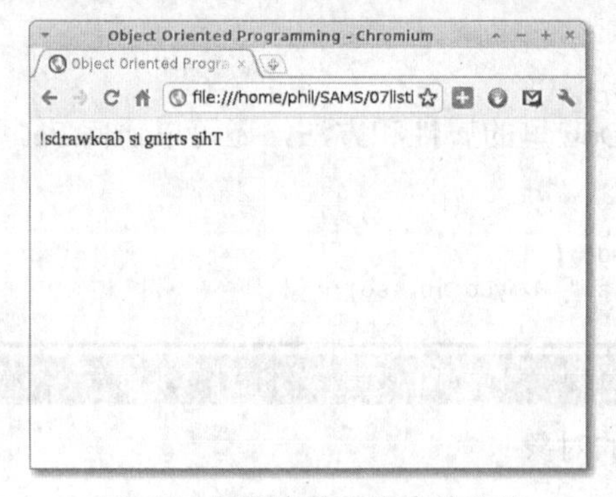

图 7.4 颠倒字符串顺序的方法

▲

7.4 封装

封装是面向对象编程的一种能力，表示把数据和指令隐藏到对象内部。其具体实现方法在不同的语言里有所区别。对于 JavaScript 来说，在构造函数内部声明的变量只能在对象内部使用，对于外部来说是不可见的。构造函数内部声明的函数也是这样的。

如果想从外部访问这些变量和函数，需要在赋值时使用关键字 this，这时它们就成为了对象的属性和方法。

举例如下：

```
function Box(width, length, height){
    function volume(a, b, c) {
        return a*b*c;
    }
    this.boxVolume = volume(width, length, height);
}
var crate = new Box(5,4,3);
alert("Volume = " + crate.boxVolume);  //工作正常
alert(volume(5,4,3)); //不能正常工作，函数 volume()是不可见的
```

在前例中，从构造函数外部不能调用函数 function volume(a, b, c)，因为我们并没有使用关键字 this 把它设置为对象的方法。与之不同的是，属性 crate.boxVolume 是可以从构造函数外部访问的。虽然它使用了函数 volume()来计算，但这些操作是在构造函数内部进行的。

如果没有利用关键字 this 把变量和函数“注册”为属性和方法，它们就不能从函数外部调用，它们被称为“私有的”。

7.5 使用功能检测

在 W3C DOM 没有发展到当前状态时，JavaScript 开发人员不得不对代码进行各种调整来匹配不同浏览器的 DOM 实现。因此，编写两个甚至更多单独的程序是很常见的，而具体执行哪个版本的程序，是在尝试检测用户在使用哪个浏览器之后才决定的。

从前面第 4 章介绍的关于 navigator 对象的内容来看，浏览器检测是很复杂的。navigator 对象包含的信息可能是有偏差的，甚至是彻底错误的。另外，如果出现了新浏览器或是新版本包含了新的功能和特性，已有的浏览器检测代码可能又会崩溃。

幸运的是，基于对象，我们可以用更好的方式编写跨浏览器代码。与检测浏览器相比，更好的做法是让 JavaScript 查看浏览器是否支持代码所需的功能。方式是检测特定对象、方法或属性是否可用，一般也就是尝试使用对象、方法或属性，然后检测 JavaScript 返回的值。

下面这个范例检测浏览器是否支持 document.getElementById()方法。虽然当今的新浏览器都支持这个方法，但有些特别早期的浏览器并不支持。

使用 if()语句来检测 getElementById()方法是否可用：

```
if(document.getElementById){
    myElement = document.getElementById(id);
} else {
```

```
    // 执行其他操作
}
```

如果 document.getElementById 不可用，if()条件语句会把代码转到其他部分，避免使用这个方法。

与之相关的方法是使用 typeof 操作符检测某个 JavaScript 函数是否存在：

```
if(typeof document.getElementById == 'function'){
    // 这里可以使用 getElementById()方法
} else {
    // 执行其他操作
}
```

typeof 可能返回的值如表 7.1 所示。

表 7.1　　typeof 的返回值

值	含义
“number”	操作数是个数值
“string”	操作数是个字符串
“boolean”	操作数是布尔类型
“object”	操作数是个对象
null	操作数是 null
undefined	操作数未定义

使用这种技术不仅可以检测 DOM 和内置对象、方法和属性的存在，还可以检测脚本中创建的对象、方法和属性。

在这个练习里，检测用户所使用的浏览器是没有什么太大意义的，我们只是想知道它是否支持我们要使用的对象、属性或方法。这种“功能检测”方法不仅比“浏览器检测”更准确和简洁，而且对未来的兼容性更有利，用户使用新浏览器或新版本不会导致代码操作的崩溃。

7.6 小结

本章介绍了 JavaScript 里的面向对象编程（OOP）技术，首先是 OOP 的基本概念及其如何帮助我们开发复杂的程序。

其次介绍了如何直接实例化对象、添加对象和方法；如何使用构造函数创建对象，从而便于实例化多个对象。

最后介绍了关键字 prototype 及如何利用它扩展对象或以继承方式新建对象。

7.7 问答

问：是否应该总是编写面向对象的代码？

答：这是由个人决定的。有些开发人员喜欢以对象、方法、属性的方式进行构思，并且按照相应的原则进行编程。但对于很多主要编写较小程序的人员来说，OOP 提供的抽象状态有些过于强大和复杂了，而面向过程编程就足够了。

问：如何在其他程序里使用我的对象？

答：对象的构造函数是很便于迁移的。如果页面链接的 JavaScript 文件里包含对象构造函数，我们就可以在自己的代码里创建这些对象，使用它们的属性与方法。

7.8 作业

请先回答问题，再参考后面的答案。

7.8.1 测验

1．使用构造函数创建的对象被称为：

a．对象的实例

b．对象的方法

c．原型

2．从已有对象派生出新对象的方式被称为：

a．封装

b．继承

c．实例化

3．直接实例化一个对象的方式是哪一种？

a．myObject.create();

b．myObject = new Object;

c．myObject = new Object();

7.8.2 答案

1．选 a。使用构造函数创建的新对象被称为实例。

2．选 b。通过继承的方法可以从已有对象派生出新对象。

3．选 c。

7.9 练习

编写 Card 对象的构造函数，添加 suit 属性（方块、红心、黑桃、梅花）和 face 属性（A，1，2，…，王），添加方法来设置 suit 和 face。

添加一个 shuffle 方法来设置 suit 和 face 属性，表示洗牌之后的状态（提示：使用第 4 章介绍的 Math.random()方法）。

利用关键字 prototype 扩展 JavaScript 的 Date 对象，添加一个方法 getYesterday()，返回前一天的名称。

第8章

JSON 简介

本章主要内容包括：

- JSON 是什么
- 如何模拟关联数组
- JSON 与对象
- 访问 JSON 数据
- JSON 的数据序列化
- JSON 安全性

前一章介绍了如何使用 new Object()语法直接实例化一个对象。本章介绍的“JavaScript 对象标签”（JSON）提供了另一种创建对象实例的方法。这种方法还可以作为一种通用数据交换语法。

8.1 JSON 是什么

JSON（发音是“Jason”）是 JavaScript 对象的一种简单紧凑的标签。使用 JSON 表达方式时，对象可以方便地转换为字符串来进行存储和转换（比如在不同程序或网络之间）。

然而，JSON 的真正优雅之处在于对象在 JSON 里是以普通 JavaScript 代码表示的，因此我们可以利用 JavaScript 的“自动”解析功能，让 JavaScript 把 JSON 字符串的内容解释为代码，而不需要其他的解析程序或转换器。

NOTE **说明**：JSON 的官方主页是 http://json.org/，其中提供了大量关于 JSON 资源的链接。

JSON 语法

JSON 数据的表示方式是一系列成对的参数与值，参数与值由冒号分隔，每对之间以逗号分隔：

```
"param1":"value1", "param2":"value2", "param3":"value3"
```

最终这些序列用花括号包装起来，构成表示数据的 JSON 对象：

```
var jsonObject =  {
    "param1":"value1",
    "param2":"value2",
    "param3":"value3"
}
```

对象 jsonObject 的定义使用标准 JavaScript 标签的子集，它就是标准的 JavaScript 代码。

使用 JSON 标签编写的对象也具有属性和方法，能够利用句点标签进行访问：

```
alert(jsonObject.param1);  //显示'value1'
```

更好的是，JSON 是一种以字符串格式实现数据交换的通用语法。不仅仅是对象，任何能够以系列“参数”:“值”对表示的数据都能够用 JSON 标签表示。使用前面提到的“序列化”过程可以方便地把 JSON 对象转换为字符串，而序列化的数据便于在网络环境中进行存储和传输。本章稍后将介绍如何序列化 JSON。

说明：作为一种通用的数据交换语法，JSON 的用途有些类似于 XML，但它更易于阅读和理解。另外，大型 XML 文件的解析过程比较慢，而 JSON 提供的是 JavaScript 对象，随时可以使用。 ***NOTE***

JSON 具有一些重要的优点，从而在近期获得了巨大的发展动力。

- 对于人类和计算机都很易于阅读。
- 概念很简单。JSON 就是被花括号包含的一系列“参数”:“值”对。
- 基本上是其义自明的。
- 能够快速创建和解析。
- 它是 JavaScript 的一个子集，不需要特殊的解释程序或额外的软件包。

当今一些主流在线服务，包括 Flickr、Twitter 以及 Google 和 Yahoo 提供的一些服务，都提供以 JSON 标签编码的数据。

说明：关于 Flickr 如何支持 JSON 的详细内容请见 http://www.flickr.com/services/api/response.json.html。 ***NOTE***

8.2 访问 JSON 数据

为了还原以 JSON 字符串编码的数据，需要把字符串转换为 JavaScript 代码，这通常被称为字符串的“去序列化”。

8.2.1 使用 eval()

直到最近，才有一些浏览器能够直接支持 JSON（稍后会介绍如何使用浏览器对 JSON 直接支持）。但由于 JSON 是 JavaScript 的一个子集，我们可以使用 JavaScript 的函数 eval() 把 JSON 字符串转换为 JavaScript 对象。

eval()函数使用 JavaScript 解释程序解析 JSON 文本来生成 JavaScript 对象：

```
var myObject = eval ('(' + jsonObjectString + ')');
```

然后就可以在脚本里使用这个 JavaScript 对象：

```
var user = '{"username" : "philb1234","location" : "Spain","height" :
➥1.80}';
var myObject = eval ('(' + user + ')');
alert(myObject.username);
```

NOTE **说明**：JavaScript 的 eval()函数会计算或运行作为参数传递的内容。如果参数是个表达式，eval()会计算它的值，比如：

```
var x = eval(4*3);   // x=12
```

如果参数包含一个或多个 JavaScript 语句，eval()执行这些语句：

```
eval ("a=1;b=2;document.write(a+b);");  //向页面写入3
```

CAUTION **注意**：字符串必须像这样包含在括号里，避免造成含义不明确的 JavaScript 语法。

8.2.2 使用浏览器对 JSON 直接支持

最新的浏览器都对 JSON 提供直接支持，从而可以不使用 eval()函数。

浏览器会创建一个名为 JSON 的 JavaScript 对象来管理 JSON 的编码和解码。这个对象有两个方法：stringify()和 parse()。

NOTE **说明**：直接支持 JSON 的浏览器包括：

- Firefox(Mozilla) 3.5+
- Internet Explorer 8+
- Google Chrome
- Opera 10+
- Safari 4+

JSON.parse()

JSON.parse()方法用于解释 JSON 字符串。它接收一个字符串作为参数，解析它，创建一个对象，并且根据字符串里发现的“参数”：“值”对设置对象的参数：

```
var Mary = '{ "height":1.9, "age":36, "eyeColor":"brown" }';
var myObject = JSON.parse(Mary);
var out = "";
```

```
for (i in myObject) {
    out += i + " = " + myObject[i] + "\n";
}
alert(out);
```

这段代码的运行结果如图 8.1 所示。

图 8.1 使用 JSON.parse()

8.3 JSON 的数据序列化

在数据存储和转换时，“序列化”是指把数据转换为便于通过网络进行存储和传输的形式，稍后再恢复为原始的格式。

JSON 选择字符串作为序列化数据的格式。因此，为了把 JSON 对象进行序列化（比如为了通过网络连接进行传输），需要用字符串的形式表示它。

在直接支持 JSON 的浏览器里，我们只需要简单地使用 JSON.stringify()方法。

JSON.stringify()

利用 JSON.stringify()方法可以创建对象的 JSON 编码字符串。

先创建一个简单的对象，添加一些属性：

```
var Dan = new Object();
Dan.height = 1.85;
Dan.age = 41;
Dan.eyeColor = "blue";
```

然后使用 JSON.stringify()方法序列化这个对象：

```
alert( JSON.stringify("Dan") );
```

序列化的对象如图 8.2 所示。

图 8.2 使用 JSON.stringify()

实践

解析 JSON 字符串

使用编辑软件创建一个 HTML 文件，输入程序清单 8.1 的代码。

程序清单 8.1 解析 JSON 字符串

```
<!DOCTYPE html>
<html>
<head>
    <title>Parsing JSON</title>
    <script>
        function jsonParse() {
            var inString = prompt("Enter JSON object");
            var out = "";
            myObject = JSON.parse(inString);
            for (i in myObject) {
                out += "Property: " + i + " = " + myObject[i] + '\n';
```

```
            }
            alert(out);
        }
    </script>
</head>
<body onload="jsonParse()">
</body>
</html>
```

当页面加载完成之后，页面<body>元素附加的 window 对象的 onLoad 事件处理器会调用 jsonParse()函数。

函数里第一行代码是请用户输入对应于 JSON 对象的字符串：

```
var inString = prompt("Enter JSON object");
```

这时要仔细地输入内容，要特别记得用引号包含字符串，如图 8.3 所示。

接着脚本声明一个空字符串变量 out，用于保存输出消息：

```
var out = "";
```

然后使用 JSON.parse()方法，基于输入的字符串创建一个对象：

```
myObject = JSON.parse(inString);
```

现在就可以通过遍历对象的方法来建立输出消息：

```
for (i in myObject) {
    out += "Property: " + i + " = " + myObject[i] + '\n';
}
```

最后，显示结果：

```
alert(out);
```

脚本的输出结果如图 8.4 所示。

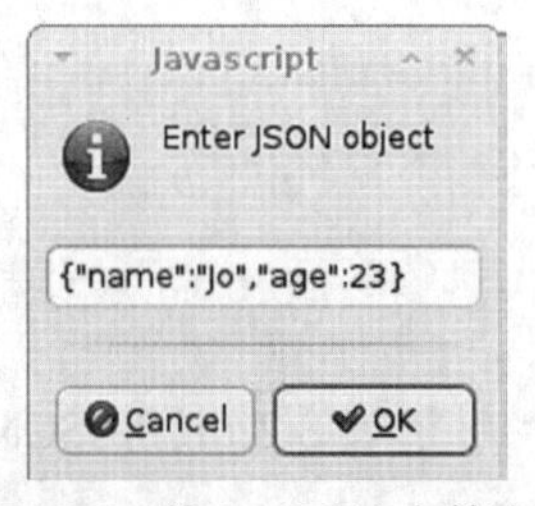

图 8.3 输入 JSON 字符串

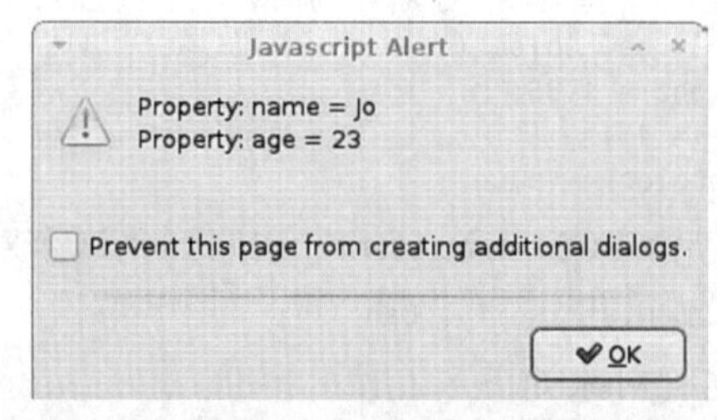

图 8.4 解析 JSON 字符串得到的对象

重新加载页面，输入不同数量的“参数”:“值”对来观察运行结果。

▲

8.4 JSON 数据类型

“参数”:“值”对里的参数部分必须遵循一些简单的语法规则：

- 不能是 JavaScript 保留的关键字。
- 不能以数字开头。
- 除了下划线和美元符号外，不能包含任何特殊字符。

JSON 对象的值可以是如下一些数据类型：

- 数值
- 字符串
- 布尔值
- 数组
- 对象
- null（空）

> **注意**：JavaScript 有一些数据类型不属于 JSON 标准，包括 Date、Error、Math 和 Function。这些数据必须用其他数据格式来表示，使用遵循相同编码和解码规则的其他编解码程序进行处理。 **CAUTION**

8.5 模拟关联数组

第 5 章中介绍了 JavaScript 的数组对象以及它的多种属性和方法，从而我们知道 JavaScript 数组里的元素具有唯一的数值索引：

```
var myArray = [];
myArray[0] = 'Monday';
myArray[1] = 'Tuesday';
myArray[2] = 'Wednesday';
```

在其他很多编程语言里，我们可以使用文本形式的索引，从而让代码的描述性更强：

```
myArray["startDay"] = "Monday";
```

不幸的是，JavaScript 并不直接支持这种所谓的“关联”数组。

然而利用对象可以方便地模拟这种行为，比如利用 JSON 标签可以让上述代码更易于阅读和理解：

```
var conference = { "startDay" : "Monday",
    "nextDay"  : "Tuesday",
    "endDay"  : "Wednesday"
}
```

现在就可以像使用关联数组一样访问对象的属性：

```
alert(conference["startDay"]);   //输出“Monday”
```

> **提示**：在 JavaScript 里，object["property"]和 object.property 是相同的语法。 **TIP**

> **注意**：虽然看上去挺像，但这并不是真正的关联数组。如果对它进行遍历，会得到对象的三个属性和它包含的全部方法。 **CAUTION**

8.6 使用 JSON 创建对象

第 5 章介绍过表示数组的一种简便方式是使用方括号：

```
var categories = ["news", "sport", "films", "music", "comedy"];
```

JSON 能够以类似的方式定义 JavaScript 对象。

TIP **提示：**虽然 JSON 是为了描述 JavaScript 对象而开发的，但它是独立于任何编程语言和平台的。很多编程语言都包含 JSON 库和工具，比如 Java、PHP、C 等。

8.6.1 属性

如前面所介绍的，在用 JSON 标签表示对象时，我们把对象包含在花括号里，而不是方括号里，并且以“参数”:“值”对的方式列出对象的属性：

```
var user = {
    "username" : "philb1234",
    "location" : "Spain",
    "height" : 1.80
}
```

之后就能以常见的形式访问对象的属性：

```
var name = user.username;  //变量name包含的值是"philb1234"
```

TIP **提示：**JavaScript 语句：

```
var myObject = new Object();
```

会创建对象的一个“空”实例，没有任何的方法和属性。很自然地，相应的 JSON 标签表示方法是：

```
var myObject = {};
```

8.6.2 方法

同样使用上面的形式，利用匿名函数就可以给对象添加方法。

```
var user = {
    "username" : "philb1234",
    "location" : "Spain",
    "height" : 1.80,
    "setName":function(newName){
        this.username=newName;
    }
}
```

然后就可以调用这个 setName 方法了：

```
var newname = prompt("Enter a new username:");
user.setName(newname);
```

CAUTION **注意：**在 JavaScript 环境中使用这种方式添加方法是可以的，但当 JSON 作为通用数据交换格式时，不能这样使用。在直接支持 JSON 解析的浏览器里，以这种方式声明的函数会解析错误，但 eval()函数仍然可以用。当然，如果实例化的脚本只是在自己的脚本里使用，还是可以这样使用的。

相关内容请参考本章后面关于 JSON 安全性的介绍。

8.6.3 数组

属性值可以是数组：

```
var bookListObject = {
    "booklist": ["Foundation",
            "Dune",
            "Eon",
            "2001 A Space Odyssey",
            "Stranger In A Strange Land"]
}
```

在这段代码里，对象有一个 booklist 属性，它的值是个数组。利用相应的索引值，就可以访问数组里的元素（请记住，数组的索引从 0 开始）：

```
var book = bookListObject.booklist[2];   //变量 book 的值是"Eon"
```

上一行代码把数组 booklist 的第三个元素赋予变量 book，而这个数组是 bookListObject 对象的一个属性。

8.6.4 对象

JSON 对象还可以包含其他对象。通过把数组元素本身设置为 JSON 编码的对象，我们就可以利用句点标签访问它们。

在下面的范例代码里，属性 booklist 的值是 JSON 对象组成的数组，每个 JSON 对象有两个“参数”:“值”对，分别用于保存图书的标题和作者信息。

在像前例所示那样获得图书列表之后，能很方便地访问 title 和 author 属性。

```
var booklistObject = {
    "booklist": [{"title":"Foundation", "author":"Isaac Asimov"},
        {"title":"Dune", "author":"Frank Herbert"},
        {"title":"Eon", "author":"Greg Bear"},
        {"title":"2001 A Space Odyssey", "author":"Arthur C. Clarke"},
        {"title":"Stranger In A Strange Land", "author":"Robert A. Heinlein"}]
}
//显示第三本书的作者
alert(bookListObject.booklist[2].author);  //显示"Greg Bear"
```

实践

处理多层次 JSON 对象

利用前面的 JSON 对象 bookListObject，我们来构造一个消息，以清晰的方式列出图书的标题和作者。先创建一个 HTML 文件，输入程序清单 8.2 所示的代码。其中的 JSON 对象与前例是相同的，但这一次会利用一个循环访问图书列表，获得图书名称和作者来构成输出消息，并且把消息显示给用户。

程序清单 8.2　处理多层次 JSON 对象

```
<!DOCTYPE html>
<html>
<head>
    <title>Understanding JSON</title>
    <script>
    var booklistObject = {
        "booklist": [{"title":"Foundation", "author":"Isaac Asimov"},
            {"title":"Dune", "author":"Frank Herbert"},
            {"title":"Eon", "author":"Greg Bear"},
```

```
            {"title":"2001 A Space Odyssey", "author":"Arthur C.
➥Clarke"},
            {"title":"Stranger In A Strange Land", "author":"Robert A.
➥Heinlein"}]
    }

        // a variable to hold our user message
        var out = "";

        // get the array
        var books = booklistObject.booklist;

        //Loop through array, getting the books one by one
        for(var i =0; i<books.length;i++) {
            var booknumber = i+1;
            out += "Book "  + booknumber +
                " is: '" + books[i].title +
                "' by " + books[i].author +
                "\n";
        }
    </script>
</head>
<body onload="alert(out)">
</body>
</html>
```

在这段代码里，在设计了 JSON 对象之后，我们声明了一个变量并赋予它空字符串，用于保存输出的消息：

```
var out = "";
```

接着获取图书的列表，把这个数组保存到新变量 books 中，从而避免反复输入很长的名称：

```
var books = booklistString.booklist;
```

然后就只需要遍历 books 数组，读取每个元素的 title 和 author 属性，组成一个字符串，添加到输出信息。

```
for(var i =0; i<books.length;i++) {
    var booknumber = i+1; // array keys start at zero!
    out += "Book "  + booknumber +
        " is: '" + books[i].title +
        "' by " + books[i].author +
        "\n";
}
```

最后，把消息显示给用户：

```
alert(out);
```

脚本运行的结果如图 8.5 所示。

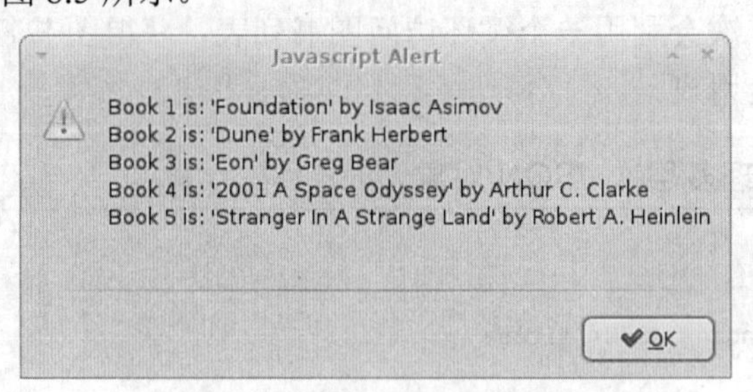

图 8.5 给用户显示的图书信息

▲

8.7 JSON 安全性

使用 JavaScript 的 eval()函数能够执行任何 JavaScript 命令，这可能会导致潜在的安全问题，特别是处理来源不明的 JSON 数据时。

更安全的办法是使用内置 JSON 解析器的浏览器把 JSON 字符串转换为 JavaScript 对象，它只识别 JSON 文本，而且不会执行脚本命令。同时，内置的 JSON 解析器的速度也比 eval()快一些。

较新的浏览器都内置了 JSON 解析器，ECMAScript（JavaScript）标准也明确了它的规范。

8.8 小结

本章介绍了 JSON 标签，它是一种轻量级的数据交换语法，也可以用来创建 JavaScript 对象的实例。

还介绍了如何利用现代浏览器内置的 JSON 解析器把对象序列化为 JSON 字符串，以及如何把 JSON 字符串解析为 JavaScript 对象。

8.9 问答

问：哪里有官方的 JSON 规范文档？

答：RFC 4627 规范了 JSON 语法，可以从网站 http://www.ietf.org/rfc/rfc4627 获得。另外，在 JSON 的官方网站 http://json.org/也有丰富的内容。

问：如何判断所使用的浏览器是否直接支持 JSON？

答：利用 typeof 操作符可以判断是否存在 JSON 对象：

```
if (typeof JSON == 'object') {
    //直接支持 JSON
} else {
    //用其他方式来解决，比如 eval()
}
```

在使用这段代码时，要确保脚本里没有自己定义的名为 JSON 的对象，否则就可能得到期望之外的结果。

8.10 作业

请先回答问题，再查看后面的答案。

8.10.1 测验

1. JSON 是什么的缩写？

    a. JavaScript Object Notation

b．Java String Object Notation

c．JavaScript Serial Object Notation

2．JSON 能实现以下什么功能？

a．创建构造函数

b．解析 XML 数据

c．直接实例化对象

3．使用哪个符号包含 JSON 对象里的一系列“参数”:“值”对？

a．花括号{ }

b．方括号[ ]

c．圆括号( )

8.10.2 答案

1．选 a。

2．选 c。

3．选 a。

8.11 练习

在浏览器里加载程序清单 8.1 的代码，尝试输入一些以数组作为参数值的 JSON 字符串，比如：

```
{"days":{"Mon","Tue","Wed"}}
```

程序的运行情况如何？与期望的一致吗？

使用 new Object()形式实例化一个对象，添加一些以数组作为值的属性。利用 stringify()方法把对象转换为 JSON 字符串，显示得到的结果。

第9章

响应事件

本章主要内容包括：

- JavaScript 内置事件处理器的进一步介绍
- 添加和删除自己的事件处理器
- 利用事件处理器实现表单验证

本章介绍什么是事件处理和如何编写跨浏览器的事件处理程序。

9.1 理解事件处理器

对于致力于给页面增加交互性的脚本语言来说，事件功能是必备的。在用户进行一些操作时（导致一些事件被触发），页面应该对事件做出响应。为此，JavaScript 需要一种机制来探测用户行为，从而进行相应的响应。

还有些事件不是由用户操作触发的，比如 window.onload 事件是在页面加载完成时触发的。

JavaScript 能够检测很多事件的发生。通常这些事件的发生是不被注意的，除非浏览器需要执行一些默认的操作，比如跳转到被点击的链接。

然而，通过编写事件处理器来捕获特定事件，并且做出相应的响应，我们就可以实现特定的功能。编写处理事件的代码，在事件被触发时执行。而在特定事件被触发时，为了能够执行我们编写的代码，需要从特定 HTML 元素的特定事件处理程序里调用它。

9.1.1 事件范例

本书前面的内容里创建过多种事件处理器来响应事件，比如 click、mouseover、mouseout

和 body 元素的 load 事件。表 9.1 列出了常见的事件处理器。

表 9.1 常见事件处理器

事件处理器	响应的事件
onBlur	用户离开字段
onChange	用户修改了值，正要离开
onClick	用户点击
onDblClick	用户双击鼠标
onFocus	用户进入字段（点击它或跳转到它）
onKeydown	在元素激活时，一个按键被按下
onKeyup	在元素激活时，一个按键被释放
onKeypress	在元素激活时，一个按键被按下，然后被释放
onLoad	对象已经加载
onMousedown	鼠标按钮在一个对象上被按下
onMouseup	鼠标按钮被释放
onMouseover	鼠标移动到对象上
onMousemove	鼠标在对象上方移动
onMouseout	鼠标离开对象
onReset	用户重置表单
onSelect	用户选择了对象的一些内容
onSubmit	用户提交表单
onUnload	用户关闭浏览器窗口

9.1.2 添加事件处理器

本书前面的内容里介绍过如何添加一个内联事件处理器：

```
<input type="button" onclick="myFunction()" />
```

这种方式在早期 JavaScript 里广泛使用。它很实用，也很容易记住，但具有一些严重缺陷。最大的问题在于这样会把 JavaScript 代码与 HTML 混合在一起，而事实证明，它们之间分离得越清楚越好。

NOTE **说明**：第 13 章会介绍哪些是良好的编码习惯，说明为什么把 HTML 和 JavaScript 代码分离开通常是好事情。

添加事件处理器还有更简洁和灵活的方式。假设有个函数 buttonAlert()，我们想在 HTML 页面上一个按钮的 onClick 事件处理器里调用它。

```
function buttonAlert() {
    alert ("You clicked the button");
}
```

为了让事件处理器调用它，我们并没有使用前面所示的形式：

```
<input type="button" id="myButton" onclick="buttonAlert()" />
```

而是在 JavaScript 代码里利用 document.getElementById()方法访问按钮元素，再把函数赋予它的 onclick 方法：

```
document.getElementById("myButton").onclick = buttonAlert;
```

注意：在注册事件处理器时，函数名后面不能有括号。如果写成这样：

```
document.getElementById("myButton").onclick = myFunction();
```

代码就先执行 myFunction()函数，然后把它的返回值赋予元素的 onClick 事件处理器。

CAUTION

这种方式让代码具有了很大的灵活性，比如可以根据条件停止或启用事件处理器，或是把它应用于其他页面元素，或是修改它的操作。而在以内联方式设置事件处理器时，实现上述操作是很麻烦的。

另外，如果函数 buttonAlert()不需要在其他部分使用，我们还可以利用匿名函数的方式来添加事件处理器：

```
document.getElementById("myButton").onclick = function() {
    alert ("You clicked the button");
}
```

当然，传递给事件处理器的函数可以包含多条语句：

```
document.getElementById("myButton").onclick = function() {
    alert ("You clicked the button");
    counter++;
    document.getElementById("someId").innerHTML = "foo";
}
```

9.1.3 删除事件处理器

要删除事件处理器，只需简单地给它赋值 null：

```
document.getElementById("myButton").onclick = null;
```

null 值会覆盖以前赋予的任何内容，从而有效地删除事件处理器。

9.2 默认操作

一般情况下，特定 HTML 元素的事件处理器是在元素默认操作之前执行的。举例来说，给一个链接的 onClick 事件处理器赋予一个函数：

```
<a href="target.html"id="myLink">Link text</a>
<script>
    document.getElementById("myLink").onclick=function(){
        //要执行的代码
    }
</script>
```

当用户点击这个链接时，其默认操作是打开链接指向的 target.html。由于 onClick 事件处理器在默认操作之前执行，我们可以把元素的默认操作修改为其他动作。

假设我们想改变链接的目标。

```
<a href="target.html" id="myLink">Link text</a>
<script>
    document.getElementById("myLink").onclick = function() {
        this.href = "http://www.google.com";
    }
</script>
```

由于 onClick 事件处理器的代码首先执行，当链接跳转时，其 href 属性已经被修改为 www.google.com 了。

禁止默认操作

利用事件处理器优先执行的特点，我们可以禁止 HTML 元素的默认操作。

如果事件处理器给 HTML 元素返回一个布尔值 false，元素的默认操作就不会执行。

```
<a href="target.html" id="myLink">Link text</a>
<script>
    document.getElementById("myLink").onclick = function() {
        this.href = "http://www.google.com";
        return false;
    }
</script>
```

再稍微调整一个代码，我们还可以让事件处理器自己决定是否允许默认行为发生：

```
<a href="target.html" id="myLink">Link text</a>
<script>
    document.getElementById("myLink").onclick = function() {
        this.href = "http://www.google.com";
        return confirm("I'm going to send you to Google instead. OK?");
    }
</script>
```

在上面的代码里，函数的返回值取决于用户对 confirm()对话框的响应。如果用户点击了对话框里的“确定”按钮，函数会返回布尔值 true，链接会跳转到新的目标 URL。如果用户点击了“取消”按钮，函数就会返回 false，这时链接的默认操作就不会进行，其现象就是点击链接没有效果。

实践

禁止 onSubmit 事件的默认操作

每个 HTML 表单元素都有一个 onSubmit 事件处理器，在表单被提交时触发。我们可以给这个事件处理器赋予一个函数，让函数返回布尔值 false，从而阻止表单元素的提交操作。

创建一个 HTML 文件，输入程序清单 9.1 的代码。

程序清单 9.1 取消 onSubmit 事件的默认操作

```
<!DOCTYPE html>
<html>
<head>
    <title>Canceling Default Behavior</title>
    <script>
        function checkform() {
            document.getElementById("form1").onsubmit = function() {
                var allowSubmit = true;
                if(document.getElementById("user").value == "") {
                    alert("Name field cannot be blank");
                    allowSubmit = false;
                }
                if(allowSubmit) alert("Data OK - submitting form");
```

```
                return allowSubmit;
            }
        }
        window.onload = checkform;
    </script>
</head>
<body>
    <form id="form1">
        Name: <input type="text" value="" name="username" id="user" />
➥[Required field]<br/>
        Phone: <input type="text" value="" name="telephone" id="phone" />
➥[Optional field]<br/>
        <input type="submit" />
    </form>
</body>
</html>
```

在 HTML 页面的<head>区域定义了函数 checkform()。当页面完成加载时，window.onload 事件处理器会调用它。前面的内容里也介绍过这个事件处理器，但这次是使用 JavaScript 添加事件处理器，而不是在页面的<body>标签里添加。

```
window.onload = checkform;
```

现在来看看函数 checkform()。函数定义中首先利用 getElementById()获得了页面的<form>元素，然后给表单元素的 onSubmit 事件处理器添加了一个匿名函数。当表单被提交时，就会执行这个函数。我们希望函数在允许表单提交时返回 true 值，否则返回 false 值来阻止提交。

首先定义用于保存返回值的变量，其默认值是 true：

```
var allowSubmit = true;
```

接着是实际的测试条件：

```
if(document.getElementById("user").value == "") {
    alert("Name field cannot be blank");
    allowSubmit = false;
}
```

显然，把输入元素的 id 作为参数传递给 getElementById()方法就可以访问它们。在本例中，我们关心的是用户是否在输入字段里输入了内容。这个内容是保存在元素的 value 属性里的。if()语句检查它是否为空，如果是，就向用户输出解释信息，并且把变量 allowSubmit 的值从 true 修改为 false。

说明：本例中只检查了用户在 username 字段里是否输入了内容，而在实际的表单操作中，需要检查更多的条件，条件也会更严格。 ***NOTE***

这种检测通常称为“表单验证”，是 JavaScript 的常见应用。

最后，函数返回 allowSubmit 的值。由于本例中的表单没有什么实际作用，所以当函数返回的值是 true 时，脚本会显示一条“成功”信息：

```
if(allowSubmit) alert("Data OK - submitting form");
return allowSubmit;
```

在浏览器里加载这个页面，尝试在 Name 字段里输入内容或空白时提交表单。当 Name 字段为空时提交表单，脚本就会显示如图 9.1 所示的结果，并且阻止表单提交。

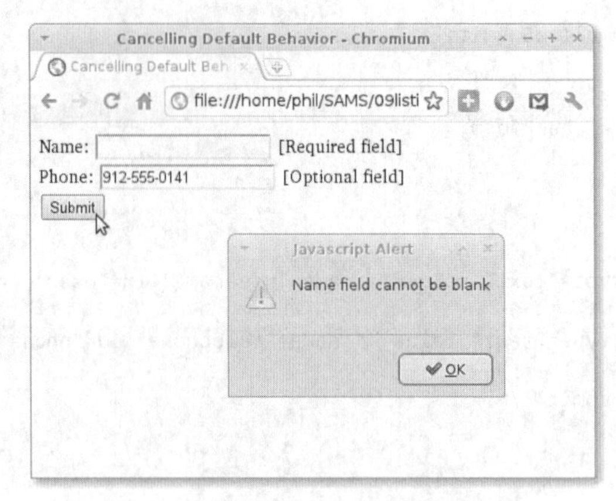

图 9.1 阻止表单提交

9.3 event 对象

检测到事件发生是很有趣而且实用的，但有时我们还需要了解事件的一些详情，比如键盘上哪个键被按下了，事件触发时鼠标在什么位置。

为了了解这些信息，需要使用 event 对象。它是由浏览器自动生成的，包含的属性涉及被触发事件的方方面面。

浏览器兼容性问题对于如何处理事件的影响超过了对于 JavaScript 其他部分的影响。为了掌握如何编写优秀的跨浏览器代码，我们既要理解 W3C 兼容浏览器采取的方式，又要理解微软 IE 类型浏览器的方式。

9.3.1 W3C 方式

在 Firefox 等更严格遵循 W3C 规范的浏览器里，当事件被触发时，会自动把 event 对象作为参数传递给事件处理器。为了访问 event 对象的属性，我们需要给它设置一个名称，也就是给事件处理器声明一个变量，比如：

```
myElement = document.getElementById("someID");
myElement.onclick = function (e) { ... }
```

在这个范例里，访问变量 e 的属性就可以访问 event 对象的属性：

```
myElement.onclick = function (e) { alert(e.type); }
```

TIP **提示：**使用“e”作为名称是个惯例，但不是必须的。在这里可以使用任何有效的对象名称。

9.3.2 微软方式

微软采用的方式是给 window 对象设计了一个 event 属性。它包含最近一次被触发事件的细节：

```
myElement = document.getElementById("someID");
myElement.onclick = function (e) { alert(window.event.type); }
```

9.4 跨浏览器的事件处理器

幸运的是，有一种简单的方式可以确保代码能够查看有效的 event 事件。

技巧是在事件处理函数里检测 event 对象的存在性。如果有 event 对象，就说明是 W3C 兼容的浏览器；如果不存在，浏览器就很可能是微软类型的，这时就需要获得 window.event 属性，把它赋予对象 e：

```
myElement.onclick=function(e){
    if (!e) var e=window.event;
    //这样 e 就代表的任何浏览器的 event 对象
    …
}
```

> **说明**：这里处理 event 事件及其有效方法的手段属于浏览器功能检测，在第 7 章中介绍过。 **NOTE**

这样就解决跨浏览器的问题了？不，还不是。

虽然不管使用的是什么浏览器，我们都获得了 event 对象，但 W3C 和微软规范对于 event 对象包含什么属性的标准是不一样的。表 9.2 列出了 W3C 浏览器和微软浏览器都具有的属性。

表 9.2　　通用事件属性

属性	描述
type	事件类型
altKey	Alt 键是否按下（布尔值）
clientX，clientY	相对于浏览器窗口的事件坐标
ctrlKey	Ctrl 键是否按下（布尔值）
keyCode	键盘字符编码
screenX，screenY	相对于屏幕的事件坐标
shiftKey	Shift 键是否按下（布尔值）

坏消息是，还有很多属性在两类浏览器里是不同的，表 9.3 列出了其中一些。

表 9.3　　一些不同的事件属性

微软	W3C	描述
fromElement	relatedTarget	mouseover 或 mouseout 事件从哪个对象来
toElement	relatedTarget	mouseover 或 mouseout 事件到哪个对象去
offsetX，offsetY	n/a	事件在元素里的水平和垂直坐标
n/a	pageX，pageY	事件在文档里的水平和垂直坐标
x，y	layerX，layerY	事件在<body>元素里的水平和垂直坐标
srcElement	target	接收事件的对象

为了实现跨浏览器的代码，我们需要在脚本中检测 event 对象是否具有我们需要的方法和属性，比如：

```
if (!e) var e = window.event;
var element = (e.target) ? e.target : e.srcElement;
```

这个范例检测了是否存在 e.target，如果存在，用户使用的浏览器就是 W3C 类型的，变量 element 就被赋予 e.target 的值。如果 e.target 不存在，脚本就使用 e.srcElement 的值。

实践

列出 onClick 事件的属性

使用简单的小程序就可以列出一个事件的全部属性和相关的值。现在以按钮元素的 onClick 事件为例，获得它的属性和值，显示到屏幕上。

创建一个 HTML 文档，输入程序清单 9.2 所示的代码。

程序清单 9.2　获得 onClick 事件的属性

```
<!DOCTYPE html>
<html>
<head>
    <title>The event object</title>
    <script>
        function showEvent() {
            var out = "";
            document.getElementById("myButton").onclick = function (e) {
                if (!e) var e = window.event;
                for(i in e) {
                    out += i + " = " + e[i] + "<br/>";
                }
                document.getElementById("output").innerHTML = out;
            }
        }
        window.onload = showEvent;
    </script>
</head>
<body>
    <input id="myButton" type="button" value="Show Event Properties" />
    <div id="output"></div>
</body>
</html>
```

HTML 文档的 body 部分只有两个元素：一个按钮接收 onClick 事件，一个<div>元素接收脚本的输出。

```
<input id="myButton" type="button" value="Show Event Properties" />
<div id="output"></div>
```

按钮 onClick 事件处理器里的函数捕获 onClick 事件创建的对象，遍历 event 事件的属性，把内容添加到输出字符串。

最后，脚本把输出字符串赋予<div>元素的 innerHTML 属性，从而在页面显示内容。

```
document.getElementById("myButton").onclick = function (e) {
    if (!e) var e = window.event;
    for(i in e) {
        out += i + " = " + e[i] + "<br/>";
    }
    document.getElementById("output").innerHTML = out;
}
```

脚本的运行结果如图 9.2 所示。

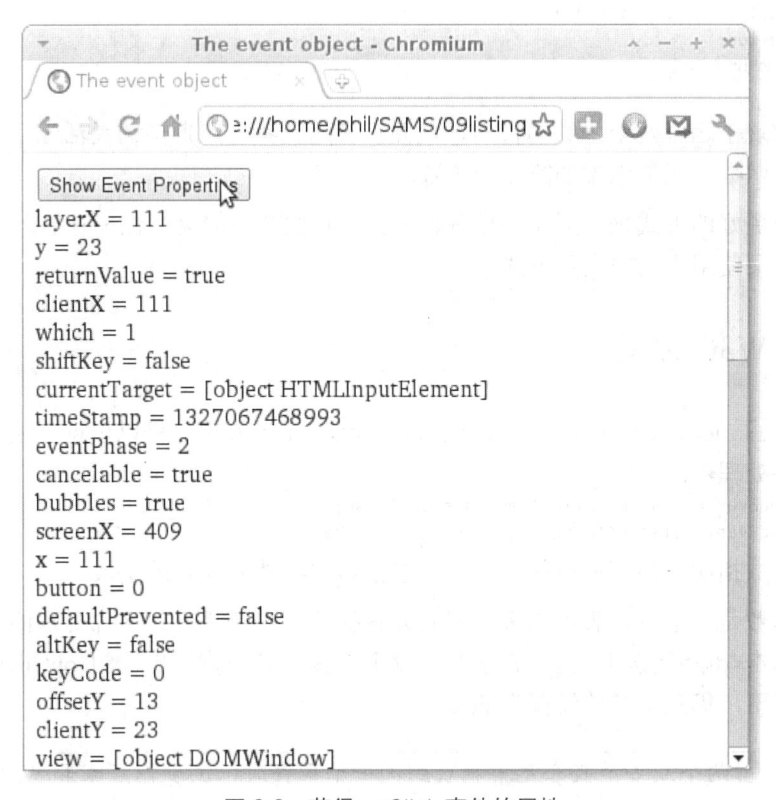

图 9.2 获得 onClick 事件的属性

尝试在不同的浏览器运行这段脚本，比较得到的结果有什么不同。

▲

9.5 事件处理器高级注册方式

到目前为止，本书中介绍了两种添加事件处理器的方式。第一种是内联方式，即以 HTML 标签属性的形式添加，并且直接添加函数，比如：

```
element.onclick = myFunction;
```

这种方式显然有些混乱，把 HTML 和 JavaScript 代码混合在一起，影响了代码的灵活性和可维护性。

第二种方法好一些，但有个明显的缺点：每个属性只能添加一个事件处理函数。如果想给 onclick 属性注册两个事件处理器，怎么办呢？如果在

```
element.onclick = myFunction;
```

之后又添加一行：

```
element.onclick = myOtherFunction;
```

第二行语句的赋值会覆盖前一个，事件触发时并不会调用 myFunction()。

当然，为了解决这个问题，我们可以把两个函数包装为一个函数，达到执行两个函数的

目的：

```
element.onclick = function() {
    myFunction;
    myOtherFunction;
}
```

这虽然实现了运行两个函数的目的，但并没有达到我们所期望的灵活性，如稍后我们想去除其中一个函数，或是想添加第三个函数。

好在还有更好的方式来注册事件处理器，具有我们期望的灵活性。但不幸的是，W3C 和微软在这方面又使用不同的实现方式。

9.5.1 W3C 方式

W3C 提供了 addEventListener 和 removeEventListener 方法，可以根据需要添加和删除任意数量的事件处理器：

```
element.addEventListener('click',myFunction,false);
element.addEventListener('click',myOtherFunction,false);
```

第一个参数指明要捕获的事件，第二个参数指明事件要执行的函数。

第二个参数是布尔值，表示当多个嵌套元素捕获同一个事件时事件处理的顺序。举例来说，当用户点击<div>元素里的<p>元素时，哪个元素应该先执行自己的 onClick 事件处理器呢？一般情况下，第三个参数设置为 false。

TIP **提示**：当两个或多个嵌套元素捕获到同一个事件时，浏览器厂家和 W3C 采取两种方式之一进行处理。一种称为“捕获”，也就是外部的元素首先运行事件处理器，然后是嵌套的元素，逐渐向内层深入。另一种是“冒泡”方式，也就是最内部的事件处理器首先执行，由内向外逐渐执行。关于这两种方式的详细介绍请见 www.quirksmode.org/js/events_ordert.html。

如果想去除某个事件处理器，只需使用 removeEventListener：

```
element.removeEventListener('click',myFunction,false);
```

9.5.2 微软方式

微软提供了两种类似的方法：attachEvent 和 detachEvent。

```
element.attachEvent('onclick',myFunction);
element.detachEvent('onclick',myFunction);
```

这些函数没有第三个参数。而且可以发现微软在事件名称前面使用前缀 on，所以 onClick 事件对应于 W3C 规范里的 click，对应于微软浏览器里的 onclick。

9.5.3 跨浏览器的实现方式

实现跨浏览器的事件处理并不复杂，仍然是使用特性检测来判断可以使用哪种事件处理方式：

```
function addEventHandler(element,eventType,handlerFunction) {
    if (element.addEventListener) {
        element.addEventListener (eventType,handlerFunction,false);
    } else if (element.attachEvent) {
        element.attachEvent ('on'+eventType,handlerFunction);
    }
}
var eventType = 'click';
var myButton = document.getElementById('button01');
addEventHandler(myButton,eventType,myFunction);
```

去除事件处理器的跨平台方式也很直观：

```
function removeEventHandler(element,eventType,handlerFunction) {
    if (element.removeEventListener) {
        element.removeEventListener(eventType,handlerFunction,false);
    } else if (element.detachEvent) {
        element.detachEvent ('on'+eventType,handlerFunction);
    }
}
removeEventHandler(myButton,eventType,myFunction);
```

说明： 作为 IE 的最新版本，IE 9 支持 W3C 的方法 addEventListener 和 removeEventListener。为了更好地实现跨平台解决方案，我们使用功能检测而不是浏览器检测。 **NOTE**

实践

添加和删除事件处理器

现在利用前面的跨平台方法给一些 HTML 按钮添加和删除 onClick 事件处理器。创建一个 HTML 文件，输入程序清单 9.3 所示的代码。

程序清单 9.3 添加和删除事件处理器

```
<!DOCTYPE html>
<html>
<head>
    <title>Adding and Removing Event Handlers</title>
    <script src="events.js"></script>
</head>
<body>
    <input id="buttonA" type="button" value="Button A" />
    <input id="button-a" type="button" value="Remove onClick Handler from
➥button A" /><br/>
    <input id="buttonB" type="button" value="Button B" />
    <input id="button-b" type="button" value="Remove onClick Handler from
➥button B" /><br/>
    <input id="reset" type="button" value="Reset" />
    <div id="div1" style="border:1px solid
➥black;width:300px;height:200px;" ></div>
</body>
</html>
```

这个简单的 HTML 页面在一个<div>元素里显示一些按钮。在本例中，我们将把 JavaScript 代码都放到一个外部文件 events.js 里，并在页面的<head>区域链接它。

JavaScript 代码要完成的操作包括：

- 首先是给 ButtonA 和 ButtonB 添加事件处理器，从而捕获 onClick 事件，把被点击按钮的 id 输出到页面的<div>元素。

➢ 给标签为“Remove onClick Handler”的按钮添加事件处理器，捕获这些按钮的 onClick 事件，删除 ButtonA 和 ButtonB 的事件处理器。

➢ 给第五个按钮添加 onClick 事件处理器，把 ButtonA 和 ButtonB 恢复到初始状态，也就是重新添加它们的 onClick 事件处理器。

程序清单 9.4　events.js 的 JavaScript 代码

```
function addEventHandler(element,eventType,handlerFunction) {
    if (element.addEventListener) {
        element.addEventListener(eventType,handlerFunction,false);
    } else if (element.attachEvent) {
        element.attachEvent ('on'+eventType,handlerFunction);
    }
}
function removeEventHandler(element,eventType,handlerFunction) {
    if (element.removeEventListener) {
        element.removeEventListener(eventType,handlerFunction,false);
    } else if (element.detachEvent) {
        element.detachEvent ('on'+eventType,handlerFunction);
    }
}
function appendText(e) {
    if (!e) var e = window.event;
    var element = (e.target) ? e.target : e.srcElement;
    document.getElementById('div1').innerHTML += element.id + "<br/>";
}
function removeOnClickA() {

   removeEventHandler(document.getElementById('buttonA'),'click',appendText);
}
function removeOnClickB() {

   removeEventHandler(document.getElementById('buttonB'),'click',appendText);
}
function reset() {
    addEventHandler(document.getElementById('buttonA'),'click',appendText);
    addEventHandler(document.getElementById('buttonB'),'click',appendText);
}
window.onload = function() {
    addEventHandler(document.getElementById('button-a'),'click',
removeOnClickA);
    addEventHandler(document.getElementById('button-b'),'click',
removeOnClickB);
    addEventHandler(document.getElementById('reset'),'click',reset);
reset();
}
```

这段代码看上去似乎有些复杂，我们来一步一步加以解释。

首先，声明了两个函数 addEventHandler 和 removeEventHandler，以跨浏览器的方式分别用于添加和删除事件处理器。

接着声明一个函数 appendText，使用本章前面介绍的技术判断调用元素，把它的 id 属性添加到<div>部分的输出区域：

```
function appendText(e) {
    if (!e) var e = window.event;
    var element = (e.target) ? e.target : e.srcElement;
    document.getElementById('div1').innerHTML += element.id + "<br/>";
}
```

接下来的 removeOnClickA 和 removeOnClickB 方法分别删除 ButtonA 和 ButtonB 的 appendText 函数：

```
function removeOnClickA() {
   removeEventHandler(document.getElementById('buttonA'),'click',
➥appendText);
}
function removeOnClickB() {
   removeEventHandler(document.getElementById('buttonB'),'click',
➥appendText);
}
```

点击 Reset 按钮会执行函数 reset()，后者两次调用 addEventHandler，把 appendText 函数添加到 ButtonA 和 ButtonB 的 onClick 事件处理器。

```
function reset() {
addEventHandler(document.getElementById('buttonA'),'click',appendText);
addEventHandler(document.getElementById('buttonB'),'click',appendText);
}
```

最后，利用 window.onload 事件在 HTML 页面加载完成时设置脚本的初始状态。

先是给标签为“Remove...”的按钮添加 onClick 事件：

```
addEventHandler(document.getElementById('button-
➥a'),'click',removeOnClickA);
addEventHandler(document.getElementById('button-
➥b'),'click',removeOnClickB);
```

接着是给 Reset 按钮的 onClick 事件添加处理器：

```
addEventHandler(document.getElementById('reset'),'click',reset);
```

然后就可以调用 reset()方法给 ButtonA 和 ButtonB 添加 onClick 处理程序，完成对页面的初始化。

图 9.3 展示了页面运行的情况。点击 ButtonA 和 ButtonB 分别会把按钮的 id 显示在输出区域。而点击标签为“Remove...”的按钮，就会从相应的按钮删除事件处理程序，让点击相应按钮变得没有反应，直到点击 Reset 按钮恢复初始状态。

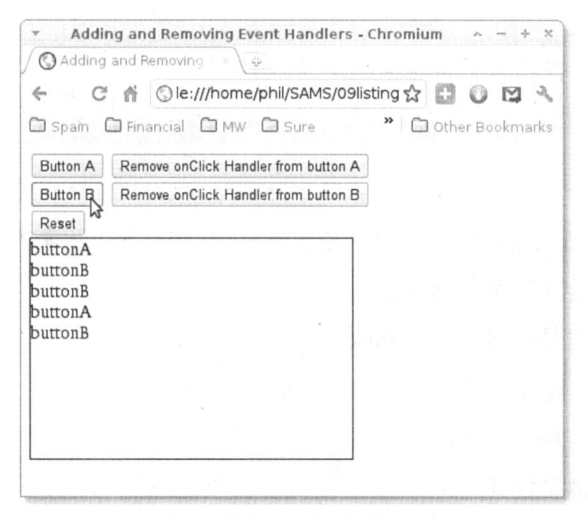

图 9.3 添加和删除事件处理器

在浏览器里加载完成之后的页面，查看操作情况。

▲

9.6 小结

本章介绍了不少如何使用 JavaScript 处理事件的知识，包括添加内联事件处理器、利用 JavaScript 语句添加事件处理器，以及利用 addEventListener 和 attachEvent 创建能够跨浏览器使用的方法。

9.7 问答

问：一段需要检测鼠标点击的脚本在 IE 中运行不正常，可能是什么问题？

答：这也是由于微软与 W3C 规范略有差别造成的。它们的 event 对象都有 button 属性，但其返回的整数值是不一样的。

在 W3C 浏览器里，鼠标左键返回 0，中键返回 1，右键返回 2。

在微软浏览器里，左键返回 1，右键返回 2，中键返回 4。这种返回值的规定似乎有些奇怪，但实际上，它们都是 2 的幂，所以返回的数值能够表示出按钮同时按下的状态。比如数值 3，就表示左键和右键同时按下了。

问：在编写跨浏览器的代码时，如何判断按下了哪个键？

答：查看事件的 keyCode 属性。但不要忘记首先以跨浏览器的方式获得 event 对象。

```
document.onkeydown = function(e) {
    if (!e) var e = window.event;
    alert(e.keyCode + " is the code for " +
String.fromCharCode(e.keyCode));
}
```

9.8 作业

请先回答问题，再查看后面的答案。

9.8.1 测验

1. 如何在执行了 onClick 事件处理器之后防止执行 HTML 元素的默认行为？

    a. 从事件处理器返回值 cancel

    b. 从事件处理器返回布尔值 false

    c. 默认行为不能被禁止

2. window.onload 事件何时触发？

    a. 浏览器完整加载页面时

    b. 浏览器开始加载页面时

    c. 页面<head>部分加载完成时

3. 对象在哪些浏览器里会收到名为 target 的事件？

a．全部浏览器

b．W3C 浏览器

c．微软浏览器

9.8.2　答案

1．选 b。返回布尔值 false 可以阻止元素的默认行为。

2．选 a。当页面完整加载到浏览器时，会触发 onload 事件。

3．选 b。W3C 浏览器使用名为 target 的事件，微软浏览器相应的事件名称是 srcElement。

9.9　练习

修改程序清单 9.1 的代码，增加对 phone 字段是否为空的检测，让程序只输出一条提示信息，说明哪个字段需要填写。

在由程序清单 9.3 和 9.4 组成的练习中，实现这样一个功能：双击<div>元素时清空其中的内容。（提示：在页面初始化时添加一个事件处理器，给<div>元素的 dblclick 事件添加处理程序，调用函数把<div>元素的 innerHTML 设置为空字符串。）

第 10 章

JavaScript 和 cookie

本章主要内容包括：

- 什么是 cookie
- cookie 的属性
- 如何设置和取回 cookie
- cookie 的有效期
- 如何在一个 cookie 里保存多个数据项
- 删除 cookie
- 数据的编码和解码
- cookie 的局限

本书前面介绍的 JavaScript 技术还不能把信息从一个页面传递给另一个页面，而 cookie 提供了一种便捷的方式，能够在用户的计算机上保存少量数据并且远程获得它们，从而让网站可以保存一些细节信息，比如用户的习惯设置或是上一次访问网站的时间。

本章将介绍如何使用 JavaScript 创建、保存、获取和删除 cookie。

10.1 什么是 cookie

把 Web 页面加载到浏览器所使用的 HTTP 协议是一种“无状态”协议，也就是说，当服务器把页面发送给浏览器之后，它就认为事务完成了，并不保存任何信息。这给在浏览器会话期间（或是在会话之间）维持某种连续性带来了困难，比如记录用户已经访问或下载过哪些内容，或是记录用户在私有区域的登录状态。

cookie 就是解决这个问题的一个途径。举例来说，cookie 可以记录用户的最后一次访问，保存用户偏好设置的列表，或是当用户继续购物时保存购物车里的物品。在正确使用的情况下，cookie 能够改善站点的用户体验。

cookie 本身是一些短小的信息串，能够由页面保存在用户的计算机上，然后可以被其他页面读取。cookie 一般都设置为在一定时间后失效。

> **注意**：很多用户不允许站点在自己的计算机上保存 cookie，所以在编程时注意不要让站点完全依赖于它们。
>
> 有人不喜欢 cookie 的通常原因是有些站点把 cookie 作为一种广告手段，利用它们追踪用户的在线行为，从而进行有针对性的广告。但这也是一个范例，说明了为什么要使用 cookie 以及将它用于什么领域。

CAUTION

cookie 的局限

浏览器对于能够保存的 cookie 数量有所限制，通常是几百个或多一点。一般情况下，每个域名 20 个 cookie 是允许的，而每个域最多能保存 4KB 的 cookie。

除了尺寸限制可能导致的问题，有很多原因都可能导致硬盘上的 cookie 消失，比如到达有效期限了，或是用户清理 cookie 信息了，或是换用其他浏览器了。因此，永远都不应该使用 cookie 保存重要数据，而且在编写代码时一定要考虑到不能获取所期望 cookie 时的情况。

10.2 document.cookie 属性

JavaScript 使用 document 对象的 cookie 属性存储和获取 cookie。

每个 cookie 基本上就是一个由成对的名称和值组成的字符串，像下面这样：

```
username=sam
```

当页面加载到浏览器里时，浏览器会收集与页面相关的全部 cookie，放到“类似字符串”的 document.cookie 属性里。在这个属性里，每个 cookie 是以分号分隔的：

```
username=sam;location=USA;status=fullmember;
```

> **提示**：作者认为 document.cookie 是个“类似字符串”的属性，因为它并不是真正的字符串，只是在提取 cookie 信息时，这个属性的表现像个字符串而已。

TIP

数据的编码和解码

某些字符不能在 cookie 里使用，包括分号、逗号及空白符号（比如空格和制表符）。在把数据存储到 cookie 之前，需要对数据进行编码，以便实现正确的存储。

在存储信息之前，使用 JavaScript 的 escape()函数进行编码，而获得原始的 cookie 数据时就使用相应的 unescape()函数进行解码。

escape()函数把字符串里任何非 ASCII 字符都转换为相应的 2 位或 4 位十六进制格式，比如空格转换为%20，&转换为%26。

举例来说，下面的代码会输出变量 str 里保存的原始字符串及 escape()编码以后的结果：

```
var str = 'Here is a (short) piece of text.';
document.write(str + '<br />' + escape(str));
```

屏幕上的输出应该是：

```
Here is a (short) piece of text.
Here%20is%20a%20%28short%29%20piece%20of%20text.
```

可以看到空格被表示为%20，左括号是%28，右括号是%29。

除了*、@、-、_、+、.、/之外的特殊符号都会被编码。

10.3 cookie 组成

document.cookie 里的信息看上去就像是由成对的名称和值组成的字符串，每一对数据的形式是：

```
name=value;
```

但实际上 cookie 还包含其他一些相关信息，下面来分别介绍。

NOTE **说明**：2011 年发布的 RFC6265 是 cookie 的正式规范，参见 http://tools.ietf.org/html/rfc6265。

10.3.1 cookieName 和 cookieValue

cookieName 和 cookieValue 就是在 cookie 字符串里看到的 name=value 里的名称与值。

10.3.2 domain

domain 属性向浏览器指明 cookie 属于哪个域。这个属性是可选的，在没有指定时，默认值是设置 cookie 的页面所在的域。

这个属性的作用在于控制子域对 cookie 的操作。举例来说，如果其设置为 www.example.com，那么子域 code.example.com 里的页面就不能读取这个 cookie。但如果 domain 属性设置为 example.com，那么 code.example.com 里的页面就能访问这个 cookie 了。

但是，不能把 domain 属性设置为页面所在域之外的域。

10.3.3 path

path 属性指定可以使用 cookie 的目录。如果只想让目录 documents 里的页面设置 cookie 的值，就把 path 设置为/documents。这个属性是可选的，常用的默认路径是/，表示 cookie 可以在整个域里使用。

10.3.4 secure

secure 属性是可选的，而且几乎很少使用。它表示浏览器在把 cookie 发送给服务器时，是否应该使用 SLL 安全标准。

10.3.5 expires

每个 cookie 都有个失效日期，过期就自动删除了。expires 属性要以 UTC 时间表示。如果没有设置这个属性，cookie 的生命期就和当前浏览器会话一样长，会在浏览器关闭时自动删除。

10.4 编写 cookie

要编写新的 cookie，只要把包含所需属性的值赋予 document.cookie 就可以了：

```
document.cookie="username=sam;expires=15/06/2013 00:00:00";
```

使用 JavaScript 的 Date 对象可以避免手工输入日期和时间格式：

```
var cookieDate = new Date ( 2013, 05, 15 );
document.cookie = "username=sam;expires=" + cookieDate.toUTCString();
```

这样能得到与前面一样的结果。

> **提示**：注意到这里使用了 cookieDate.toUTCString();而不是 cookieDate.toString();，这是因为 cookie 的时间要以 UTC 格式设置。 ***TIP***

在实际编写代码时，应该用 escape()函数来确保在给 cookie 赋值时不会有非法字符：

```
var cookieDate = new Date ( 2013, 05, 15 );
var user = "Sam Jones";
document.cookie = "username=" + escape(user) + ";expires=" +
➥cookieDate.toUTCString();
```

10.5 编写 cookie 的函数

很自然就会想到编写一个函数专门用于生成 cookie，完成编码和可选属性的组合操作。程序清单 10.1 列出了这样的一个函数代码。

程序清单 10.1 编写 cookie 的函数

```
function createCookie(name, value, days, path, domain, secure) {
    if (days) {
        var date = new Date();
        date.setTime(date.getTime() + (days*24*60*60*1000));
        var expires = date.toGMTString();
    }
    else var expires = "";
    cookieString = name + "=" + escape (value);
    if (expires) cookieString += "; expires=" + expires;
    if (path) cookieString += "; path=" + escape (path);
    if (domain) cookieString += "; domain=" + escape (domain);
    if (secure) cookieString += "; secure";
    document.cookie = cookieString;
}
```

这个函数执行的操作是相当直观的，name 和 value 参数组合得到“name=value”，其中的 value 还经过编码以避免非法字符。

在处理有效期时，使用的参数不是具体日期，而是cookie有效的天数。函数根据这个天数生成有效的日期字符串。

其他属性都是可选的，如果设置了，就会附加到组成cookie的字符串里。

CAUTION **注意**：如果现在把这段代码加载到浏览器里，浏览器本身的安全机制可能会阻止它的运行。为了运行这段代码，需要把文件上传到互联网或局域网的Web服务器。

实践

编写cookie

现在来利用这个函数设置一些 cookie 值，代码如程序清单 10.2 所示。新建文件testcookie.html，输入清单里的代码。其中名称和值的数据可以随意调整。

程序清单 10.2 编写cookie

```
<!DOCTYPE html>
<html>
<head>
<title>Using Cookies</title>
<script>
    function createCookie(name, value, days, path, domain, secure) {
    if (days) {
            var date = new Date();
            date.setTime(date.getTime() + (days*24*60*60*1000));
            var expires = date.toGMTString();
        }
        else var expires = "";
        cookieString = name + "=" + escape (value);
        if (expires) cookieString += "; expires=" + expires;
        if (path) cookieString += "; path=" + escape (path);
        if (domain) cookieString += "; domain=" + escape (domain);
        if (secure) cookieString += "; secure";
        document.cookie = cookieString;
    }
    createCookie("username","Sam Jones", 5);
    createCookie("location","USA", 5);
    createCookie("status","fullmember", 5);
</script>
</head>
<body>
Check the cookies for this domain using your browser tools.
</body>
</html>
```

TIP **提示**：这个函数每次被调用时，就会给document.cookie设置新值，但新值不会覆盖现有的值，而是把新值附加到原有值。正如前面所说的，document.cookie有时显得像个字符串，但又的确不是字符串。

把这个 HTML 文档上传到互联网主机或局域网上的 Web 服务器。加载这个页面只会看到一行信息：

```
Check the cookies for this domain using your browser tools.
```

在 Chromium 浏览器里，按 Shift+Ctrl+I 组合键可以打开开发工具，如图 10.1 所示。对于其他浏览器，请查看相关文档了解如何查看 cookie 信息。

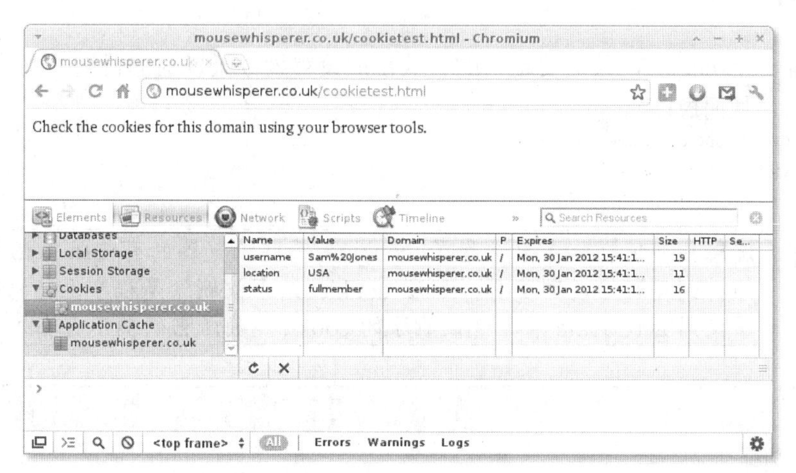

图 10.1　显示 cookie

10.6　读取 cookie

还记得 split()函数吗？读取 cookie 值的过程在很大程度上是依赖于它的。这个函数以参数指定的字符作为分隔符，把分解的结果保存到数组里：

```
myString = "John#Paul#George#Ringo";
var myArray = myString.split('#');
```

上述语句会把字符串 myString 在每个“#”位置进行切割，分解为一系列单独的部分。myArray[0]会保存“John”，myArray[1]保存“Paul”，以此类推。

在 document.cookie 里，每个 cookie 是以“;”分隔的，显然我们就应该使用这个符号来分解 document.cookie 返回的字符串：

```
var crumbs = document.cookie.split(';');
```

我们要获得特定名称的 cookie，所以接下来要对数组 crumb 进行搜索，得到特定的 name=部分。

然后使用 indexOf()和 substring()返回 cookie 值的部分，再通过 unescape()函数进行解码，得到 cookie 值：

```
function getCookie(name) {
    var nameEquals = name + "=";
    var crumbs = document.cookie.split(';');
    for (var i = 0; i < crumbs.length; i++) {
        var crumb = crumbs[i];
        if (crumb.indexOf(nameEquals) == 0) {
            return unescape(crumb.substring(nameEquals.length,
➥crumb.length));
        }
    }
    return null;
}
```

10.7 删除cookie

要想删除一个cookie，只需要把它的失效日期设置为今天以前的日期，浏览器就会认为它已经失效了，从而删除它。

```
function deleteCookie(name) {
    createCookie(name,"",-1);
}
```

CAUTION **注意：**即使在脚本里删除了cookie，某些浏览器的有些版本也会把cookie维持到重新启动浏览器。如果cookie是否被删除是程序运行的条件，就应该使用getCookie来测试被删除的cookie，确保它的确不存在了。

实践

使用cookie

利用前面介绍的知识，我们来建立一些页面体验cookie操作。

首先，把createCookie()、getCookie()和deleteCookie()函数集中到一个JavaScript文件里，保存为cookies.js，代码如程序清单10.3所示。

程序清单10.3 cookies.js

```
function createCookie(name, value, days, path, domain, secure) {
    if (days) {
        var date = new Date();
        date.setTime( date.getTime() + (days*24*60*60*1000));
        var expires = date.toGMTString();
    }
    else var expires = "";
    cookieString = name + "=" + escape (value);
    if (expires) cookieString += "; expires=" + expires;
    if (path) cookieString += "; path=" + escape (path);
    if (domain) cookieString += "; domain=" + escape (domain);
    if (secure) cookieString += "; secure";
    document.cookie = cookieString;
}

function getCookie(name) {
    var nameEquals = name + "=";
    var crumbs = document.cookie.split(';');
    for (var i = 0; i < crumbs.length; i++) {
        var crumb = crumbs[i];
        if (crumb.indexOf(nameEquals) == 0) {
            return unescape(crumb.substring(nameEquals.length,
➥crumb.length));
        }
    }
    return null;
}

function deleteCookie(name) {
    createCookie(name,"",-1);
}
```

测试页面的<head>部分会引用这个文件，我们就可以在代码里使用这三个函数了。

第一个测试页面（cookietest.html）的代码如程序清单 10.4 所示，第二个测试页面（cookietest2.html）的代码如程序清单 10.5 所示。

程序清单 10.4　cookietest.html

```
<!DOCTYPE html>
<html>
<head>
    <title>Cookie Testing</title>
    <script src="cookies.js"></script>
    <script>
        window.onload = function() {
            var cookievalue = prompt("Cookie Value:");
            createCookie("myCookieData", cookievalue);
        }
    </script>
</head>
<body>
    <a href="cookietest2.html">Go to Cookie Test Page 2</a>
</body>
</html>
```

程序清单 10.5　cookietest2.html

```
<!DOCTYPE html>
<html>
<head>
    <title>Cookie Testing</title>
    <script src="cookies.js"></script>
    <script>
        window.onload = function() {
            document.getElementById("output").innerHTML = "Your cookie
value: " + getCookie("myCookieData");
        }
    </script>
</head>
<body>
    <a href="cookietest.html">Back to Cookie Test Page 1</a><br/>
    <div id="output"></div>
</body>
</html>
```

cookietest.html 里唯一可见的页面内容是一个链接，指向第二个页面 cookietest2.html。这段脚本捕获了 window.onload 事件，在页面加载完成时就显示一个 prompt()对话框，请用户输入一个要保存到 cookie 的值，然后调用 createCookie()函数把 cookie 的名称设置为 myCookieData，其值为用户输入的内容。

cookietest.html 的运行情况如图 10.2 所示。

在设置了 cookie 值之后，点击链接跳转到 cookietest2.html。

在这个页面加载之后，window.onload 事件处理器执行一个函数，利用 getCookie()获取保存在 cookie 里的值，输出到页面上，如图 10.3 所示。

为了实现这个练习，需要把 cookietest.html、cookietest2.html 和 cookies.js 上传到互联网主机（或局域网的 Web 服务器），否则浏览器安全机制很可能会阻止代码的运行（因为这时是使用 file://协议查看计算机上的文件）。

图 10.2 输入 cookie 的值

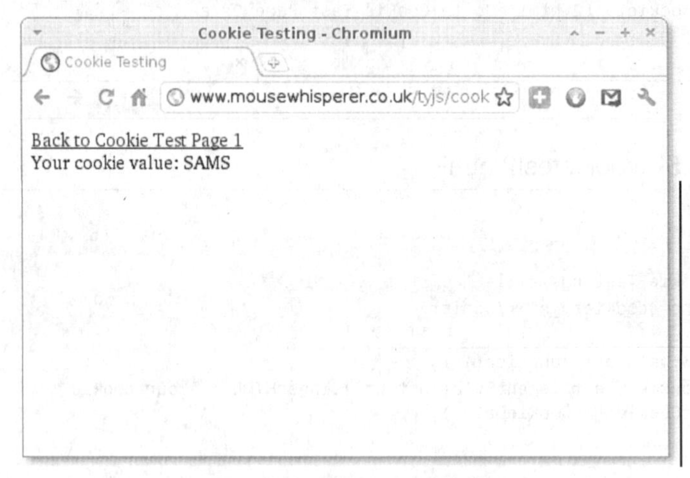

图 10.3 获取 cookie 的值

▲

10.8 在一个 cookie 里设置多个值

每个 cookie 包含一对“name=value”，如果需要保存多个数据，比如用户的姓名、年龄和会员号，就需要三个不同的 cookie。

然而，稍微动一点脑筋，就可以用一个 cookie 保存这三个值。方法是把需要的值组成一个字符串，让它成为要保存在 cookie 里的值。

通过这种方式，可以避免使用三个单独的 cookie，而是只用一个就保存这三部分数据。为了以后分解其中的信息，要在这个字符串里放置特殊字符（所谓的“定界符”）来分隔不同的数据：

```
var userdata = "Sandy|26|A23679";
createCookie("user", userdata);
```

这里使用“|”作为定界符。稍后需要读取 cookie 值时，可以依据它得到各部分数据：

```
var myUser = getCookie("user");
var myUserArray = myUser.split('|');
var name = myUserArray[0];
var age = myUserArray[1];
var memNo = myUserArray[2];
```

有些浏览器要求 cookie 的数量不能超过 20，如果用一个 cookie 保存多个数值，可以在一定程度上打破这种限制。但是，cookie 信息总体不能超过 4 KB 是不能改变的。

> **说明：**关于序列化的详细介绍请见第 8 章。 ***NOTE***

10.9 小结

本章介绍了什么是 cookie，以及使用 JavaScript 如何设置、获取和删除它们，包括如何在一个 cookie 里保存多个值。

10.10 问答

问：在使用一个 cookie 保存多个值时，能否使用任意字符作为定界符？

答：不能使用可能出现在编码数据里的字符（除非那个字符也当作定界符），也不能使用等号（=）或分号（;），因为它们用于组成“name=value”和分隔多对数据。另外，cookie 一般不能包含空白和逗号，所以它们也不能当作分界符。

问：cookie 安全吗？

答：cookie 的安全问题经常会被提及，但这种担心大多是没有根据的。cookie 能够帮助站长和广告商追踪用户的浏览习惯，他们可以（也的确）利用这些信息在用户访问的页面上有目的地投放广告和提示信息。但是，只使用 cookie，他们不能获得用户的个人信息，也不能访问用户计算机硬盘上的其他内容。

10.11 作业

请先回答问题，再参考后面的答案。

10.11.1 测验

1. cookie 是少量的文本信息，保存在：
   a. 用户的硬盘上
   b. 服务器上
   c. 用户的互联网服务供应商
2. 为了确保 cookie 里不包含非法字符而对字符串进行编码，可以使用：
   a. escape()

b．unescape()

c．split()

3．在一个 cookie 里分隔多个值的字符被称为：

a．转义序列

b．定界符

c．分号

10.11.2 答案

1．选 a。cookie 保存在用户的硬盘上。

2．选 a。使用 escape()函数可以对要保存在 cookie 里的字符串进行编码。

3．选 b。分隔多个值的字符被称为“定界符”。

10.12 练习

了解如何在常用的浏览器里查看 cookie 信息，然后查看程序清单 10.4 设置的 cookie。

修改 cookietest.html 和 cookietest2.html 的代码，把多个值写到一个 cookie，然后在读取 cookie 时再分解这些值，并且把它们显示在单独的行里。使用“#”作为定界符。

在 cookietest2.html 里添加一个按钮，删除在 cookietest.html 里设置的 cookie，并且查看删除的效果。（提示：让按钮调用 deleteCookie()。）

第三部分

文档对象模型（DOM）

第 11 章　遍历 DOM

第 12 章　使用脚本操作 DOM

第 13 章　JavaScript 和 CSS

第 14 章　良好的编程习惯

第 15 章　图形与动画

第11章

遍历 DOM

本章主要内容包括：

- 什么是“节点”
- 不同类型的节点
- 使用 nodeName、nodeType 和 nodeValue
- 使用 childNodes 属性
- 使用 getElementsByTagName()选择元素
- 使用 Mozilla 的 DOM 查看器

前面介绍过 W3C DOM 的基本知识，也在范例里使用了多种 DOM 对象、属性和方法。

本章将介绍 JavaScript 如何与 DOM 直接交互，特别是介绍一些新方法来遍历 DOM，选择代表页面 HTML 内容的特定 DOM 对象。

11.1 DOM 节点

本书第一部分里介绍了 W3C“文档对象模型”（DOM）是一种由父子关系组成的层次树形结构，构成当前 Web 页面的模型。通过适当的方法，我们可以遍历 DOM 的任意部分并且获取关于它的数据。

DOM 层级结构中最顶端的对象是 window 对象，而 document 对象是它的子对象之一。本章及下一章将主要介绍 document 对象和它的属性与方法。

先来看看程序清单 11.1 所示的一个简单 Web 页面。

程序清单 11.1　一个简单 Web 页面

```
<!DOCTYPE html>
<html>
<head>
    <title>To-Do List</title>
</head>
<body>
    <h1>Things To Do</h1>
    <ol id="toDoList">
        <li>Mow the lawn</li>
        <li>Clean the windows</li>
        <li>Answer your email</li>
    </ol>
    <p id="toDoNotes">Make sure all these are completed by 8pm so you can
➥watch the game on TV!</p>
</body>
</html>
```

图 11.1 展示了这个页面的内容。

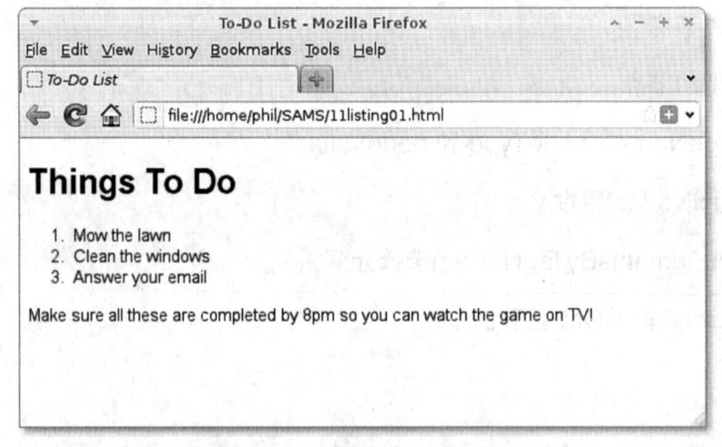

图 11.1　一个简单的 Web 页面

当页面完成加载之后，浏览器就具有了完整的层次化的 DOM 来表示页面内容。图 11.2 是这种结构的一个简化版本。

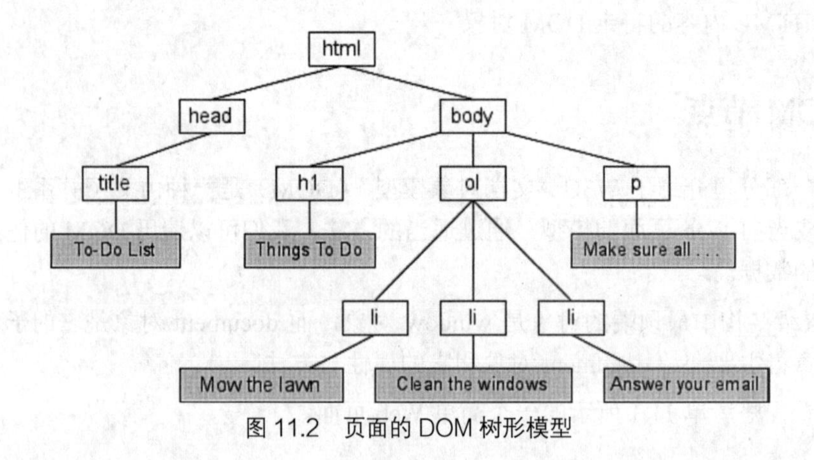

图 11.2　页面的 DOM 树形模型

注意：只有当页面完成加载之后，DOM 才是可用的。在这之前不要执行关于 DOM 的语句，否则很可能导致错误。	CAUTION

现在来看看图 11.2 所示的树形图与程序清单 11.1 的代码有何关联。

<html>元素包含页面上其他全部标签。它作为*父元素*，有两个直接*子元素*，分别是<head>和<body>。这两个元素的关系是*兄弟*，因为它们具有同一个父元素。它们本身也是父元素，<head>有一个子元素<title>，而<body>有三个子元素，分别是<h1>、<ol>和<p>。在这三个兄弟元素里，只有<ol>有子元素：<li>。在图 11.2 里，灰色格子表示这些元素是包含文本的。

DOM 就是以这种关系形成层次结构的，其中的交叉点和末端点被称为“节点”。

11.1.1 节点类型

图 11.2 展示了多个“元素节点”，分别代表一个 HTML 元素，比如段落元素<p>；还展示了“文本节点”，代表页面元素里包含文本内容。

提示：从存在方式来看，文本节点总是包含在元素节点里的，但不是每个元素节点都包含文本节点。	TIP

还有其他一些类型的节点，分别代表元素属性、HTML 注释及其他一些与页面相关的信息。很多类型的节点都能够包含其他节点作为子节点。

每种节点类型都有一个关联的数值，保存在属性 nodeType 里。其值的含义如表 11.1 所示。

表 11.1　　nodeType 值

nodeType 值	节点类型
1	元素
2	属性
3	文本（包含空白）
4	CDATA 区域
5	实体引用
6	实体
7	执行指令
8	HTML 注释
9	文档
10	文档类型（DTD）
11	文档片段
12	标签

提示：最常用的节点类型是 1、2 和 3，也就是页面元素、它们的属性和包含的文本。	TIP

11.1.2 childNodes 属性

每个节点都有一个 childNodes 属性。这个类似数组的属性包含了当前节点全部直接子节点的集合，让我们可以访问这些子节点的信息。

childNodes 集合被称为“节点列表”，其中的项目以数值进行索引。集合（在大多数情况下）的表现类似于数组，我们可以像访问数组元素一样访问集合里的项目，还可以像对待数组一样遍历集合的内容，但有些数组方法是不能用的，比如 push()和 pop()。对于本章的全部范例，我们可以像对待数组那样处理集合。

节点列表是个动态集合，这表示集合的任何改变都会立即反映到列表。

实践

使用 childNodes 属性

利用 childNodes 属性返回的集合，我们可以查看程序清单 11.1 里<ol>元素的内容。编写一个简单的函数，读取<ol>元素的子结点，并且返回列表里的总数。

首先，利用<ol>的 id 获取它：

```
var olElement = document.getElementById("toDoList");
```

现在，<ol>元素的子节点就包含在这个对象里了：

```
olElement.childNodes
```

由于我们只想操作子节点里的<li>元素，所以在遍历这个集合时，只统计 nodeType==1（也就是 HTML 元素）的节点，忽略其他元素（比如注释和空白）。处理集合的方式与数组很相似，比如这里使用 length 属性：

```
var count = 0;
for (var i=0; i < olElement.childNodes.length; i++) {
    if(olElement.childNodes[i].nodeType == 1) count++;
}
```

现在把上述操作放到一个函数里，并且用 alert 对话框来输出结果。

```
function countListItems() {
    var olElement = document.getElementById("toDoList");
    var count = 0;
    for (var i=0; i < olElement.childNodes.length; i++) {
        if(olElement.childNodes[i].nodeType == 1) count++;
    }
    alert("The ordered list contains " + count + " items");
}
window.onload = countListItems;
```

CAUTION **注意**：当浏览器加载页面时，HTML 代码里的空白（比如空格和制表符）一般是被忽略的。但是，对于页面元素里存在的空白，比如有序列表<ol>里的空白，大多数浏览器都会创建文本类型的子节点（nodeType==3）。这样一来，仅使用 childNodes.length 未必能得到期望的结果。

在文本编辑器里新建一个 HTML 页面，输入程序清单 11.1 的代码，在页面的<head>部分输入上述 JavaScript 代码，然后在浏览器里加载页面。

图 11.3 展示了浏览器加载页面后的结果。

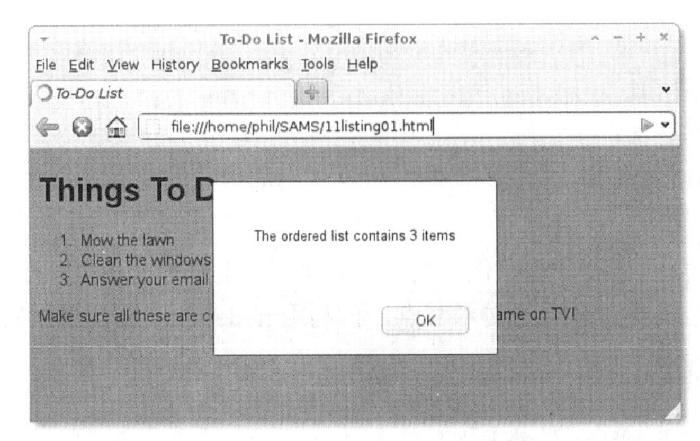

图 11.3 使用 childNodes 属性

11.1.3 firstChild 和 lastChild

在 childNodes 数组里选择第一个和最后一个元素是有快捷方式的。

firstChild 显然就是 childNodes 数组里的第一个元素，相当于 childNodes[0]。

利用 lastChild 可以访问集合的最后一个元素，这是很方便的，不然就只能像下面这样了：

```
var lastChildNode = myElement.childNodes[myElement.childNodes.length
➥- 1];
```

这显然有些复杂，使用 lastChild 就很简单了：

```
var lastChildNode = myElement.lastChild;
```

11.1.4 parentNode 属性

显然，parentNode 属性保存节点的父节点。在前例中，我们使用了

```
var lastChildNode = myElement.lastChild;
```

而使用 parentNode 可以在树形结构中向上一级，比如：

```
var parentElement = lastChildNode.parentNode;
```

将返回 lastChildNode 的父节点，当然就是对象 myElement。

11.1.5 nextSibling 和 previousSibling

兄弟节点是指具有相同父节点的那些节点。previousSibling 和 nextSibling 属性分别返回节点的前一个和后一个兄弟节点，如果不存在相应的节点，就返回 null。

```
var olElement = document.getElementById("toDoList");
var firstOne = olElement.firstChild;
var nextOne = firstOne.nextSibling;
```

注意： 有些浏览器会把 HTML 里的空白创建为 DOM 里的文本节点，所以 DOM 里的兄弟节点有时比我们想象的要多。 **CAUTION**

11.1.6 节点值

DOM节点的nodeValue属性返回保存在节点里的值，我们一般用它返回文本节点里的内容。

从前面统计列表项目数量的范例出发，获取<p>元素里包含的文本。为此，我们需要访问相应的<p>节点，找到它包含的文本节点，再利用nodeValue属性返回其中的信息：

```
var text = '';
var pElement = document.getElementById("toDoNotes");
for (var i=0; i < pElement.childNodes.length; i++) {
    if(pElement.childNodes[i].nodeType == 3) {
        text += pElement.childNodes[i].nodeValue;
    };
}
alert("The paragraph says:\n\n" + text );
```

11.1.7 节点名称

nodeName 属性以字符串形式返回节点的名称。这个属性是只读的，不能修改它的值。表11.2列出了nodeName可能返回的值。

表11.2 nodeName属性的返回值

nodeType值	节点类型	nodeName值
1	元素	元素（标签）名称
2	属性	属性名称
3	文本	字符串“#text”

当nodeName返回元素名称时，并不包括HTML源代码里使用的尖括号<>。

```
var pElement=document.getElementById("toDoNotes");
alert(pElement.nodeName);  //显示"P"
```

11.2 利用getElementsByTagName()选择元素

前面介绍过利用document对象的getElementById()方法访问页面里的元素。document的另一个方法getElementsByTagName可以获取特定的全部标签，保存在一个数组里。

CAUTION **注意**：请注意方法名称的拼写。getElementsByTagName里是复数的Elements，而getElementById里是单数的Element。

这个方法也接收一个参数，也就是指定标签的名称。

举例来说，假设我们要访问特定文档里的全部<div>元素，可以像下面这样获得它们的集合：

```
var myDivs = document.getElementsByTagName("div");
```

这个方法不是必须用于整个文档的，而是可以用于任何对象，就会返回该对象包含的指定标签的全部集合。

提示：即使具有特定标签名称的元素只有一个，getElementsByTagName 仍然返回一个集合，其中只包含一个元素。 **TIP**

实践

使用 getElementsByTagName()

前面曾经写过一个函数来统计<ol>元素里的<li>元素：

```
function countListItems() {
    var olElement = document.getElementById("toDoList");
    var count = 0;
    for (var i=0; i < olElement.childNodes.length; i++) {
        if(olElement.childNodes[i].nodeType == 1) count++;
    }
alert("The ordered list contains " + count + " items");
}
```

这个函数使用 childNodes 数组获得全部子节点，然后选择“nodeType==1”的元素。

利用 getElementsByTagName 也可以轻松地实现上述功能。

首先用相同的方式根据 id 选择<ol>元素：

```
var olElement = document.getElementById("toDoList");
```

然后创建一个数组 listItems，把 olElement 里的全部<li>元素赋予它：

```
var listItems = olElement.getElementsByTagName("li");
```

剩下的工作就是显示数组里有多少个元素了：

```
alert("The ordered list contains " + listItems.length + " items");
```

程序清单 11.2 是这个页面的完成代码，包括修改过的函数 countListItems()。

程序清单 11.2　使用 getElementsByTagName()

```
<!DOCTYPE html>
<html>
<head>
    <title>To-Do List</title>
    <script>
        function countListItems() {
            var olElement = document.getElementById("toDoList");
            var listItems = olElement.getElementsByTagName("li");
            alert("The ordered list contains " + listItems.length + "
➥items");
        }
        window.onload = countListItems;
    </script>
</head>
<body>
    <h1>Things To Do</h1>
    <ol id="toDoList">
        <li>Mow the lawn</li>
        <li>Clean the windows</li>
        <li>Answer your email</li>
    </ol>
    <p id="toDoNotes">Make sure all these are completed by 8pm so you can
➥watch the game on TV!</p>
</body>
</html>
```

把这段代码保存为 HTML 文档，用浏览器加载，其结果与前面的图 11.3 一样。

> **NOTE** **说明**：另外一个获得元素集合的常用方法是：
>
> ```
> document.getElementsByClassName()
> ```
>
> 从这个方法的名称就可以看出，它返回的元素集合具有特定的 class 属性值。但是，IE 9 不支持这个方法。

▲

11.3 读取元素的属性

HTML 元素通常会具有一些属性，保存着相关的信息：

```
<div id="id1" title="report">Here is some text.</div>
```

属性通常被放置在标签的前半部分，其形式是“属性=值”。属性本身是所在元素的子节点，如图 11.4 所示。

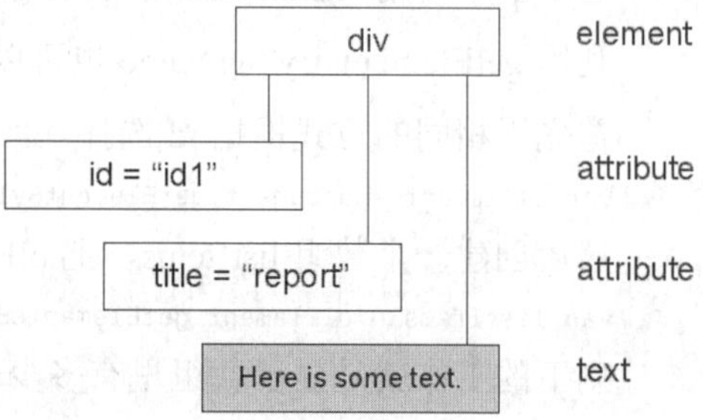

图 11.4 属性节点

在获得了目标元素之后，就可以利用 getAttribute()方法读取它的属性值：

```
var myNode = document.getElementById("id1");
alert(myNode.getAttribute("title"));
```

这两行代码会在 alert 对话框里显示“report”。如果尝试访问不存在的属性，getAttribute()会返回 null。利用这个特性可以检测属性节点是否存在：

```
if (myNode.getAttribute("title")){
    …执行操作…
}
```

由于 JavaScript 把 null 解释为相当于 false 的值，所以只有当 getAttribute()返回非 null 值时，才满足 if 语句的条件。

> **CAUTION** **注意**：还有一个 attributes 属性，以数组形式包含节点的全部属性。从理论上讲，按照属性在 HTML 代码里出现的次序就可以访问以“名称=值”形式表示的属性了，比如 attributes[0].name 应该就是 id，attributes[1].value 就是“report”。然而，这个属性在 IE 和某些版本的 Firefox 里是有问题的，所以使用 getAttribute()是更稳妥的方式。

11.4 Mozilla 的 DOM 查看器

查看节点信息的最简便方法之一是使用 Mozilla Firefox 的“DOM 查看器”。从 Firefox 3 开始，它就作为一个单独的插件可以下载和安装了（https://addons.mozilla.org/en-US/firefox/addon/dom-inspector-6622/）。

在 Firefox 里按 Ctrl+Shift+I 组合键就可以打开 DOM 查看器。图 11.5 就显示了程序清单

11.1 生成的 Web 页面的 DOM 结构。

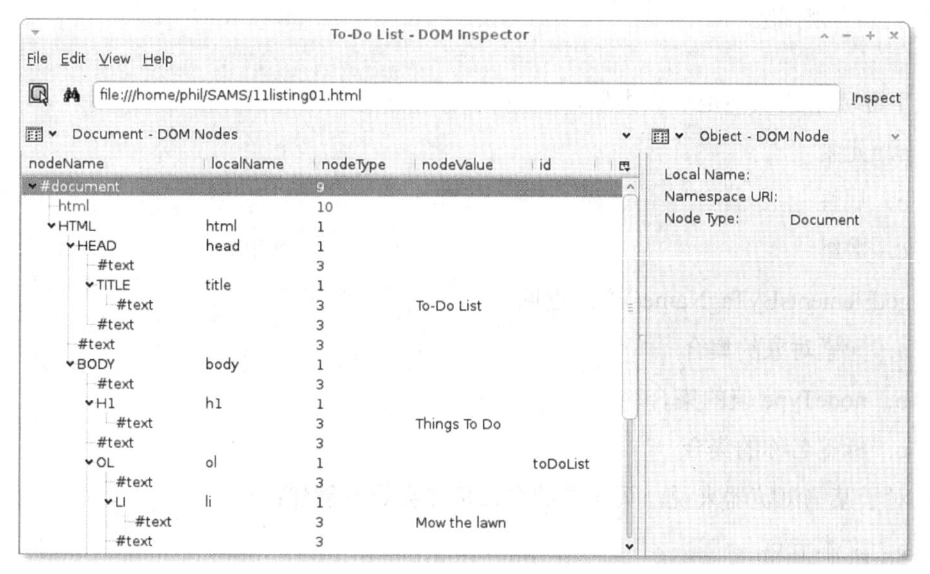

图 11.5 Mozilla 的 DOM 查看器

在左侧窗格里选择一个 DOM 节点，它的详细情况就会显示在右侧窗格中。除查看 DOM 树的工具外，还有其他一些工具用于查看 CSS 规则、层叠样式表、计算样式、JavaScript 对象等。

这些内容初次看上去有些令人费解，但的确值得深入研究一下。

11.5 小结

本章介绍了什么是节点，如何使用与节点相关的方法遍历 DOM，还介绍了使用 Mozilla 的 DOM 查看器了解页面的 DOM 结构。

11.6 问答

问：是否有简便的方法判断一个节点是否有子节点？

答：有，可以使用 hasChildNodes()方法。它返回一个布尔值，true 表示节点具有一个或多个子节点，false 表示没有。需要说明的是，属性节点和文本节点是不能有子节点的，所以 hasChildNodes()方法应用于它们时总会返回 false。

问：Mozilla 的 DOM 查看器是唯一的工具吗？

答：当然不是，几乎每种浏览器在开发者工具里都内置了 DOM 查看器，有些在第 6 章的内容里介绍过。当然，Mozilla 的 DOM 查看器以一种特别清晰的方式展示了 DOM 层次和每个节点的参数，所以本书特别提及了它。

11.7 作业

请先回答问题，再参考后面的答案。

11.7.1 测验

1. 下面哪个选项不是节点类型？
   a. 元素
   b. 属性
   c. 数组
2. getElementsByTagName()方法返回：
   a. 元素对象的集合
   b. nodeType 值的集合
   c. 标签名称的集合
3. 对于某些浏览器来说，页面里的空白可能会导致创建：
   a. 文本节点
   b. JavaScript 错误
   c. 属性节点

11.7.2 答案

1. 选 c。数组并不是什么节点类型。
2. 选 a。这个方法返回元素对象的集合。
3. 选 a。元素内部的空白通常会导致生成文本子节点。

11.8 练习

利用表 11.1 里的 nodeType 信息，编写一个函数，获取页面<body>区域的全部 HTML 注释，把它们组合成一个字符串。给程序清单 11.2 的代码里添加一些注释，然后测试一下新函数的功能。

如果在使用 Firefox，请下载并安装 DOM 查看器，熟悉它的界面，并利用它查看一些常用的 Web 页面。

第 12 章

使用脚本操作 DOM

本章主要内容包括：

- 如何创建新元素
- 如何添加、编辑、删除子节点
- 动态加载 JavaScript 文件
- 编辑元素属性

前一章介绍了如何遍历 DOM 树选择特定节点（或节点集合），如何查看它们的属性。

我们不仅可以从 DOM 读取信息，还可以利用 DOM 的方法改变页面。只要改变了文档相应的 DOM，也就改变了文档在浏览器窗口里的表现。

本章将介绍如何创建新元素，如何在 DOM 树里添加、编辑和删除子节点，以及如何编辑元素的属性。

12.1 创建节点

给 DOM 树添加新节点需要两个步骤。

首先是创建一个新节点。节点创建之后是处于某种“不确定状态”，它的确存在，但不属于 DOM 树的任何位置，也就不会出现在浏览器窗口里。

接下来把节点添加到 DOM 树的指定位置，它就成为页面的组成部分了。

> ***TIP*** **提示：**在使用本章介绍的方法修改 DOM 时，也就修改了页面在浏览器里的显示。但要记住的是，这样并不会修改文档本身。如果让浏览器显示页面的源代码，就会发现没有任何的改变。
>
> 这是因为浏览器显示的是文档当前的 DOM 表现，修改 DOM 只是修改屏幕上的显示。

下面来介绍 document 对象用于创建节点的一些方法。

12.1.1 createElement()

createElement()方法可以新建任何类型的标准 HTML 元素，比如段落、区间、表格、列表等。

假设我们要新建一个<div>元素，为此，只需要把相关的节点名称（也就是“div”）传递给 createElement 方法：

```
var newDiv = document.createElement("div");
```

新的<div>元素就存在了，但目前还没有内容，没有属性，在 DOM 树里也没有位置。稍后就会介绍如何解决这些问题。

12.1.2 createTextNode()

页面里有很多 HTML 元素需要文本形式的内容，这就需要使用 createTextNode()方法。它的工作方式类似于 createElement()，但它的参数不是 nodeName，而是元素需要的文本内容：

```
var newTextNode = document.createTextNode("Here is some text content.");
```

与 createElement()的结果一样，新建节点还没有放置到 DOM 树。

12.1.3 cloneNode()

重复劳动是最没有意义的，如果文档中已有的节点与需要新建的节点很相像，就可以使用 cloneNode()来新建节点。

这个方法以一个布尔值作为参数。当参数为 true 时，表示不仅要复制节点，还要复制它的全部子节点：

```
var myDiv = document.getElementById("id1");
var newDiv = myDiv.cloneNode(true);
```

上述代码让 JavaScript 复制了元素及其子节点，这样 myDiv 里的文本（保存在元素的文本子节点里）就会完整地复制到新的<div>元素。

如果是下面这样的代码：

```
var newDiv = myDiv.cloneNode(false);
```

新建的<div>元素与原始元素相同，但是没有子节点。它会具有一样的属性（当然，前提是原始节点的类型是元素节点）。

这个方法创建的节点也是没有放置到 DOM 树的。

接下来就介绍如何把新建节点添加到 DOM 树。

12.2 操作子节点

前面新建的节点不在 DOM 树的任何位置，因此并没有什么实际意义。document 对象具有一些特定的方法，专门用于在 DOM 树里放置节点。

12.2.1 appendChild()

把新节点添加到 DOM 树的最简单方法也许就是把它作为现有节点的一个子节点。这只需要获取父节点，然后调用 appendChild()方法：

```
var newText = document.createTextNode("Here is some text content.");
var myDiv = document.getElementById("id1");
myDiv.appendChild(newText);
```

这段代码新建一个文本节点，并且把它添加为现有<div>元素（id 为 id1）的子节点。

> **提示**：appendChild()方法总是在现有最后一个子节点之后添加子节点，所以新添加的节点会成为父节点的 lastChild。

TIP

appendChild()方法不仅可以用于文本节点，而是可以用于各种类型的节点。比如可以在父<div>元素里新添一个<div>元素：

```
var newDiv = document.createElement("div");
var myDiv = document.getElementById("id1");
myDiv.appendChild(newDiv);
```

上述代码执行后，现有<div>元素就包含了一个<div>元素作为其子节点。如果父<div>元素已经具有文本子节点形式的文本内容，那么它的形式会是这样的（在修改过后的 DOM 里，而不是在源代码里）：

```
<div id="id1">
    包含在文本节点里的原始内容
    <div></div>
</div>
```

12.2.2 insertBefore()

appendChild()总是把新的子节点添加到子节点列表的末尾，而 insertBefore()方法可以指定一个子节点，然后把新节点插入到它前面。

这个方法有两个参数：要插入的新节点、指示插入位置的节点（插入到这个节点前面）。假设页面包含如下 HTML 代码：

```
<div id="id1">
    <p id="para1">This paragraph contains some text.</p>
    <p id="para2">Here's some more text.</p>
</div>
```

如果要在现有两个段落之间插入一个新段落，首先要新建一个段落：

```
var newPara = document.createElement("p");
```

获取父节点及子节点，新节点将插入到这个子节点之前：

```
var myDiv = document.getElementById("id1");
var para2 = document.getElementById("para2");
```

然后把两个参数传递给 insertBefore()方法：

```
myDiv.insertBefore(newPara, para2);
```

12.2.3 replaceChild()

replaceChild()方法可以把父元素现有的一个子节点替换为另一个节点。它有两个参数，一个是新的子节点，一个是现有子节点。

实践

替换子节点

查看程序清单 12.1 的代码。

程序清单 12.1 替换子节点

```
<!DOCTYPE html>
<html>
<head>
    <title>Replace Page Element</title>
</head>
<body>
    <div id="id1">
        <p id="para1">Welcome to my web page.</p>
        <p id="para2">Please take a look around.</p>
        <input id="btn" value="Replace Element" type="button" />
    </div>
</body>
</html>
```

现在我们利用 DOM 把<div>里的第一段替换为<h2>标题，如下所示：

```
<h2>Welcome!</h2>
```

首先创建代表<h2>标题的新节点：

```
var newH2 = document.createElement("h2");
```

这个新的元素节点需要一个文本子节点来保存标题文本。既可以现在就创建并添加这个文本节点，也可以在把<h2>元素添加到 DOM 之后再进行。我们选择现在就做：

```
var newH2Text = document.createTextNode("Welcome!");
newH2.appendChild(newH2Text);
```

接下来就用新节点替换不需要的子节点：

```
var myDiv = document.getElementById("id1");
var oldP = document.getElementById("para1");
myDiv.replaceChild(newH2, oldP);
```

最后，给按钮元素添加一个 onClick 事件处理器，从而在点击按钮时运行函数实现节点替换。

```
window.onload = function() {
    document.getElementById("btn").onclick = replaceHeading;
}
```

程序清单 12.2 展示了添加 JavaScript 代码后的页面文件。

程序清单 12.2 替换子节点的完整代码

```
<!DOCTYPE html>
<html>
<head>
    <title>Replace Page Element</title>
    <script>
```

```
        function replaceHeading() {
            var newH2 = document.createElement("h2");
            var newH2Text = document.createTextNode("Welcome!");
            newH2.appendChild(newH2Text);
            var myDiv = document.getElementById("id1");
            var oldP = document.getElementById("para1");
            myDiv.replaceChild(newH2, oldP);
        }
        window.onload = function() {
            document.getElementById("btn").onclick = replaceHeading;
        }
    </script>
</head>
<body>
    <div id="id1">
        <p id="para1">Welcome to my web page.</p>
        <p id="para2">Please take a look around.</p>
        <input id="btn" value="Replace Element" type="button" />
    </div>
</body>
</html>
```

新建一个 HTML 文档，输入程序清单 12.2 的代码，在浏览器里加载页面，就会看到两行文本和一个按钮。如果一切运行正常，点击按钮就会把第一个<p>元素替换为<h2>标题，如图 12.1 所示。

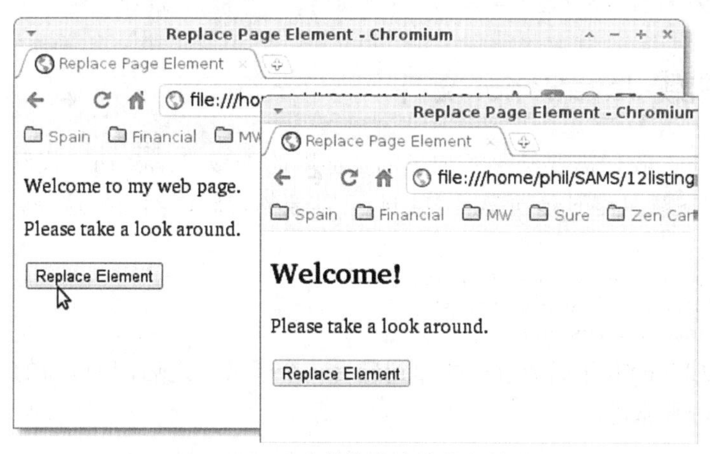

图 12.1　元素替换脚本的执行结果

▲

12.2.4　removeChild()

removeChild()方法专门用于从 DOM 树里删除子节点。

仍然以程序清单 12.1 为例，如果想删除 id 为 para2 的<p>元素，只需要这样做：

```
var myDiv = document.getElementById("id1");
var myPara = document.getElementById("para2");
myDiv.removeChild(myPara);
```

TIP **提示**：如果不方便引用父元素，可以利用元素的parentNode属性：

```
myPara.paraentNode.removeChild(myPara);
```

removeChild()方法的返回值是对删除节点的一个引用，在需要时，可以利用它对删除的节点实现进一步操作：

```
var removedItem = myDiv.removeChild(myPara);
alert('Item with id ' + removedItem.getAttribute("id") + ' has been
➥removed.');
```

12.3 编辑元素属性

前一章介绍过使用 getAttribute()方法读取元素属性。还有一个相应的 setAttribute()方法可以给元素节点创建属性并赋值。它有两个参数，一个是要添加的属性，另一个是属性值。

下面的代码给<p>元素添加title属性，给它赋值“Opening paragraph”：

```
var myPara = document.getElementById("para1");
myPara.setAttribute("title", "Opening paragraph");
```

设置现有属性的值就会改变该属性的值。

```
var myPara=document.getElementById("para1");
myPara.setAttribute("title","Opening paragraph");  //设置title属性
myPara.setAttribute("title","New title");   //覆盖title属性
```

12.4 动态加载JavaScript文件

在有些情况下，我们需要给已经加载的页面随时加载 JavaScript 代码，为此可以利用createElement()动态新建<script>元素，其中包含需要的代码，然后把这个元素添加到页面的DOM。

```
var scr = document.createElement("script");
scr.setAttribute("src", "newScript.js");
document.head.appendChild(scr);
```

由于appendChild()方法把新节点添加到最后一个子节点之后，所以新的<script>元素会位于页面<head>部分的末尾。

如果以这种方式动态加载 JavaScript 源文件，在文件完成加载之前，页面不能使用其中包含的代码。

在使用这些额外代码之前，最好先进行检测。

几乎全部现代浏览器在脚本完成下载之后都会触发一个onload事件，它与window.onload事件的工作方式类似，只不过后者是在页面完成加载时触发，而前者是在外部资源（本例是JavaScript源文件）完整下载并可以使用时触发：

```
scr.onload=function(){
    …新代码加载完成之后要执行的操作…
}
```

注意：IE 8才开始支持脚本元素的onload事件，以前版本的IE不支持。为了保险起见，应先进行对象检测。 CAUTION

实践

动态创建的菜单

利用本章及前面介绍的知识，我们来创建一个动态页面菜单。

范例中 HTML 页面有一个顶端<h1>标题，之后是一系列短文，每篇短文由一个<h2>标题和一些文本段落组成。这种形式在博客、新闻页面、RSS 阅读器等上面是很常见的。

我们要利用 DOM 方法在页面<head>部分自动生成一个菜单，包含指向页面上任意一篇短文的链接。相应的 HTML 文件如程序清单 12.3 所示。实际上可以使用任意的内容和标题，只要每个区间的标题包含在<h2>元素里即可。

程序清单 12.3　动态创建菜单范例的 HTML 文件

```
<!DOCTYPE html>
<html>
<head>
    <meta charset="utf-8" />
    <title>Scripting the DOM</title>
    <script src="menu.js"></script>
    <script>window.onload = makeMenu;</script>
</head>
<body>
    <h1>The Extremadura Region of Western Spain</h1>
    <h2>Geography Of The Region</h2>
    <p>The autonomous community of Extremadura is in western Spain
alongside the Portuguese border. It borders the Spanish regions of
Castilla y Leon, Castilla La Mancha and Andalucía as well as Portugal (to
the West). Covering over 40,000 square kilometers it has two provinces:
Cáceres in the North and Badajoz in the South.</p>
    <h2>Where To Stay</h2>
    <p>There is a wide range of accommodation throughout Extremadura
including small inns and guest houses ('Hostals') or think about renting
a 'casa rural' (country house) if you are traveling in a group.</p>
    <h2>Climate</h2>
    <p>Generally Mediterranean, except for the north, where it is
continental. Generally known for its extremes, including very hot and dry
summers with frequent droughts, and its long and mild winters.</p>
    <h2>What To See</h2>
    <p>Extremadura hosts major events all year round including theater,
music, cinema, literature and folklore. Spectacular venues include
castles, medieval town squares and historic centers. There are special
summer theater festivals in the Mérida, Cáceres, Alcántara and
Alburquerque.</p>
    <h2>Gastronomy</h2>
    <p>The quality of Extremaduran food arises from the fine quality of
the local ingredients. In addition to free-range lamb and beef, fabulous
cheeses, red and white wines, olive oil, honey and paprika, Extremadura
is particularly renowned for Iberian ham. The 'pata negra' (blackfoot)
pigs are fed on acorns in the cork-oak forests, the key to producing the
world's best ham and cured sausages. .</p>
</body>
</html>
```

这个页面如图 12.2 所示。

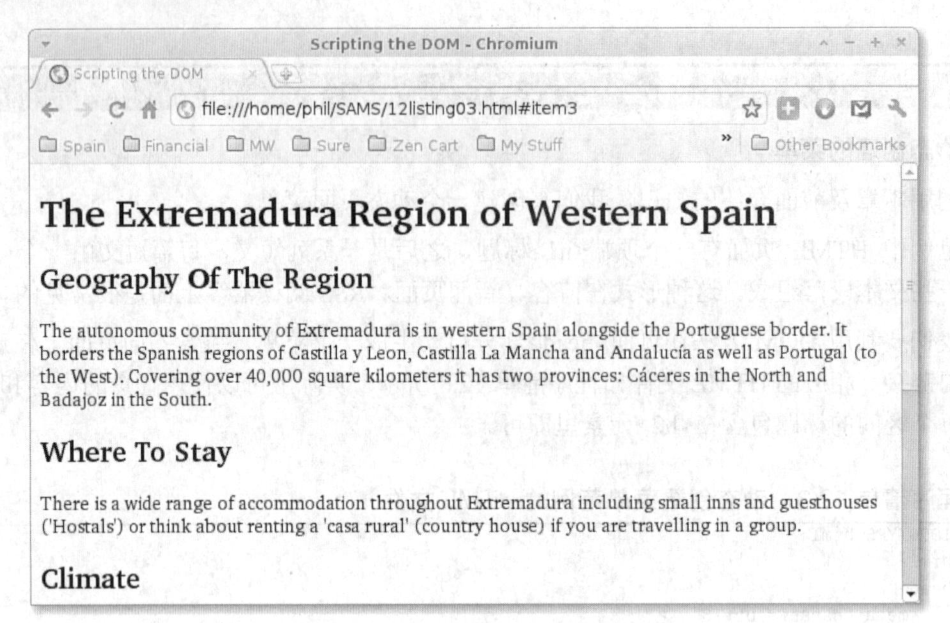

图 12.2 准备创建动态菜单的页面

为了创建动态菜单，首先要获得包含全部<h2>元素的集合。它们将作为菜单里的项目，再链接到每个相应<h2>元素旁边的 anchor 元素。

菜单里的链接采用无序列表形式（<ul>元素），它会被放到页面<head>部分的一个<div>容器里。

首先，获得<h2>元素的集合：

```
var h2s = document.getElementsByTagName("h2");
```

接着创建<div>容器来放置菜单，其中的<ul>元素用于保存菜单项：

```
var menu = document.createElement("div");
var menuUl = document.createElement("ul");
menu.appendChild(menuUl);
```

然后是遍历<h2>标题的集合：

```
for(var i = 0; i < h2s.length; i++) {
    ...对每个标题的操作...
}
```

对于从文档中找到的每个标题，需要执行这样一些操作：

➢ 获取标题文本子节点的内容：

```
var itemText = h2s[i].childNodes[0].nodeValue;
```

➢ 为菜单新建一个列表项<li>：

```
var menuLi = document.createElement("li");
```

➢ 把这个<li>元素添加到菜单：

```
menuUl.appendChild(menuLi);
```

➢ 每个列表项必须包含一个链接，指向相应标题旁边的锚点：

```
var menuLiA = document.createElement("a");
menuLiA = menuLi.appendChild(menuLiA);
```

➢ 给链接设置适当的 href（注意在遍历数组的过程中，变量 *i* 的值是不断增加的），这些链接的形式是：

```
<a href="#itemX">[Title Text]</a>
```

其中的 X 是菜单项的索引值：

```
menuLiA.setAttribute("href", "#item" + i);
```

- 在每个<h2>标题之前创建一个相应的锚点元素，其形式是：

```
<a name="itemX">
```

然后需要添加名称属性，并且把链接指向相应标题的前方：

```
var anc = document.createElement("a");
anc.setAttribute("name", "item" + i);
document.body.insertBefore(anc, h2s[i]);
```

在对每个<h2>标题都完成了上述操作之后，就可以把新菜单添加到页面了：

```
document.body.insertBefore(menu, document.body.firstChild);
```

程序清单 12.4 展示了 JavaScript 文件 menu.js 的内容。前面介绍的代码构成了函数 makeMenu()，它会在 window.onload 事件处理器里被调用，在页面加载完成、DOM 可用时就会建立菜单。

程序清单 12.4 menu.js 的 JavaScript 代码

```
function makeMenu() {
    // get all the H2 heading elements
    var h2s = document.getElementsByTagName("h2");
    // create a new page element for the menu
    var menu = document.createElement("div");
    // create a UL element and append to the menu div
    var menuUl = document.createElement("ul");
    menu.appendChild(menuUl);
    // cycle through h2 headings
    for(var i = 0; i < h2s.length; i++) {
        // get text node of h2 element
        var itemText = h2s[i].childNodes[0].nodeValue;
        // add a list item
        var menuLi = document.createElement("li");
        // add it to the menu list
        menuUl.appendChild(menuLi);
        // the list item contains a link
        var menuLiA = document.createElement("a");
        menuLiA = menuLi.appendChild(menuLiA);
        // set the href of the link
        menuLiA.setAttribute("href", "#item" + i);
        // set the text of the link
        var menuText = document.createTextNode(itemText);
        menuLiA.appendChild(menuText);
        // create matching anchor element
        var anc = document.createElement("a");
        anc.setAttribute("name", "item" + i);
        // add anchor before the heading
        document.body.insertBefore(anc, h2s[i]);
    }
    // add menu to the top of the page
    document.body.insertBefore(menu, document.body.firstChild);
}
window.onload = makeMenu;
```

图 12.3 展示了脚本运行的结果。

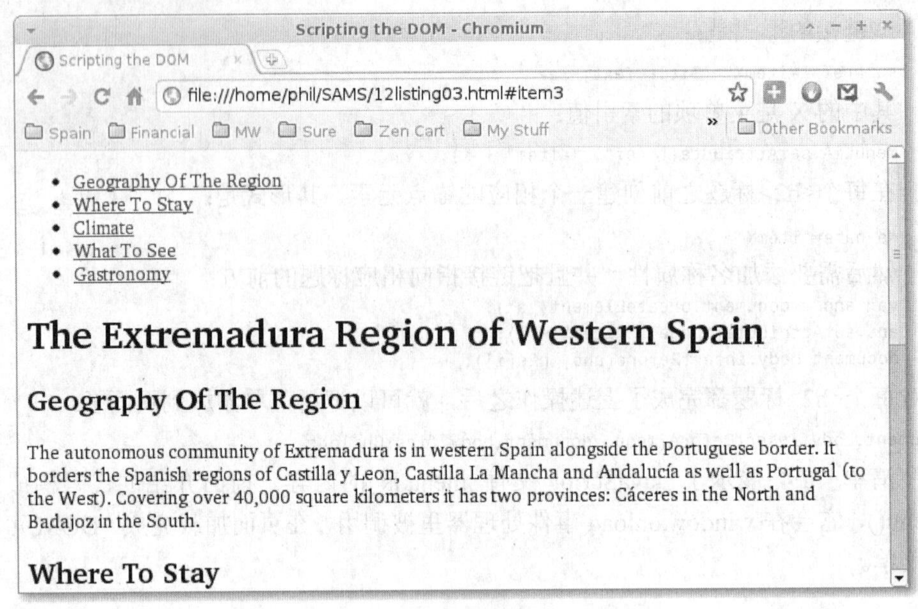

图 12.3 自动菜单脚本的运行结果

利用浏览器的 DOM 查看器可以看到页面里添加的 DOM 元素构成了菜单和锚点。图 12.4 展示了 Google Chromium 的开发者工具，其中突出显示了添加的元素。

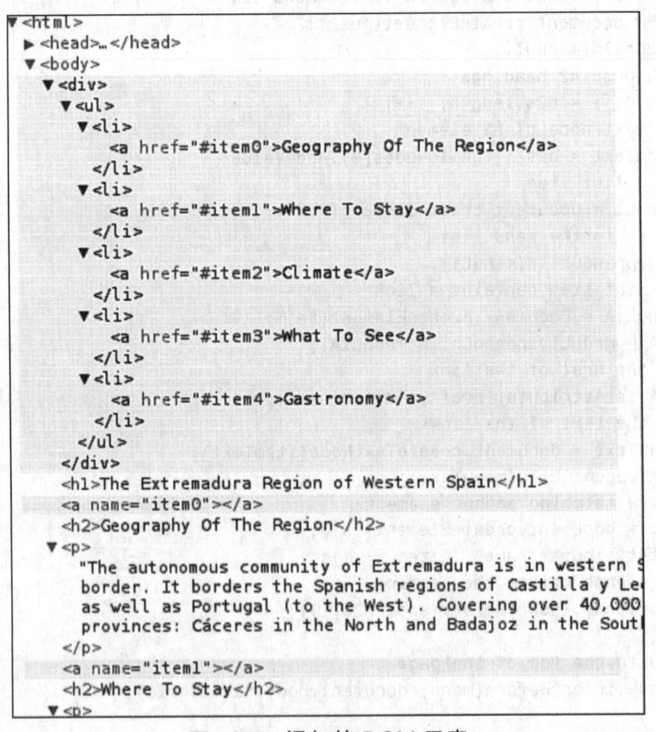

图 12.4 添加的 DOM 元素

12.5 小结

本章介绍了如何新建节点并添加到 DOM，还介绍了如何添加、编辑和删除 DOM 节点来动态修改页面内容。

12.6 问答

问：在需要插入和获取 HTML 时，使用 DOM 是否比 innerHTML 更好呢？

答：每种方法都有其优点和缺点。在向文档插入 HTML 代码时，使用 innerHTML 是更方便快捷的方法，但它不会返回对插入内容的引用，所以不便对这部分内容继续进行操作。与之相比，DOM 方法对所操作的页面元素有更精细的控制。

在任何能够使用 innerHTML 的地方，都可以使用 DOM 方法得到相同的结果，但通常需要更多的编码。

另外需要注意的是，innerHTML 不是 W3C 标准，虽然它目前得到了不错的支持，但不能保证将来也是这样。

问：我在 Web 上看到关于 DOM Core 和 HTML DOM 的介绍，它们是什么？有什么区别？

答：DOM Core 描述了 DOM 方法的核心基础部分，这些方法不仅能够适用于 HTML 页面，还适用于其他标签语言（比如 XML）构成的页面。HTML DOM 包含更多只适用于 HTML 页面的方法，这些方法的确提供了完成某些任务的简便方法，但牺牲了代码对于非 HTML 应用的可移植性。

本书的范例一般使用 DOM Core 标准的方法，比如程序清单 12.4 里这样的语句：

```
menuLiA.setAttribute("href", "#item" + i);
```

如果使用 HTML DOM 标准的语句，可以写成更简短的方式：

```
menuLiA.href = "#item" + i;
```

12.7 作业

请先回答问题，再参考后面的答案。

12.7.1 测验

1．为了新建<span>元素，应该使用：

a．document.createElement("span");

b．document.createElement(span);

c．document.appendChild("span");

2．为了复制节点时包含其所有的子节点，应该使用：

a．cloneNode(false);

b．copyNode();

c．cloneNode(true);

3．为了把<ima>元素的alt属性设置为“Company Logo”，应该使用：

a．setAttribute(alt, "Company Logo");

b．setAttribute("alt", "Company Logo");

c．setAttribute(alt="Company Logo");

12.7.2 答案

1．选a。

2．选c。

3．选b。

12.8 练习

本章介绍了insertBefore()方法，是不是有人会觉得相应地应该有insertAfter()方法呢？但事实上的确没有这个方法。可以尝试编写一个insertAfter()方法，使用与insertBefore()类似的参数，也就是一个插入节点，一个目标节点。（提示：使用insertBefore()方法和nextSibling属性。）

在使用程序清单12.4生成的菜单时，点击其中一个菜单项，页面就会跳转到相应的内容，但为了返回菜单，需要用户自己手工滚动页面。

尝试修改代码，在每个<h2>元素之前添加“回到顶部”的链接。（提示：不需要添加新链接，只需要给每个锚点添加一个href和一些链接文本。）

第 13 章

JavaScript 和 CSS

本章主要内容包括：

- 内容与样式分离
- DOM 的 style 属性
- 获取样式
- 设置样式
- 利用 className 访问类
- DOM 的 style Sheets 对象
- 在 JavaScript 里启用、禁用和切换样式表
- 改变鼠标指针

早期的互联网页面都是文本内容，同期的浏览器对于图形效果的支持也很原始，有些甚至根本不支持图形。当时所谓的设置页面样式就是使用少量与样式相关的属性和标签。

浏览器对“层叠样式表”（CSS）的支持大大改变了这种情况，它实现了页面样式与 HTML 标签的分离。

前面的章节介绍了如何利用 JavaScript 的 DOM 方法编辑页面的结构。不仅如此，JavaScript 还可以访问和修改当前页面的 CSS 样式。

13.1 CSS 简介

对于要学习 JavaScript 编程的人来说，很可能已经熟悉 CSS 了，在此我们只是简单回顾一下基本知识。

13.1.1 从内容分离样式

在 CSS 出现之前，HTML 页面的大多数样式是由 HTML 标签及其属性实现的。比如，为了设置一段文本的前景颜色，会使用类似这样的代码：

```
<p><font color="red">This text is in red!</font></p>
```

这种方式有不少问题：

- 页面里每段想设置为红色的文本都需要使用这些额外的标签。
- 建立的样式不能用于其他页面，其他页面还需要使用额外的 HTML。
- 如果想修改页面的样式，需要编辑每个页面，审查 HTML 代码，逐个修改所有与样式相关的标签与属性。
- 由于这些额外的标签，HTML 变得难以阅读与维护。

CSS 致力于把 HTML 的样式与其标签功能分离，方法是定义单独的“样式声明”，然后把它们应用于 HTML 元素或元素的集合。

CSS 可以设置页面元素可视属性的样式（比如颜色、字体和大小）以及与格式有关的属性（比如位置、页边距、填充和对齐）。

样式与内容分离会带来这样一些好处：

- 样式声明可以应用于多个元素甚至是多个页面（使用外部样式表）。
- 修改样式声明就可以影响全部相关的 HTML 元素，使更新站点样式更加准确、迅速和高效。
- 共用样式能够提高站点的样式一致性。
- HTML 标签更加清晰、易读和维护。

13.1.2 CSS 样式声明

CSS 样式声明的语法与 JavaScript 函数可不太一样。假设我们要给页面里全部段落元素声明一个样式，设置段落里的字体颜色是红色：

```
p {
   color: red
}
```

对于指定元素或元素集合可以应用多个样式规则，这些规则之间以分号（;）分隔：

```
p {
    color: red;
    text-decoration: italic
}
```

由于使用了选择符 p，前面这个样式声明会影响页面上每个段落元素。如果想选择某个特定页面元素，可以利用它的 id。在这种情况下，CSS 样式声明的选择符就不是 HTML 元素的名称了，而是元素的 id 前面添加一个“#”，举例来说：

```
<p id="para1">Here is some text.</p>
```

可以被如下的样式声明设置样式：

```
#para1 {
    font-weight: bold;
    font-size: 12pt;
    color: black;
}
```

如果想让多种页面元素共享同一个样式声明，只需要用逗号分隔多个选择符。比如下面这样的样式声明会影响页面里全部 div 元素和 id 为 para1 的元素：

```
div, #para1 {
    color: yellow;
    background-color: black;
}
```

另外，我们还可以按照 class 属性对元素归类，在类名称前面添加一个句点作为选择符：

```
<p class="info">Welcome to my website.</p>
<span class="info">Please log in or register using the form below.</span>
```

用下面这样的声明就可以设置上面两个元素的样式：

```
.info {
    font-family: arial, verdana, sans-serif;
    color: green;
}
```

13.1.3 在哪里保存样式声明

与 JavaScript 语句类似，CSS 样式声明可以出现在页面里，也可以保存到外部文件并从 HTML 页面里引用。

为了引用外部的样式表，通常做法是在页面<head>部分添加这样一行：

```
<link rel="stylesheet" type="text/css" href="style.css" />
```

另外，可以把样式声明直接放到页面<head>部分，用一对<sytle>和</style>标签包围：

```
<style>
    p {
        color: black;
        font-family: tahoma
    }
    h1 {
        color: blue;
        font-size: 22pt
    }
</style>
```

最后要说明的是，利用 style 属性可以把样式声明直接添加到 HTML 元素：

```
<p style="color:red; font-size: 12px;">Please see our terms of
➥service.</p>
```

> **提示**：用外部文件定义的样式表可以方便地应用于不同的页面，而在页面内部定义的样式表就没有这种便捷性了。 **TIP**

13.2 DOM 的 style 属性

HTML 页面在浏览器里以 DOM 树的形式表现，组成 DOM 树的分支与末端被称为节点。它们都是一个个对象，都具有自己的属性和方法。

有多种方法可以选择单个的 DOM 节点或节点集合，比如 document.getElementById()。

每个 DOM 节点都有一个 style 属性，这个属性本身也是个对象，包含了应用于节点的CSS样式信息。下面我们来举例说明。

```
<div id="id1" style="width:200px;">Welcome back to my site.</div>
<script>
    var myNode = document.getElementById("id1");
    alert(myNode.style.width);
</script>
```

这段代码会显示消息“200px”。

坏消息是，虽然这种方式在用于内联样式时很正常，但如果是在页面<head>部分里使用<style>元素，或是使用外部样式表来设置页面元素的样式，DOM的style对象就不能访问它们了。

然而DOM的style对象不是只读的，我们可以利用style对象设置style属性。以这种方式设置的属性会被DOM的style对象返回。

NOTE **说明：**CSS的很多属性名称包含连字符，比如background-color、font-size、text-align等。但JavaScript不允许在属性或方法名称里使用连字符，因此需要调整这些名称的书写方式。方法是删除其中的连字符，并且把连字符后面的字母大写，于是font-size变成fontSize，text-align变成textAlign，以此类推。

实践

设置style属性

现在来编写一个函数，使用DOM的style对象让页面的背景颜色和字体颜色在两个值之间切换。

```
function toggle() {
    var myElement = document.getElementById("id1");
    if(myElement.style.backgroundColor == 'red') {
        myElement.style.backgroundColor = 'yellow';
        myElement.style.color = 'black';
    } else {
        myElement.style.backgroundColor = 'red';
        myElement.style.color = 'white';
    }
}
```

这个函数首先读取页面元素当前的CSS属性background Color，把这个颜色与红色（red）进行比较。

如果属性background Color的当前值是red，就设置元素的style属性，以黄底白字形式显示文本；否则，就以红底白字显示文本。

我们利用这个函数切换 HTML 文档里一个<span>元素的颜色，完整的代码如程序清单13.1所示。

程序清单 13.1　使用 DOM 的 style 对象设置样式

```
<!DOCTYPE html>
<html>
<head>
    <title>Setting the style of page elements</title>
    <style>
        span {
            font-size: 16pt;
```

```
            font-family: arial, helvetica, sans-serif;
            padding: 20px;
        }
    </style>
    <script>
        function toggle() {
            var myElement = document.getElementById("id1");
            if(myElement.style.backgroundColor == 'red') {
                myElement.style.backgroundColor = 'yellow';
                myElement.style.color = 'black';
            } else {
                myElement.style.backgroundColor = 'red';
                myElement.style.color = 'white';
            }
        }
        window.onload = function() {
            document.getElementById("btn1").onclick = toggle;
        }
    </script>
</head>
<body>
    <span id="id1">Welcome back to my site.</span>
    <input type="button" id="btn1" value="Toggle" />
</body>
</html>
```

在编辑软件里创建上述 HTML 文件，加载到浏览器观察运行的效果。

当页面最初载入时，文本是默认的黑色，没有背景色。这是因为这些样式既不是以内联方式在页面 head 部分以<style>指令设置，也不是通过 DOM 设置的。

当用户点击按钮之后，toggle()函数查看<span>元素的当前背景颜色。因为此时的背景色不是红色，所以函数把背景设置为红色，把文本设置为白色。

再次点击按钮，这时就满足背景为红色的判断条件了，就会把颜色设置为黄底黑字。

```
if(myElement.style.backgroundColor == 'red')
```

图 13.1 展示了程序运行的效果。

图 13.1　在 JavaScript 里设置 style 属性

▲

13.3 使用className访问类

本章前面介绍了样式与内容分离的好处，而像前面这个练习使用JavaScript编辑style对象的属性，却可能影响样式与内容分离。如果JavaScript代码经常修改元素的样式声明，就会导致页面的样式不完全由CSS控制了。在这种情况下，如果需要修改JavaScript应用的样式，就必须编辑涉及的全部JavaScript函数。

好在我们可以让JavaScript调整页面样式时并不覆盖相应的样式声明。利用元素的className属性，我们就可以通过修改class属性的值来调整应用于元素的样式。具体方法如程序清单13.2所示。

程序清单13.2 使用className改变类

```
<!DOCTYPE html>
<html>
<head>
    <title>Switching classes with JavaScript</title>
    <style>
        .classA {
            width: 180px;
            border: 3px solid black;
            background-color: white;
            color: red;
            font:  normal 24px arial, helvetica, sans-serif;
            padding: 20px;
        }
        .classB {
            width: 180px;
            border: 3px dotted white;
            background-color: black;
            color: yellow;
            font: italic bold 24px "Times New Roman", serif;
            padding: 20px;
        }
    </style>
    <script>
        function toggleClass() {
            var myElement = document.getElementById("id1");
            if(myElement.className == "classA") {
                myElement.className = "classB";
            } else {
                myElement.className = "classA";
            }
        }
        window.onload = function() {
            document.getElementById("btn1").onclick = toggleClass;
        }
    </script>

</head>
<body>
    <div id="id1" class="classA"> An element with a touch of class.</div>
    <input type="button" id="btn1" value="Toggle" />
</body>
</html>
```

在这段代码里，页面<head>部分的<style>元素声明了两个类：classA 和 classB。函数 toggleClass()的逻辑与程序清单 13.1 里的 toggle()类似，只是它不操作元素的 style 对象，而是获取<div>元素的类名称，把它的值设置为 classA 或 classB。

图 13.2 展示了脚本运行的结果。

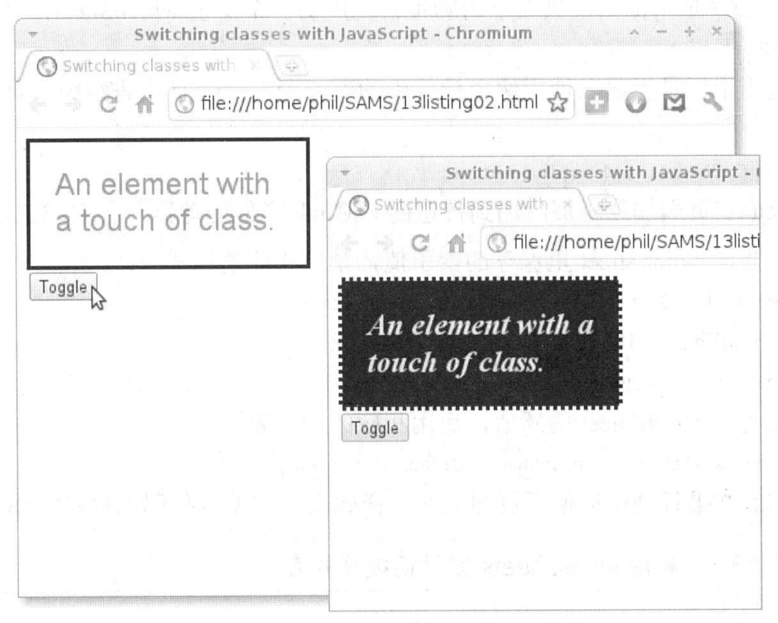

图 13.2 在 JavaScript 里切换不同的类

NOTE

说明： 除了使用 className 属性外，还可以把元素的 class 属性设置为 classA：

```
element.setAttribute("class","classA");
```

但是，很多版本的 IE 在设置 class 属性时可能会出错，而使用 className 就一切正常。所以说

```
element.className="classA";
```

是可以用于任何浏览器的。

13.4 DOM 的 styleSheets 对象

document 对象的 styleSheets 属性是一个数组，包含了页面上全部样式表（无论样式表是链接到页面的外部样式，还是在页面<head>部分里用<style>和</style>声明的样式）。这个数组里的项目以数值索引，第一个出现的样式表索引为 0。

TIP

提示： styleSheets.length 属性反映了页面上全部样式表的数量。

启用、禁用和切换样式表

数组里的每个样式表都有一个属性 disabled，其值为布尔值 true 或 false。它是可读写的，

可以在 JavaScript 里方便地启用或禁用某个样式表。

```
document.styleSheets[0].disabled = true;
document.styleSheets[1].disabled = false;
```

上面这两行代码“启用”页面里的第二个样式表（索引值为 1），“禁用”第一个样式表（索引值为 0）。

程序清单 13.3 是个范例，页面里的脚本首先声明一个变量 whichSheet，初始值为 0：

```
var whichSheet = 0;
```

这个变量用于记录当前在使用两个样式中的哪一个。下一行代码禁用了页面上第二个样式表：

```
document.styleSheets[1].disabled = true;
```

函数 sheet()在页面加载时被附加到按钮的 onClick 事件处理器，它完成三项任务：

➢ 根据变量 whichSheet 里保存的索引值，禁用相应的样式表：

```
document.styleSheets[whichSheet].disabled = true;
```

➢ 把 whichSheet 的值在 0 和 1 之间切换：

```
whichSheet = (whichSheet == 1) ? 0 : 1;
```

➢ 根据变量 whichSheet 的新值，启用相应的样式表：

```
document.styleSheets[whichSheet].disabled = false;
```

上述操作的结果就是切换使用页面的两个样式表。完整的代码如程序清单 13.3 所示。

程序清单 13.3 利用 styleSheets 属性切换样式表

```
<!DOCTYPE html>
<html>
<head>
    <title>Switching Stylesheets with JavaScript</title>
    <style>
        body {
            background-color: white;
            color: red;
            font: normal 24px arial, helvetica, sans-serif;
            padding: 20px;
        }
    </style>
    <style>
        body {
            background-color: black;
            color: yellow;
            font: italic bold 24px "Times New Roman", serif;
            padding: 20px;
        }
    </style>
    <script>
        var whichSheet = 0;
        document.styleSheets[1].disabled = true;
        function sheet() {
            document.styleSheets[whichSheet].disabled = true;
            whichSheet = (whichSheet == 1) ? 0 : 1;
            document.styleSheets[whichSheet].disabled = false;
        }
        window.onload = function() {
            document.getElementById("btn1").onclick = sheet;
        }
    </script>
```

```
</head>
<body>
    Switch my stylesheet with the button below!<br />
    <input type="button" id="btn1" value="Toggle" />
</body>
</html>
```

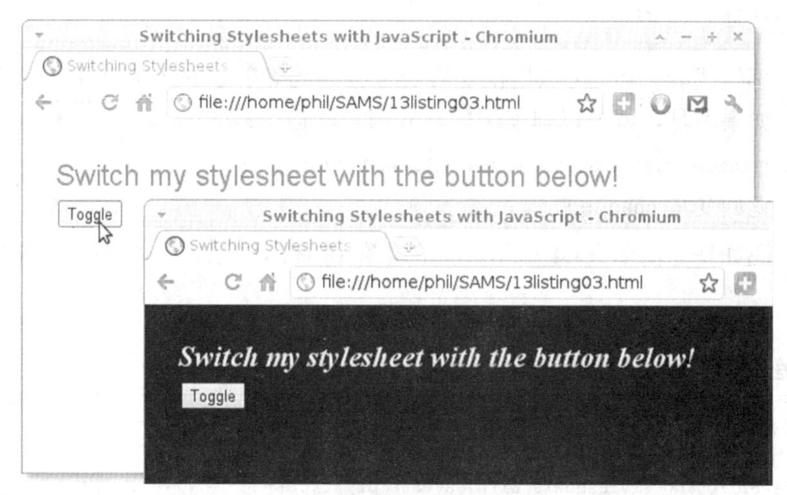

图 13.3 利用 styleSheets 属性切换样式表

实践

选择特定样式表

虽然样式表具有数值索引，但并不便于进行选择。如果给样式表设置标题，并且编写一个函数，根据 title 属性进行选择，就会容易的多。

如果调用的样式表不存在，我们希望函数以适当的方式进行响应，比如保持正在使用的样式表，并且返回提示信息。

首先，声明几个变量并且初始化：

```
var change = false;
var oldSheet = 0;
```

布尔类型变量 change 的值表示是否找到了指定名称的样式表。如果找到了，就把它的值设置为 true，表示要改变样式了。

整型变量 oldSheet 的初始值为 0，用于保存当前启用的样式表数量。

然后用一个循环遍历数组 styleSheets：

```
for (var i = 0; i < document.styleSheets.length; i++) {
    ...
}
```

对于每个样式表：

- 如果判断是当前使用的样式表，就把它的索引值保存到变量 oldSheet：

```
if(document.styleSheets[i].disabled == false) {
    oldSheet = i;
}
```

- 在循环的过程中，确保每个样式表都被禁用了：

```
document.styleSheets[i].disabled = true;
```

- 如果当前样式表的标题符合要使用的标题，就把它的 disabled 值设置为 false，从而启用这个样式，并且立即把变量 change 的值修改为 true：

```
if(document.styleSheets[i].title == mySheet) {
    document.styleSheets[i].disabled = false;
    change = true;
}
```

在遍历全部样式表之后，可以根据变量 change 和 oldSheet 的状态判断是否处于更换了样式表的状态，如果不是，就把以前使用的样式表再次启用：

```
if(!change) document.styleSheets[oldSheet].disabled = false;
```

函数最后返回变量 change 的值。

完整的代码如程序清单 13.4 所示，把它保存到 HTML 文件并加载到浏览器，观察运行情况。

程序清单 13.4　根据 title 选择样式表

```
<!DOCTYPE html>
<html>
<head>
    <title>Switching stylesheets with JavaScript</title>
    <style title="sheet1">
        body {
            background-color: white;
            color: red;
        }
    </style>
    <style title="sheet2">
        body {
            background-color: black;
            color: yellow;
        }
    </style>
    <style title="sheet3">
        body {
            background-color: pink;
            color: green;
        }
    </style>
    <script>
        function ssEnable(mySheet) {
            var change = false;
            var oldSheet = 0;
            for (var i = 0; i < document.styleSheets.length; i++) {
                if(document.styleSheets[i].disabled == false) {
                    oldSheet = i;
                }
                document.styleSheets[i].disabled = true;
                if(document.styleSheets[i].title == mySheet) {
                    document.styleSheets[i].disabled = false;
                    change = true;
                }
            }
```

```
            if(!change) document.styleSheets[oldSheet].disabled = false;
            return change;
        }
        function sheet() {
            var sheetName = prompt("Stylesheet Name?");
            if(!ssEnable(sheetName)) alert("Not found - original
stylesheet retained.");
        }
        window.onload = function() {
            document.getElementById("btn1").onclick = sheet;
        }
    </script>
</head>
<body>
    Switch my stylesheet with the button below!<br />
    <input type="button" id="btn1" value="Change Sheet" />
</body>
</html>
```

当页面加载时，函数 sheet()被添加到按钮的 onClick 事件处理器。每当用户点击按钮时，sheet()会提示用户输入样式表的名称：

```
var sheetName = prompt("Stylesheet Name?");
```

然后调用 ssEnable()函数，把名称作为参数。

如果函数返回 false，表示没有更换样式表，程序就会向用户反馈提示信息：

```
if(!ssEnable(sheetName)) alert("Not found - original stylesheet
retained.");
```

脚本运行的结果如图 13.4 所示。

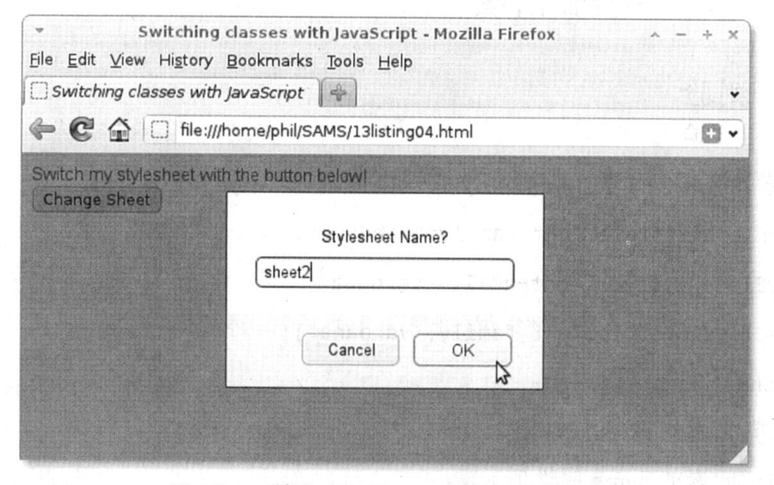

图 13.4 利用 styleSheets 属性切换样式表

13.5 小结

本章介绍了用 JavaScript 处理页面 CSS 样式的几种方式，包括如何使用页面元素的 style

属性，如何使用CSS类，如何操作全部的样式表。

13.6 问答

问：能否使用JavaScript处理单个CSS样式规则？

答：能，但目前这类代码的跨浏览器效果不好。Mozilla浏览器支持cssRules数组，而IE把相应的数组命名为Rules。另外，不同浏览器对于标签的解释也会有明显不同。我们寄希望于以后版本的浏览器能够解决这些问题。

问：在JavaScript里能变换鼠标指标吗？

答：能。style对象有一个cursor属性，可以设置一些不同的值来表示鼠标的形状。常见的包括：

- 十字：像瞄准器一样的十字线。
- 指针：通常的指针形状。
- 文本：插入文本的提示符。
- 等待：表示程序忙。

13.7 作业

请先回答问题，再查看后面的答案。

13.7.1 测验

1. 把元素myElement的font-family属性设置为verdana，使用的语句是：

   a. `myElement.style.font-family="verdana";`

   b. `myElement.style.fontFamily="verdana";`

   c. `myElement.style.font-family("verdana");`

2. 属性className可以用于：

   a. 访问元素的class属性值

   b. 访问元素的name属性值

   c. 给元素添加className属性

3. 如何启用styleSheets数组里索引为n的样式表？

   a. `document.styleSheets[n].active=true;`

   b. `document.styleSheets[n].enabled=true;`

   c. `document.styleSheets[n].disabled=false;`

13.7.2 答案

1. 选 b。

2. 选 a。

3. 选 c。

13.8 练习

编辑程序清单 13.1 的代码，修改其他一些样式属性，比如字体、元素边框、填充和对齐。

修改程序清单 13.4 的代码，让一些样式成为外部链接的，而不是包含在页面<head>区域的<style>和</style>标签里，观察是否会有不同的结果。

第 14 章

良好的编程习惯

本章主要内容包括：

- 如何避免过度使用 JavaScript
- 编写易读和易维护的代码
- 关于平稳退化
- 关于渐进增强
- 如何分离样式、内容和代码
- 编写代码分离的 JavaScript
- 使用功能探测
- 避免内联代码
- 妥善处理错误

作为一种主要用途是给 Web 页面添加功能的脚本语言，对于初学编程人员是否容易上手，是 JavaScript 很重视的一个方面，但这也导致了代码编写不够规范，让有经验的程序员感到迷惑，让 JavaScript 在某些圈子里得到了并不是特别好的名声。

本书前面的内容也涉及一些好的或不好的编程习惯，本章将集中介绍一些良好的编程习惯的基本准则。

14.1 避免过度使用 JavaScript

页面到底需要多少 JavaScript？在一些并不特别需要的场合，或是一些不建议使用 JavaScript 的场合，我们总会有添加 JavaScript 代码和强化页面交互的冲动。

- 记住：用户在浏览互联网时，花在你的页面上的时间远少于花在其他页面的时间。成熟的互联网用户已经习惯于流行的界面元素，比如菜单、标题和标签化浏览。这些元素之所以流行，一般来说是因为它们工作稳定、外观漂亮，而且不需要用户查看什么手册就可以使用。仔细想一下，用户熟悉的操作风格，与我们自己设计的奇巧界面，哪一个更能提高用户的操作效率呢？
- 曾经需要使用 JavaScript 来实现的视觉效果，现在很多都可以利用 CSS 完美地实现了。虽然两种方式都可以实现相同的一些效果（比如图像变换和某种菜单），但 CSS 通常是更好的方式，它在各种浏览器（除了极少数的变体）的支持都很好，而且通常不会被用户关闭。在极少的不支持 CSS 的情况下，页面会按照标准 HTML 显示，通常的结果是页面虽然不是很好看，但功能还是完整的。
- 世界各地还有很多用户在使用过时的、性能较差的老旧计算机，而且很可能与互联网的连接也是慢速且不可靠的。在这种情况下，代码对性能的影响是很明显的。
- 有时使用代码还可能导致降低页面在搜索引擎的排名，因为它们的嗅控器未必能够正确地索引由 JavaScript 生成的内容。

在有所规划的前提下谨慎地使用 JavaScript，它会是一个很好的工具，但有时候，过犹不及。

14.2 编写易读和易维护的代码

我们无法知道将来的某一天会不会有人要阅读和理解我们编写的代码，即使这个人是程序员自己。时光的流逝与工作内容的不断变化也会造成影响，当时很熟悉的代码也会变得陌生与神秘。如果是其他人要理解我们编写的代码，他们的编码风格、命名规范或经验都与我们不同，就更增加了理解的难度。

14.2.1 明智地使用注释

代码中关键位置的适当注释能够让前面所述的困境大为改观，它是对后来者的说明与提示。使用注释的关键在于确定哪些注释是有用的，对于这个问题是仁者见仁，智者见智，在很大程度上取决于个人的想法。

假定后来要阅读代码的人是理解 JavaScript 的，这并不过分，因此对于语言本身的注释就没有什么意义了。JavaScript 开发人员的确在编码风格与技术水平上千差万别，但也的确都遵循相同的语法规则。

在阅读代码时，比较难以说明的是代码背后隐藏的思维过程与算法。从作者个人经验来说，在阅读他人编写的代码时，希望看到如下这些注释：

- 代码较长的函数或对象的简要说明。

```
function calculateGroundAngle(x1,y1,z1,x2,y2,z2){
/**
* Calculates the angle in radians at which
* a line between two points intersects the
* ground plane.
```

```
* @author Phil Ballard phil@www.example.com
*/
if (x1>0) {
    …其他代码
```

➢ 对易混淆或易误解代码的注释。

```
// need to use our custom sort method for performance reasons
var finalArray=rapidSort(allNodes, byAngle){
    …其他代码
```

➢ 原作者自己的技巧或经验。

```
// workaround for image onload bug in browser X version Y
if(!loaded(image1)){
    …其他代码
```

➢ 关于代码修改的注释。

```
// You can change the following dimensions to your preference:
var height = 400px;
var width = 600px;
```

> **TIP** **提示**：有不少体系可以利用代码注释来生成软件文档，详情请见 http://code.google.com/p/jsdoc-tookit/。

14.2.2 使用适当的文件名称、属性名称和方法名称

代码的自我解释程度越高，源代码里需要的注释就会越少。给方法和属性使用含义明确的名称就是个很好的习惯。

JavaScript 对于能够在方法（或函数）及属性（或变量）名称里使用的字符有所限制，但仍然有足够的空间让我们使用准确且有创意的名称。

惯例之一是让常数的名称全部大写：

```
MONTHS_PER_YEAR = 12;
```

对于一般的函数、方法和变量，“驼峰命名法”是一种常用的命名方式，就是把组成名称的单词连接起来，每个单词的首字母大写，而名称的第一个字母可以大写或小写：

```
var memberSurname = "Smith";
var lastGroupProcessed = 16;
```

构造函数的第一个字母一般是大写的：

```
function Car(make, model, color) {
    .... statements
}
```

这种大写方式可以提醒我们要使用关键字 new：

```
var herbie = new Car('VW', 'Beetle', 'white');
```

14.2.3 尽量复用代码

一般来说，代码的模块化程度越高越好。比如下面这个函数：

```
function getElementArea() {
    var high = document.getElementById("id1").style.height;
    var wide = document.getElementById("id1").style.width;
    return high * wide;
}
```

这个函数的功能是返回一个特定元素在屏幕上占据的面积，但它只能得到 id="id1"这个元素的值，这实际上是没有太大用处的。

把代码集中到函数或对象这些模块里，从而在程序里反复使用，这个过程被称为“抽象化”。对于上面这个函数，我们可以把元素的 id 作为参数传递给它，从而让它具有“更高程度的抽象化”，更具有通用性：

```
function getElementArea(elementId) {
    var elem = document.getElementById(elementId);
    var high = elem.style.height;
    var wide = elem.style.width;
    return parseInt(high) * parseInt(wide);
}
```

现在就可以对任何具有 id 的元素调用这个函数了：

```
var area1 = getElementArea("id1");
var area2 = getElementArea("id2");
```

14.2.4 不要假设

在使用前面这个函数时，如果传递的参数并不对应于页面上的任何元素，会有什么结果？函数会产生一个错误，代码的执行被挂起。

之所以产生这个错误，是因为函数里假设了传递的参数 elementId 是有效的。现在来修改这个函数，检查相应的页面元素是否存在并且具有面积：

```
function getElementArea(elementId) {
    if(document.getElementById(elementId)) {
        var elem = document.getElementById(elementId);
        var high = elem.style.height;
        var wide = elem.style.width;
        var area = parseInt(high) * parseInt(wide);
        if(!isNaN(area)) {
            return area;
        } else {
            return false;
        }
    } else {
        return false;
    }
}
```

这样就好多了。如果页面没有相应的元素，或是不能计算出有效的面积数值，或是页面元素不具有 width 或 height 属性，这个函数都会返回 false。

14.3 平稳退化

在早期的浏览器中，有些甚至不支持在 HTML 里包含图片。在开始使用<img>元素之后，我们需要某种方式让这些纯文本的浏览器在遇到不支持的标签时能够给用户提供一些有益的帮助。

对于<img>标记来说，相应的方式是使用 alt 属性（替代文本）。页面设计人员给 alt 属性设置一个字符串，那些纯文本浏览器就会显示这个字符串而不是图像。alt 属性包含的字符串没有什么硬性规定，基本都是设计人员的灵光一现，可能是图像的标题，可能是关于图像内容的描述，可能是从其资源获得相关信息的建议。

这是关于“平稳退化”的早期范例，也就是当用户的浏览器缺少某种让页面设计充分展示的功能，或是关闭这种功能时，我们仍然能够尽可能地把站点的内容呈现给用户。

再以 JavaScript 本身为例，几乎每款浏览器都支持 JavaScript，而且只有极少的用户会关闭这个功能。那么我们还需要考虑 JavaScript 不能应用的情况吗？答案恐怕是肯定的。搜索引擎的嗅控程序也算是网站的一种“用户”，它们会频繁访问站点，为了建立页面内容的完整索引而尝试遍历页面里的全部链接。如果有的链接需要 JavaScript 服务，那么站点里有些页面内容就可能不被索引了，这可能会影响站点在搜索引擎里的排名情况。

另外一个很重要的方面是辅助选项。无论浏览器的功能如何，总是有一些用户受到其他的限制，比如不能使用鼠标，或是必须使用屏幕阅读软件。如果站点不考虑到这些用户的体验，他们就不会再访问了。

14.4 渐进增强

在谈论平稳退化时，很自然就会想到编写一个考虑周全的页面，为浏览器功能较弱的用户提供完整的访问。

但是，支持“渐进增强”的方案会从另外一个角度来看待这个问题。他们认为应该先建立一个稳定的、可访问的、功能完整的站点，其中的内容可以被几乎任何用户和浏览器访问，而后再逐渐添加额外的功能层次，满足能够利用这些功能的用户。

这种方式确保使用基本配置浏览器的用户能够访问站点，而使用高级浏览器的用户也能获得增强功能。

分离样式、内容和代码

对于采用“渐进增强”技术的页面来说，内容是最关键的资源。HTML 利用标签来描述页面内容，把页面元素标签为标题、表格、段落等，我们称之为“语义层”。

从理想状态来说，语义层不应该包括任何控制页面显示方式的信息，这些信息应该由 CSS 技术构成的“表现层”提供。通过链接外部的 CSS 样式，我们可以避免 HTML 标签里出现与外观相关的信息。即使浏览器不支持 CSS，仍然可以访问并显示页面的信息，只是效果可能不是很好。

而 JavaScript 代码要添加到另一个层，也就是所谓的“行为层”。不支持 JavaScript 的浏览器仍然可以通过语义标签访问页面内容，如果浏览器支持 CSS，就还可以看到表现层的显示效果。如果浏览器支持 JavaScript，用户就能使用更丰富的功能，而且不会对前面几层的功能产生影响。

为了达到这个目的，需要编写“代码分离”的 JavaScript。

14.5 代码分离的 JavaScript

对于什么是“代码分离”的 JavaScript 并没有明确的定义，但其核心概念就是保持行为层、内容层和表现层的分离。

14.5.1 脱离 HTML

第一步，也可能是最重要的一步，就是从页面标签里清除 JavaScript 代码。以前的 JavaScript 应用程序会与 HTML 标签混在一起，就像下面这个范例中的 onClick 事件一样：

```
<input type="button" style="border: 1px solid blue;color: white"
➥onclick="doSomething()" />
```

像前例这样的内联 style 属性，会让事情变得更糟。

好在我们可以把样式信息转移到样式层，比如给 HTML 标签添加 class 属性，从而与外部 CSS 文件里的样式声明产生关联：

```
<input type="button" class="blueButtons" onclick="doSomething()" />
```

而相关的 CSS 定义可以是这样的：

```
.blueButtons {
    border: 1px solid blue;
    color: white;
}
```

> **提示：**可以利用多种不同的选择符定义自己的样式规则，包括 input 元素或是利用 id 属性。 **TIP**

为了让 JavaScript 代码达到代码分离的目标，可以使用与 CSS 类似的手段。给 HTML 标签里页面元素添加一个 id 属性，就可以把外部 JavaScript 代码附加到事件处理器，保持 JavaScript 与 HTML 标签的分离。修改的 HTML 元素如下所示：

```
<input type="button" class="blueButtons" id="btn1" />
```

而相应的事件处理器是在 JavaScript 代码里添加的：

```
function doSomething() {
    .... statements ....
}
document.getElementById("btn1").onclick = doSomething;
```

> **注意：**在 DOM 准备好之前是不能使用它的，所以这样的代码必须通过像 window.onload 这样的方法来确保 DOM 的可用性。本书有很多这样的范例。 **CAUTION**

14.5.2 仅把 JavaScript 作为性能增强手段

在“渐进增强”的理念中，即使 JavaScript 功能被关闭，页面也应正常工作。JavaScript 对页面效果的增强应该被视作对允许 JavaScript 的浏览器的一种奖励。

假设我们要编写表单检验代码（这是 JavaScript 的常见用途之一），下面是一个简单的搜索表单：

```
<form action="process.php">
<input id="searchTerm" name="term" type="text" /><br />
<input type="button" id="btn1" value="Search" />
</form>
```

我们要编写一段程序，防止搜索字段为空时提交表单。比如下面的函数 checkform()，它将附加到 search 按钮的 onClick 事件处理器：

```
function checkform() {
    if(document.forms[0].term.value == "") {
        alert("Please enter a search term.");
        return false;
    } else {
        document.forms[0].submit();
    }
}
window.onload = function() {
    document.getElementById("btn1").onclick = checkform;
}
```

这段代码很普通，但如果 JavaScript 被关闭了，会怎么样？按钮就没有任何功能了，用户也就不能提交表单了。对于用户来说，肯定是更愿意能够使用这个表单，即使没有关于输入检查的“强化”功能。

现在对表单进行一点调整，让按钮的类型变为 submit 而不是 button，并且修改 checkform()函数。

```
<form action="process.php">
    <input id="searchTerm" name="term" type="text" /><br />
    <input type="submit" id="btn1" value="Search" />
</form>
```

修改后的 checkform()函数如下：

```
function checkform() {
    if(document.forms[0].term.value == "") {
        alert("Please enter a search term.");
        return false;
    } else {
        return true;
    }
}
window.onload = function() {
    document.getElementById("btn1").onclick = checkform;
}
```

当 JavaScript 功能激活时，给 submit 按钮返回 false 会禁止按钮的默认操作，也就是阻止表单提交。如果 JavaScript 功能被关闭，当用户点击这个按钮时，表单仍然会被提交。

14.6 功能检测

尽可能直接检测浏览器相应的功能是否存在，并且让代码只使用存在的功能。

以 clipboardData 对象为例，本书编写时只有 IE 使用这个对象。在代码中使用这个对象之前，执行一些检测是很有必要的：

- JavaScript 发现这个对象了吗？
- 如果对象存在，它是否支持我们要使用的方法？

下面的函数试图利用 clipboardData 对象直接向剪贴板写入一段文本。

```
function setClipboard(myText){
    if((typeof clipboardData != 'undefined') && (clipboardData.setData)){
        clipboardData.setData("text", myText);
    } else {
        document.getElementById("copytext").innerHTML = myText;
        alert("Please copy the text from the 'Copy Text' field to your
➥clipboard");
    }
}
```

它首先利用 typeof 测试对象是否存在：

```
if((typeof clipboardData != 'undefined') ....
```

同时，函数还要求 setData()方法必须存在：

```
... && (clipboardData.setData)){
```

只要有一个条件不满足，函数就会提供另一种稍微麻烦一点的方法，就是把文本写入到页面元素，再让用户把文本拷贝：

```
document.getElementById("copytext").innerHTML = myText;
alert("Please copy the text from the 'copyt ext' field to your
➥clipboard");
```

在这段代码里并没有检测浏览器是否是 IE（或其他浏览器）。只要其他浏览器支持所需要的功能，这段代码就能正确检测到。

> **说明**：根据操作数的不同，typeof 操作符返回如下一些结果："undefined"、"object"、"function"、"boolean"、"string" 或 "number"。

NOTE

14.7 妥善处理错误

当 JavaScript 程序遇到某种错误时，JavaScript 解析器内部会生成一个错误或警告。它是否会显示给用户，以及把什么显示给用户，取决于用户使用的浏览器及设置。用户可能会看到某种形式的错误消息，或是产生错误的程序不反馈什么信息但也不正常运行。

这两种情况对于用户来说都不好，因为不知道哪里出了问题，也不知道如何处理这些情况。

在编写跨浏览器和跨平台的代码时，我们能够预见到某些领域可能发生错误，比如

- 不确定浏览器是否支持某个对象，或是这种支持是否是与标准兼容的。
- 独立进程是否已经运行结束，比如外部文件是否已经完成加载。

使用 try 和 catch

使用 try 和 catch 语句可以捕获潜在的错误，并且按照一定规则处理它们。

try 语句让我们可以尝试运行一段代码，如果运行正常，就没有任何问题。如果发生了错误，可以使用 catch 语句在错误消息被发送给用户之前捕获它，并且决定如何处理这个错误。

```
try {
    doSomething();
}
catch(err) {
    doSomethingElse();
}
```

注意这个语法：

```
catch(identifier)
```

这里的 identifier 是错误被捕获时创建的一个对象，它包含了关于错误的信息。举例来说，如果要提示用户关于 JavaScript 运行时错误，可以使用这样的代码结构：

```
catch(err) {
    alert(err.description);
}
```

这样会打开一个对话框显示错误的详细情况。

NOTE **说明**：第 16 章在介绍创建 Ajax 程序所需的对象时，也会使用 try 和 catch 语句。

实践

把代码调整为“代码分离”状态

我们时常都需要修改代码，让它保持良好的代码分离状态。现在先来看看第 4 章编写的一段代码，如程序清单 14.1 所示。

程序清单 14.1 分离度不够的脚本

```
<!DOCTYPE html>
<html>
<head>
    <title>Current Date and Time</title>
    <style>
        p {font: 14px normal arial, verdana, helvetica;}
    </style>
    <script>
        function telltime() {
            var out = "";
            var now = new Date();
            out += "<br />Date: " + now.getDate();
            out += "<br />Month: " + now.getMonth();
            out += "<br />Year: " + now.getFullYear();
            out += "<br />Hours: " + now.getHours();
            out += "<br />Minutes: " + now.getMinutes();
<!DOCTYPE html>
<html>
<head>
    <title>Current Date and Time</title>
    <style>
        p {font: 14px normal arial, verdana, helvetica;}
    </style>
    <script>
        function telltime() {
            var out = "";
            var now = new Date();
            out += "<br />Date: " + now.getDate();
            out += "<br />Month: " + now.getMonth();
            out += "<br />Year: " + now.getFullYear();
            out += "<br />Hours: " + now.getHours();
            out += "<br />Minutes: " + now.getMinutes();
            out += "<br />Seconds: " + now.getSeconds();
            document.getElementById("div1").innerHTML = out;
        }
    </script>
</head>
<body>
    The current date and time are:<br/>
    <div id="div1"></div>
    <script>
        telltime();
    </script>
    <input type="button" onclick="location.reload()" value="Refresh" />
</body>
</html>
```

很显然，这段脚本有一些可以改进的地方。

➢ JavaScript 语句位于页面的<script>和</script>标签之间，而它们最好是位于单独的文件里。

➢ 按钮有个内联的事件处理器。

➢ 在不支持 JavaScript 的浏览器里，按钮不会完成任何功能。

首先，我们把 JavaScript 代码都转移到一个单独的文件，并且去除内联的事件处理器；还要给按钮设置 id 属性，用于在代码里标识这个按钮来添加事件处理程序。

接下来，要处理浏览器不使用 JavaScript 的情况。为此，利用<noscript>元素给用户显示一段信息，引导他们使用其他的时间信息来源：

```
<noscript>
    Your browser does not support JavaScript<br />
    Please consult your computer's operating system for local date and
time information or click <a href="clock.php" target="_blank">HERE</a> to
read the server time.
</noscript>
```

提示： 对于关闭 JavaScript 功能或是不支持客户端脚本的浏览器来说，<noscript>标签提供了一些额外可用的内容。任何能够用于 HTML<body>内部的元素都可以用于<noscript>，并且会在浏览器不能运行脚本时自动呈现。

TIP

修改后的 HTML 文件如程序清单 14.2 所示。

程序清单 14.2 修改后的 HTML 页面

```
<!DOCTYPE html>
<html>
<head>
    <title>Current Date and Time</title>
    <style>
        p {font: 14px normal arial, verdana, helvetica;}
    </style>
    <script src="datetime.js"></script>
</head>
<body>
    The current date and time are:<br/>
    <div id="div1"></div>
    <input id="btn1" type="button" value="Refresh" />
    <noscript>
        <p>Your browser does not support JavaScript.</p>
        <p>Please consult your computer's operating system for local date
and time information or click <a href="clock.php"
target="_blank">HERE</a> to read the server time.</p>
    </noscript>
</body>
</html>
```

在 JavaScript 源文件 datetime.js 里，我们利用 window.onload 给按钮添加事件处理器，然后调用 telltime()来生成要在页面上显示的日期与时间信息。具体代码如程序清单 14.3 所示。

程序清单 14.3 datetime.js

```
function telltime() {
    var out = "";
    var now = new Date();
    out += "<br />Date: " + now.getDate();
```

```
        out += "<br />Month: " + now.getMonth();
        out += "<br />Year: " + now.getFullYear();
        out += "<br />Hours: " + now.getHours();
        out += "<br />Minutes: " + now.getMinutes();
        out += "<br />Seconds: " + now.getSeconds();
        document.getElementById("div1").innerHTML = out;
    }

    window.onload = function() {
        document.getElementById("btn1").onclick= function()
    {location.reload();}
        telltime();
    }
```

当 JavaScript 功能启用时，这段脚本的运行情况与第 4 章的一样。如果 JavaScript 功能被关闭了，用户会看到如图 14.1 所示的结果。

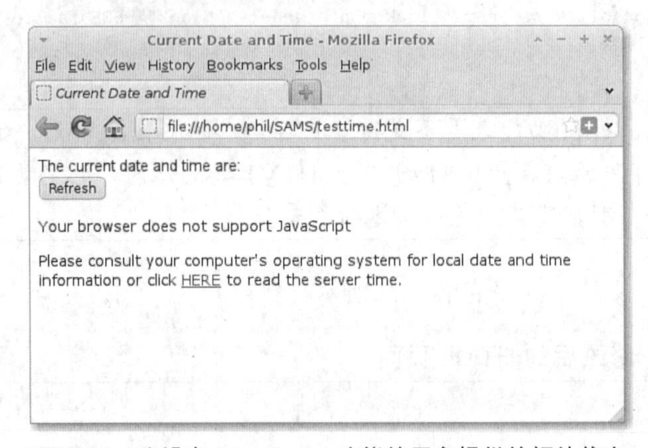

图 14.1　为没有 JavaScript 功能的用户提供的额外信息

▲

14.8　小结

本章介绍了在编写代码时的一些好方式，它们可以帮助我们更快速地完成项目，并且具有更好的质量，更易于维护。

14.9　问答

问：为什么有的用户会关闭 JavaScript 功能？

答：服务商或是公司管理者都可能关闭浏览器的 JavaScript 功能来提高安全性，比如学校或是网吧就是这种典型的环境。

另外，有些公司的防火墙、广告屏蔽和杀毒软件都可能禁止 JavaScript 运行。而有些手机上的浏览器对 JavaScript 的支持也不完全。

问：在处理不启用 JavaScript 功能的情况时，除了<noscript>标签，还有其他方法吗？

答：避免使用<noscript>的一种方法是把启用 JavaScript 功能的用户跳转到包含 JavaScript

代码的增强页面：

```
<script>window.location="enhancedPage.html";</script>
```

如果 JavaScript 功能是开启的，上面这行代码就会把用户转到增强页面。如果浏览器不支持 JavaScript，这行代码就不会执行，用户就会继续查看普通版本的页面。

14.10 作业

请先回答问题，再查看后面的答案。

14.10.1 测验

1．把代码模块化以达到更加通用的目的，这个过程被称为：

a．抽象

b．继承

c．剥离 JavaScript

2．页面的 CSS 应该尽可能处于：

a．语义层

b．表现层

c．行为层

3．根据剥离 JavaScript 代码的原则，JavaScript 代码应该位于：

a．外部文件

b．页面<head>部分的<script>和</script>标签里

c．内联

14.10.2 答案

1．选 a。

2．选 b。如果可能，CSS 都应该位于表现层。

3．选 a。外部文件是最好的选择。

14.11 练习

从前面章节的“实践”项目中挑选一些范例代码，看看在不影响脚本功能的情况下，能够进行哪些修改让代码的独立性更强。

对程序清单 14.2 和 14.3 的代码做进一步修改，让没有开启 JavaScript 功能的用户只能看到<noscript>标签里的内容，看不到额外的文本的按钮。（提示：利用 innerHTML 或 DOM 方法把这些元素写入页面。）

第 15 章

图形与动画

本章主要内容包括：

- 如何预加载图像
- 使用 setTimeout()和 setInterval()方法
- 渐变不透明度
- DOM 移位
- 优化性能

从 JavaScript 诞生开始，它最常见的用途之一就是利用图形效果和动画给页面增添趣味。本章将介绍如何实现这些功能。

15.1 预加载图像

本书前面的一些例子通过修改图像的 src 属性实现了图像的变化。当 src 属性被赋予新值时，如果浏览器的缓存里并没有指定的图像，它就会尝试下载这个图像。

在大多数情况下，这种方式都没有什么问题，特别是在从本地服务器加载小图像，或是与互联网有高速连接时。然而，当图像文件比较大，服务器性能比较差，或是连接速度比较低时，就会产生问题。获取图像过程所产生的明显的延时会打断页面操作的流畅性，让用户感觉困惑。

在这种情况下，“预加载”图像就能够很好地改善用户体验。其理念是在用户请求之前加载页面可能需要的图像数据，这样用户就会感觉到图像加载很快，站点操作流畅。这种技术对于图像库或其他需要大量使用图像的站点尤为有用。

实现预加载图像的方法很简单，只要在 JavaScript 里实例化一个 image 对象，再把需要预加载的图像的 URL 传递给它即可：

```
var img1 = new Image();
img1.src="http://www.example.com/image0.gif";
```

需要预加载多个图像的情况是很常见的。达到这个目标的简单方式是把图像的 URL 保存在数组里，然后循环遍历数组，把每个图像 URL 赋予 image 对象，从而达到把它们保存到浏览器缓存的目的。下面这个函数是附加到 window.onload 事件的，这样当页面首次加载时，图像数据就保存到缓存了。

```
window.onload = function() {
    var img1 = new Image();
    var img_urls = new Array();
    img_urls[0] = "http://www.example.com/image0.gif";
    img_urls[1] = "http://www.example.com/image1.gif";
    img_urls[2] = "http://www.example.com/image2.gif";
    for(i=0; i < img_urls.length; i++) {
        img1.src=img_urls[i];
    }
}
```

15.2 页面元素的动画

在动画片和视频游戏等很多领域，我们都可以看到动画。所谓动画，就是可见物体的外观及/或位置在一段时间内不断变化。

如果变化量很小，并且有适当的时间间隔，就会形成连续的画面。

JavaScript 里的动画概念与之类似，就是一个或多个 DOM 元素根据程序逻辑形成的模式进行移动。

为了获得流畅的动画，这些 DOM 元素必须以一定频率移动。在视频领域，这个频率被称为帧速率，单位是“帧每秒”（fps）。

用代码实现这种效果的最简单方式是建立一个循环，设置一定的延时，每次循环时移动一次要动画的元素。

为此，JavaScript 提供了 setTimeout()和 setInterval()方法。

> **说明：** setTimeout()和 clearTimeout()都是 window 对象的方法。 **NOTE**

15.2.1 setTimeout()

setTimeout(action,delay)方法会在第二个参数指定的时间之后（单位是毫秒）调用第一个参数指定的函数（或计算表达式的值），比如可以以固定周期显示特定格式的元素：

```
<div id="id1">I'm about to disappear!</div>
```

假设页面包含上述这个<div>元素，然后在页面<head>部分的<script>元素里输入如下代码：

```
function hide(elementId) {
    document.getElementById(elementId).style.display = 'none';
}
window.onload = function() {
    setTimeout("hide('id1')", 3000);
}
```

当页面加载完成之后3秒会调用hide()函数，从而让<div>元素隐藏。

setTimeout()方法有一个返回值，如果稍后要取消这个定时器函数，可以把这个返回值传递给clearTimeout()方法。

```
var timer1 = setTimeout("hide('id1')", 3000);
clearTimeout(timer1);
```

15.2.2 setInterval()

setInterval(action,delay)方法与setTimeout()的工作方式类似，只是它不仅进行一次延时，而是反复执行，时间间隔以第二个参数指定，单位是毫秒。

setInterval()也返回一个值，传递给clearInterval()方法就可以停止这个定时器。

```
var timer1 = setInterval("updateClock()", 1000);
clearInterval(timer1);
```

NOTE **说明**：第6章有使用setInterval()的范例。

15.3 渐变不透明度

改善页面显示的一个常用方式是让页面在透明与不透明之间渐变，具体方法是操作特定页面元素的不透明度，逐渐降低元素的不透明度（让它更透明）让背景页面元素慢慢显示出来，让前景元素展现出淡出的效果。

CSS不透明度已经出现多年了，但它在跨浏览器上的表现是令人困惑的。最终，不同的浏览器终于达成了语法上的一致，虽然还没有让不透明度在全部浏览器上有统一的工作方式，但最近事态的确有不少改进了。对于Firefox、Safari、Chrome/Chromium、Opera和IE 9，方法是设置style对象的opacity属性，其值在0到1之间。

NOTE **说明**：早期版本的浏览器都使用自己专用的属性定义不透明度，让开发人员不得不编写一些“怪异”的代码：

```
-khtml -opacity: .5;
-moz -opacity: .5;
```

最近，全部浏览器都改为使用opactiy属性。

当opacity设置为0时，元素是完全透明的；设置为1时，元素是完全不透明的。

对于IE的不透明度，必须修改style对象的filter属性。这个属性的取值范围不是0到1，并且要使用特殊的语法。“alpha(opacity=0)”是把元素设置为透明的，而“alpha(opacity=100)”把元素设置为不透明。

利用功能检测可以确定使用什么属性并设置什么值，从而实现跨平台的操作：

```
function setOpacity(opac) {
    elem.style.opacity = opac/100;
    elem.style.filter = 'alpha(opacity=' + opac + ')';
}
```

这个函数接受一个从1到100之间的参数，进行必要的缩放，设置相应的style.opacity

的值。浏览器会执行自己能够理解的语句，忽略另一个语句。

然后就可以利用 setTimeout()编写函数来实现渐变：

```
var opac = 0;
var timer1;
function fadeIn(opac) {
    if(opac < 100) {
        opac++;
        setOpacity(opac);
        timer1 = window.setTimeout("fadeIn(" + opac + ")", 50);
    } else {
        clearTimeout(timer1);
    }
}
```

变量 opac 保存元素的当前不透明度，值的范围是 1 到 100。这个函数是递归的，在 opac 小于 100 时，函数会把 opac 加 1，设置目标元素 elem 的不透明度，然后延时 50 毫秒之后调用自己。

操作完成之后，调用 clearTimeout()方法取消这个定时器。

15.4 CSS 3 过渡、转换和动画

利用 JavaScript 可以实现各种效果，但很多直观的效果往往需要不少的代码。给页面元素添加一些简单效果应该有更简单的方法。对于一些浏览器来说，这些功能已经以 CSS 过渡、转换和动画的方式实现了。虽然这些功能属于 CSS 3，但很多浏览器已经提供了不同程度的支持。

但是，当前这些效果的实现在不同浏览器里需要使用不同的前缀，导致了不少麻烦。

在下面的范例里，我们添加一个过渡效果（在支持这个功能的浏览器里），在鼠标指向链接时来修改链接的背景颜色。

如果要达到跨浏览器的目标，目前上述效果只能通过 JavaScript（或其他技术，如 Flash）来实现，但在将来会仅利用几行 CSS 就可以达成。

下面是范例链接的代码：

```
<a href="somepage.html" class="trans">Show Me</a>
```

下面是显示原始状态及指针悬浮状态背景颜色的 CSS 声明，它可以在多个浏览器里正常展示。可以看出其中使用了多个不同的前缀，对应于不同的浏览器。而没有前缀的那一行声明，是为了将来统一标准所准备的。

```
a.trans {
    background: #669999;
    -webkit-transition: background 0.5s ease;
    -moz-transition: background 0.5s ease;
    -o-transition: background 0.5s ease;
    transition: background 0.5s ease;
}
a.trans:hover {
    background: #999966;
}
```

说明：关于 CSS3 过渡、转换和动画的详细信息，请参考 http://css3.bradshawenterprises.com/all/。 ***NOTE***

15.5 DOM 移位

使用类似于不透明度动画的技术，还可以操作 DOM 对象的位置。比如让一个元素从屏幕左侧移动到右侧，可以利用递归定时函数修改元素的 style.left 属性值：

```
function moveItRight() {
    el.style.left = parseInt(el.style.left) + 2 + 'px';
    timer1 = setTimeout(moveItRight, 25);
}
```

对上面这个函数进行简单的修改就得到了程序清单 15.1 的代码。它把元素<div>以动画效果从屏幕的左侧移动到右侧。

程序清单 15.1 动画 DOM 元素

```
<!DOCTYPE html>
<html>
<head>
    <title>Animating a DOM Element</title>
    <style>
        #div1 {
            position:absolute;
            border:1px solid black;
            width: 50px;
            height: 50px;
            left: 0px;
            top: 100px;
            }
    </style>
    <script>
        var timer1 = null;
        var el = null;
        function moveItRight() {
            if(parseInt(el.style.left) > (screen.width - 50))
➥el.style.left = 0;
            el.style.left = parseInt(el.style.left) + 2 + 'px';
            timer1 = setTimeout(moveItRight, 25);
        }
        window.onload = function() {
            el = document.getElementById("div1");
            el.style.left = '50px';
            moveItRight();
        }
    </script>
</head>
<body>
    <div id="div1">Move It!</div>
</body>
</html>
```

先来看看 moveItRight()的修改情况：

```
function moveItRight() {
    if(parseInt(el.style.left) > (screen.width - 50)) el.style.left = 0;
    el.style.left = parseInt(el.style.left) + 2 + 'px';
    timer1 = setTimeout(moveItRight, 25);
}
```

这个函数利用 setTimeout()每隔 25 毫秒调用自己一次，每次把指定元素向右移动 2 个像素。

函数第一行代码：

```
if(parseInt(el.style.left) > (screen.width - 50)) el.style.left = 0;
```

在元素到达屏幕最右侧时把它重新移动到屏幕最左侧。

利用元素的 top 属性就可以方便地设置元素在垂直方向的位置：

```
el.style.top = parseInt(el.style.top) + 2 + 'px';
```

> **提示**：right 属性值是从元素容器的左侧开始计算的，而 top 属性是从元素容器的上边开始计算的。在程序清单 15.1 的范例里，元素容器就是页面的<body>元素。 **TIP**

15.6 优化性能

为了让 JavaScript 动画尽量顺畅，可以采取如下一些方式。

15.6.1 使用单个定时器

使用多个定时器会迅速增加 CPU 的占用率。如果想同时实现多个动画，应该尝试使用一个定时器控制它们。

每个定时器都会导致浏览器重绘一个或多个屏幕元素。显然，如果全部的动画元素只进行一次重绘，创建动画效果将会更加迅速和有效。

15.6.2 避免为 DOM 树深层次的元素创建动画效果

元素在 DOM 树里的层次越深，其尺寸和位置所影响的元素就越多。这样的元素在创建动画效果时就要求浏览器执行更多的计算。在可能的情况下，尽量把要创建动画效果的元素直接附加到<body>元素或比较高层的容器。

15.6.3 使用尽可能低的帧速率

不是所有动画都需要达到电影的品质，所以只要动画的品质处于能够接受的范围，就尽量增加延时的时间。

▼ 实践

简单动画游戏

现在基于程序清单 15.1 编写一个 JavaScript 游戏，把动画的页面元素作为目标，让用户用鼠标来尝试“击中”它。

这个游戏的代码如程序清单 15.2 所示。

程序清单 15.2 动画射击游戏

```
<!DOCTYPE html>
<html>
<head>
    <title>Space Shooter</title>
```

```
    <style>
        #range {
            position:absolute;
            top: 0px;
            left: 0px;
            background: url(space.jpg);
            cursor: crosshair;
            width: 100%;
            height: 300px;
        }
        #img1 {
            position:absolute;
            border:none;
            left: 0px;
            top: 100px;
            padding: 10px;
            }
        #score {
            font: 16px normal arial, verdana, sans-serif;
            color: white;
            padding: 10px;
        }
    </style>
    <script>
        var timer1 = null;
        var el = null;
        var score = 0; // number of 'hits'
        var shots = 0; // total 'shots'
        function moveIt() {
            // animate the image
            if(parseInt(el.style.left) > (screen.width - 50))
➥el.style.left = 0;
            el.style.left = parseInt(el.style.left) + 6 + 'px';
            el.style.top = 100 + (80 *
➥Math.sin(parseInt(el.style.left)/50)) + 'px';
            // set the timer
            timer1 = setTimeout(moveIt, 25);
        }
        function scoreUp() {
            // increment the player's score
            score++;
        }
        function scoreboard() {
            // display the scoreboard
            document.getElementById("score").innerHTML = "Shots: " +
➥shots + " Score: " + score;
        }
        window.onload = function() {
            el = document.getElementById("img1");
            // onClick handler calls scoreUp()
            // when the image is clicked
            el.onclick = scoreUp;
            // update total number of shots
            // for every click within play field
            document.getElementById("range").onclick = function() {
                shots++;
                // update scoreboard
                scoreboard();
                }
            // initialize game
            scoreboard();
            el.style.left = '50px';
```

```
                moveIt();
            }
        </script>
    </head>
    <body>
        <div id="range">
            <div id="score"></div>
            <img alt="Fire!" id="img1" src="ufo.gif" />
        </div>
    </body>
    </html>
```

动画是由函数 moveIt()实现的：

```
function moveIt() {
    if(parseInt(el.style.left) > (screen.width - 50)) el.style.left = 0;
    el.style.left = parseInt(el.style.left) + 6 + 'px';
    el.style.top = 100 + (80 * Math.sin(parseInt(el.style.left)/50)) +
➥'px';
    timer1 = setTimeout(moveIt, 25);
}
```

从左到右的动画的实现方式与程序清单 15.1 是完全一样的，但添加了垂直方向的变化：

```
el.style.top = 100 + (80 * Math.sin(parseInt(el.style.left)/50)) + 'px';
```

这个动画元素在从左移到右的过程中，top 属性值会从 100-80=20(px)变化到 100+80=180(px)。

“射击”这个目标是通过鼠标点击实现的。当鼠标位于 id="range"的<div>元素里时，鼠标指针会变成更像瞄准镜的十字符号。

当动画元素上检测到鼠标点击时，就会调用函数 scoreUp()，增加用户的得分。而另一个函数 scoreboard()显示总的“射击”数。

这个游戏如图 15.1 所示。

图 15.1　动画游戏

利用程序清单 15.2 的代码创建一个 HTML 文件，其中的背景和动画图像可以按照个人意愿使用进行调整。当浏览器里加载这个文件时，会看到 UFO（或所使用的其他图像）在屏幕上跳动。

修改 moveIt()函数里的计算方法，观察动画效果会有什么变化。尝试用鼠标“射击”目标，查看记分板的变化。

▲

15.7 小结

本章介绍了利用 JavaScript 实现页面元素动画的技术。

15.8 问答

问：目前有哪些浏览器支持 CSS 3 过渡、转换和动画？

答：在本书编写时，全部当前常用浏览器都支持 2D 转换，而 Safari、Chrome/Chromium 和 Firefox 支持 3D 转换。IE1 0 会支持过渡和 3D 变换。大多数效果都具备适当退化，因此即使使用不支持这些效果的浏览器也没有问题，只是看不到元素的动画效果。

问：setTimeout()和 setInterval()里延时的精确度是多少？

答：不是很精确。JavaScript 解释器是单线程运行的，这意味着像定时器这样的异步事件必须等待解释器空闲时间才能运行。如果定时器到时间不能运行，它就会等到能执行的时候，也就延长了间隔时间。

15.9 作业

请先回答问题，再查看后面的答案。

15.9.1 测验

1．预加载图像能够改善页面的显示速度，是因为：

a．在图像下载之前压缩图像

b．在页面需要之前下载图像

c．调整图像尺寸

2．对页面元素 el 的垂直位置创建动画效果，需要改变：

a．el.style.top

b．el.top

c．el.vertical

3．CSS 样式的哪个属性决定了页面元素的透明度？

a．transparency

b．alpha

c．opacity

15.9.2 答案

1．选 b。在使用之前下载图像。

2．选 a。

3．选 c。opacity 是 CSS 样式属性。

15.10 练习

修改程序清单 15.2 的代码，让目标图像在垂直和水平方向都晃动，而不是简单地从左移到右。同时，要把 JavaScript 和 CSS 提取到外部文件。

尝试修改代码，添加第二个目标图像，使其具有不同的运动模式。

第四部分

Ajax

第 16 章

Ajax 入门

本章主要内容包括：

- ➢ Ajax 应用程序解析
- ➢ Ajax 应用程序的组成
- ➢ XMLHttpRequest 对象的功能
- ➢ 向服务器发送消息
- ➢ 处理服务器响应

JavaScript 是客户端脚本语言，本书前面介绍的全部范例都是客户端编程。而 Ajax（也被称为远程脚本）可以访问服务器端程序，在客户端脚本里使用它们的功能。

第四部分就来介绍如何创建和部署 Ajax 应用程序。

16.1　Ajax 解析

到目前为止，我们介绍的都是关于站点用户界面的传统页面模型。在用户与这种站点互动时，每个页面包含文本、图像、数据输入表单等，依次展现。每个页面都得单独处理，才能跳转到下一个页面。

举例来说，在填写表单的字段时，我们会根据需要进行编辑，因为知道在最终提交之前，数据不会被发送到服务器。

图 16.1 展示了这种互动过程。

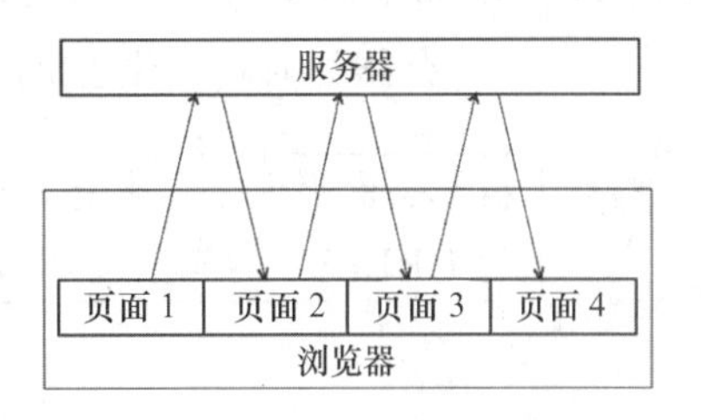

图 16.1　传统的客户端/服务器交互

在提交表单或点击链接之后，浏览器要进行屏幕刷新，才能显示由服务器发送的新页面或修改后的页面。

符合这种模型的交互具有一些缺点。首先，每个新页面或修改页面的加载都会有明显延时，这会影响用户对于应用程序“流畅”运行的感觉。

而且，即使新页面与前一个页面的内容几乎是相同的，每次也都需要加载“整个”页面。站点里很多页面的共同元素，比如标题、面脚、导航栏，可能会在页面数据里占据很大的比例。

这种不必要的数据下载会浪费带宽，而且会使每个新页面的加载延时恶化。

上述问题的组合结果会让用户访问站点的体验明显差于大多数桌面程序。对于桌面程序，我们希望耗时的计算过程在后台安静地运行，而显示内容仍然保留在屏幕上，界面元素依旧能对用户的指令产生响应。

16.1.1 Ajax入门

Ajax能够实现上述在桌面应用程序中很常见的功能，它在Web页面与服务器之间建立了一个额外的“处理层”。

这个“处理层”通常被称为Ajax引擎或Ajax框架。它解释来自用户的请求，在后台以异步方式“安静”地处理服务器通信。这意味着对于用户操作，服务器请求与响应不再需要同步一致了，而只是在便于用户使用或程序正确操作需要时才发生；浏览器不会停止响应来等服务器完成对最后一个请求的处理，而是会允许用户在当前页面浏览、点击和输入数据。

页面上需要根据服务器响应进行修改的元素也由Ajax处理，这是在页面保持可用状态过程中动态进行的。

图16.2是这种交互方式的示意。

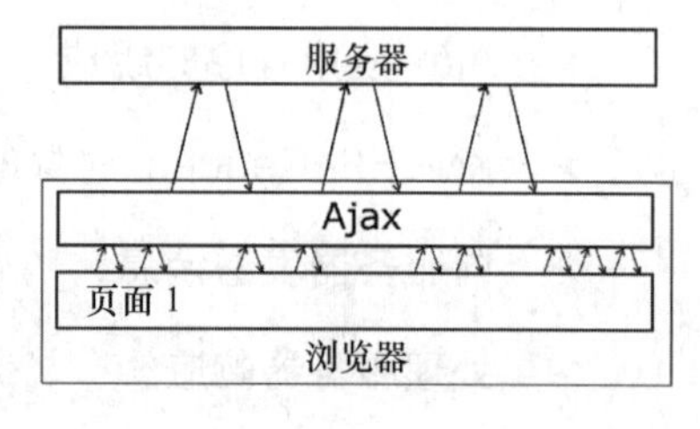

图16.2 Ajax客户端/服务器交互

16.1.2 XMLHttpRequest对象

当用户点击页面上的链接或是提交一个表单时，就向服务器发送了一个HTML请求，得到的响应是一个新页面或修改过的页面。然而，为了能让Web程序实现异步工作，必须使用一种方式给服务器发送HTTP请求而不必显示新页面。

利用XMLHttpRequest对象就可以实现这种方式。它能够建立与服务器的连接，发送HTTP请求而不需要显示相应的页面。

稍后将介绍如何实例化XMLHttpRequest对象，利用它给服务器发送请求。

> ***TIP*** **提示：**出于安全的考虑，XMLHttpRequest对象一般只能调用与当前页面同一个域里的URL，而不能直接调用远程服务器。

16.1.3 与服务器通信

在传统Web页面模型里，当用户通过链接或提交表单的方式向服务器发出一个请求时，服务器接收请求，进行必要的服务器端处理，然后向用户提供一个新的页面。

在这个过程中，用户界面是“锁定”的，只有当我们看到浏览器显示了新页面或修改后的页面时，才会知道服务器完成了它的工作。

然而，在使用异步服务器请求时，这种通信是在后台发生的，请求的处理过程不必与屏幕刷新或加载新页面同步，所以我们必须利用另外的方式来了解服务器对于请求的处理情况。

XMLHttpRequest 对象提供了一个属性，方便我们了解服务器对于请求的处理情况。利用 JavaScript 就可以查看这个属性，判断服务器何时完成了工作并使用处理后的结果。

为此，Ajax 体系里必须包含监视请求状态并进行相应操作的例程，这方面的内容稍后会有详细介绍。

16.1.4 服务器端

从服务器端的脚本来考虑，来自 XMLHttpRequest 对象的通信也是个 HTTP 请求。Ajax 程序不关心服务器端的脚本使用什么语言，或是处于什么操作系统，只要客户端的 Ajax 层能够及时地收到来自服务器端的格式正确的 HTTP 响应，一切就能正常运行。

16.1.5 处理服务器响应

在确定异步请求已经被成功处理之后，我们就可以使用服务器返回的信息。

Ajax 允许以多种格式返回这些信息，包括 ASCII 文本和 XML 数据。

根据程序的用途，我们就可以在当前页面里转换、显示或以其他方式处理这些信息。

16.1.6 总结

假设我们要设置一个新的 Ajax 程序，或是要给现有的 Web 应用添加 Ajax 技术，需要怎么做呢？

首先，要确定哪些页面事件和用户操作用来触发异步 HTTP 请求。举例来说，可能是图像的 onMouseOver 事件触发请求，让服务器返回关于照片的更多信息；或是按钮的 onClick 事件触发请求，获得填充表单字段的数据。

书中前面已经介绍了如何在 JavaScript 里使用事件处理器在特定情形下执行指令。而在 Ajax 应用里，仍然要使用这样的方法通过 XMLHttpRequest 启动异步 HTTP 请求。

在发出请求之后，需要编写程序来监视处理过程，直到从服务器获知这个请求已经处理完成。

最后，在得知服务器已经完成处理之后，需要一个程序来接收从服务器返回的信息并且应用到我们的程序里。

图 16.3 展示了上述整个流程。

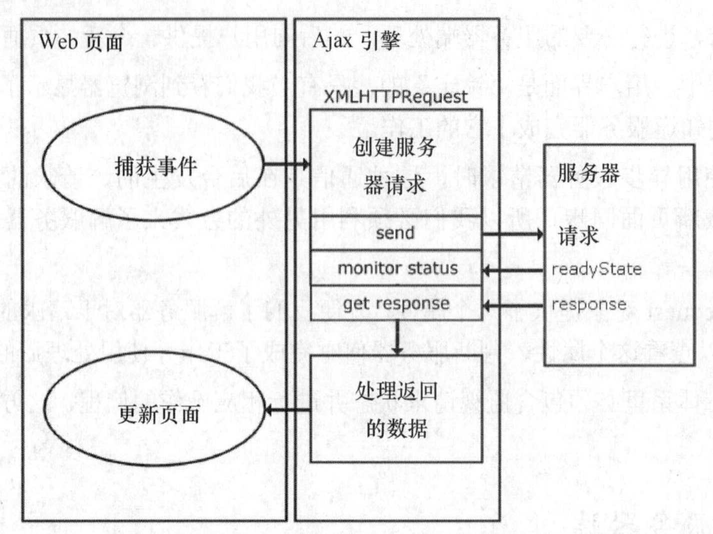

图 16.3 Ajax 应用程序的各个组件如何配合工作

16.2 XMLHttpRequest 对象

几乎全部现代浏览器都支持 XMLHttpRequest 对象。

这个对象的用途是让 JavaScript 构造 HTTP 请求并提交给服务器，这样页面就能够以异步方式在后台产生请求，让用户可以继续使用这个页面，而不必等待浏览器刷新或加载新的页面。

这个功能是任何 Ajax 应用程序的基础，也让 XMLHttpRequest 对象成为 Ajax 编程的关键。

> **TIP** **提示**：虽然这个对象的名称是以“XML”开头的，但服务器实际上可能返回很多类型的文档，比如 ASCII 文本、HTML 或 XML。

16.3 创建 XMLHttpRequest 的实例

必须先创建 XMLHttpRequest 的实例，然后才能使用它。从本书前面的介绍可以知道，在 JavaScript 里创建对象实例一般就是调用对象的构造器。然而 XMLHttpRequest 有少许不同，因为要适应不同浏览器的需要。

16.3.1 不同浏览器的不同规则

我们不能预测用户会使用什么浏览器、什么版本、什么操作系统，所以代码必须在运行时根据情况进行调整，才能确保成功创建 XMLHttpRequest 对象。

对于大多数本身支持 XMLHttpRequest 对象的浏览器（比如 Firefox、Opera 以及较新版本的 IE）来说，创建它的实例是很直接的，比如下面这个语句就会创建名为 request 的实例：

```
var request = new XMLHttpRequest();
```

在一些早期版本的 IE 里，为了达到同样的目的，需要创建一个 ActiveX 对象，如下所示：

```
var request = new ActiveXObject("Microsoft.XMLHTTP");
```

与前面一样，这也是把新对象的名称设置为 request。

更复杂的是，有些 IE 版本安装了不同版本的 XML 解析器，这时就要使用如下的指令：

```
var request = new ActiveXObject("Msxml2.XMLHTTP");
```

16.3.2 跨浏览器的解决方案

为了在各种浏览器上都正确创建 XMLHttpRequest 的实例，可以利用功能检测让脚本依次尝试不同的创建方式，直到成功为止。程序清单 16.1 展示了这种策略。

程序清单 16.1 跨浏览器创建 XMLHttpRequest 对象

```
function getXMLHttpRequest() {
    try {
        try {
            return new ActiveXObject("Microsoft.XMLHTTP");
        }
        catch(e) {
            return new ActiveXObject("Msxml2.XMLHTTP");
        }
    }
    catch(e) {
        return new XMLHttpRequest();
    }
}
```

在这个范例里，首先尝试

```
new ActiveXObject("Microsoft.XMLHTTP")
```

如果它失败了，再尝试

```
new ActiveXObject("Msxml2.XMLHTTP");
```

来判断是否要使用 ActiveX 方法来创建 XMLHttpRequest 对象。如果上述两种方式都失败了，那么就说明浏览器使用的是 XMLHttpRequest，所以就可以使用构造器：

```
new XMLHttpRequest();
```

这样就可以创建 XMLHttpRequest 实例了。

现在如果要创建 XMLHttpRequest 对象，就可以像下面这样调用函数：

```
var myRequest = getXMLHttpRequest();
```

16.3.3 方法和属性

在创建了 XMLHttpRequest 对象之后，现在来看看它的属性和方法，如表 16.1 所示。

表 16.1 XMLHttpRequest 对象的属性和方法

属性	描述
onreadystatechange	当对象的 readyState 属性改变时，调用哪个事件处理器
readyState	以整数形式反映请求的状态 0=未初始化 1=正在加载 2=加载完成 3=交互 4=完成

续表

属性	描述
responseText	以字符串形式从服务器返回的数据
responseXML	以文档对象形式从服务器返回的数据
status	服务器返回的 HTTP 状态代码
statusText	服务器返回的解释短语
方法	**描述**
abort()	停止当前请求
getAllResponseHeaders()	以字符串形式返回全部标题
getResponseHeader(x)	以字符串形式返回标题 x 的值
open('method', 'URL', 'a')	指定 HTTP 方法（GET 或 POST）、目标 URL 和处理请求的方式（a=true，默认，表示异步；a=false，表示同步）
send(content)	发送请求。对于 POST 数据是可选的
setRequestHeader('x', 'y')	设置“参数=值”对（x=y），把它赋予与请求一起发送的标题

在接下来的几章里，我们将介绍如何使用这些方法和属性建立函数，最终构成我们的 Ajax 程序。

现在先来介绍其中一些方法。

16.3.4 open()方法

open()方法让 XMLHttpRequest 对象做好与服务器通信的准备，它需要至少两个参数：

- 需要指定要使用的 HTTP 方法，通常是 GET 或 POST。
- 请求的目标 URL。如果是使用 GET 类型的请求，URL 需要进行适当的编码，其中要包含全部的参数及其值。

出于安全的考虑，XMLHttpRequest 对象只允许与自己所在域的 URL 进行通信。如果尝试与远程域进行连接，会得到“拒绝许可”的错误消息。

> **注意：**常见的错误是从域 www.example.com 调用域 example.com。对于 JavaScript 解析器来说，这是两个不同的域，是不允许连接的。
>
> 还有第三个可选参数，这是个布尔值，表示请求是否以异步方式发送。如果设置为 false，请求就不会以异步方式发送，页面就会在请求完成之前保持锁定状态。如果不设置这个参数，默认值是 true，表示请求以异步方式发送。
>
> ***CAUTION***

16.3.5 send()方法

在使用 open()方法准备好 XMLHttpRequest 对象之后，就可以利用 send()方法发送请求了。它接收一个参数。

如果请求使用的方式是 GET，那么请求的内容就必须编码到目标 URL，然后调用 send()方法时就可以使用参数 null：

```
objectname.send(null);
```

如果发送 POST 请求，请求的内容（也需要适当编码）会以参数方式传递给 send()方法：

```
objectname.setRequestHeader('Content-Type', 'application/
➥x-www-form-urlencoded');
objectname.send(var1=value1&var2=value2);
```

本例中使用 setRequestHeader 方法表明要包含哪类的内容。

16.4 发送服务器请求

现在就要来编写一个函数 callAjax()，利用 XMLHttpRequest 对象给服务器发送异步请求。

```
function callAjax() {
    // declare a variable to hold some information to pass to the server
    var lastname = 'Smith';
    // build the URL of the server script we wish to call
    var url = "myserverscript.php?surname=" + lastname;
    // ask our XMLHttpRequest object to open a server connection
    myRequest.open("GET", url, true);
    // prepare a function responseAjax() to run when the response has
➥arrived
    myRequest.onreadystatechange = responseAjax;
    // and finally send the request
    myRequest.send(null);
}
```

第一行相当简单，就是声明一个变量，给它赋予一个值：

```
var lastname = 'Smith';
```

这是函数要发送给服务器的一部分信息，服务器端脚本里有一个变量 surname 要使用这个值。当然，在实际情况中，这个值通常是通过像鼠标点击或键盘输入这样的页面事件动态获得的，但在此这个值对于我们的范例已经足够了。

我们要发送的请求是 GET 类型的，所以必须把“参数=值”对适当地编码并附加到目标 URL 的末尾，就像下面这样：

```
var url = "myserverscript.php?surname=" + lastname;
```

接着使用 open()方法准备服务器请求：

```
myRequest.open("GET", url, true);
```

这一行指定了请求是 GET 类型的，并且向 open()传递包含参数的完整 URL。

第三个参数 true 表示这个请求要以异步方式发送。在本例的情况下，这个参数可以忽略，因为默认值就是 true。当然，明确地设置这个参数可以让代码更清晰。

接下来，我们要告诉 XMLHttpRequest 对象 myRequest 如何处理从服务器返回的进度报告。XMLHttpRequest 对象有一个 onreadystatechange 对象，包含了当服务器状态变化时应该调用哪个 JavaScript 函数。在下面这行代码里：

```
myRequest.onreadystatechange = responseAjax;
```

我们让函数 responseAjax()来进行处理。稍后我们再编写这个函数。

处理浏览器缓存

任何浏览器都维护着访问页面的“缓存”，也就是页面内容在浏览器所在计算机硬盘上的存储。当用户请求访问特定Web页面时，浏览器首先会尝试从缓存里加载页面，而不是立即提交新的HTTP请求。

虽然这种方式可能对于缩短页面加载时间有些好处，但它给编写Ajax程序制造了困难。因此Ajax是关于与服务器通信的，而不是从缓存里重新加载信息。当我们向服务器发出一个异步请求时，要求每次都生成一个新的HTTP请求。

解决这个问题的一种常见技巧是在请求数据里添加一个参数，给它赋予一个随机的无意义的值。在使用GET请求时，这就意味着要在URL末尾添加新的"参数=值"对。

只要URL里的随机内容每次都是不一样的，就能让浏览器觉得这是一个发给新地址的请求，从而生成一个新的HTTP请求。

JavaScript 里利用 Math.random()方法生成随机数，现在来看看如何实现这种方法。程序清单16.2里对callAjax()函数进行了一点修改。

程序清单 16.2　使用随机数解决缓存问题

```
function getXMLHttpRequest() {
    try {
        try {
            return new ActiveXObject("Microsoft.XMLHTTP");
        }
        catch(e) {
            return new ActiveXObject("Msxml2.XMLHTTP");
        }
    }
    catch(e) {
        return new XMLHttpRequest();
    }
}

var myRequest = getXMLHttpRequest();

function callAjax() {
    // declare a variable to hold some information to pass to the serve
    var lastname = 'Smith';
    // build the URL of the server script we wish to call
    var url = "myserverscript.php?surname=" + lastname;
    // generate a random number
    var myRandom=parseInt(Math.random()*99999999);
    // ask our XMLHttpRequest object to open a server connection
    myRequest. open("GET", url + "&rand=" + myRandom, true);
    // prepare a function responseAjax() to run when the response has
➥arrived
    myRequest.onreadystatechange = responseAjax;
    // and finally send the request
    myRequest.send(null);
}
```

NOTE **说明**：有些程序员喜欢使用当前时间而不是随机数，也就是使用当前日期和时间组成的字符串。下面的代码使用Date对象的getTime()方法：

```
... + "&myRand =" + new
Date().getTime();
```

从程序清单16.2可以看出，它生成的目标URL是这种形式的：

```
myserverscript.php?surname=Smith&rand=XXXX
```

其中的 XXXX 是某个随机数，从而避免了浏览器从缓存读取页面，而是生成一个新 HTTP 请求发送给服务器。

16.5 监视服务器状态

在 Ajax 请求被发送到服务器之后，我们需要监视它的处理过程，特别是请求何时处理完成以及是否完成成功。

XMLHttpRequest 对象提供了一些手段来提供这些信息。

16.5.1 readyState 属性

这个属性反映了从服务器返回的关于请求状态的信息。onreadystatechange 属性会监视这个属性，后者的变化会导致前者的值变为 true，从而导致执行指定的函数（范例里是 responseAjax()）。

> **提示：**当服务器请求完成之后调用的函数通常被称为“回调函数”。 *TIP*

readyState 属性的值包括：

```
0=未初始化
1=正在加载
2=加载完成
3=交互
4=完成
```

当第一次提交请求时，readyState 的值是 0，表示“未初始化”。

当服务器开始处理请求时，服务器把数据加载到 XMLHttpRequest 对象，readyState 属性值相应地变成 1，再变成 2。

当 readyState 的值变为 3 时，含义是“交互”，表示对象已经得到充分处理，可以与之进行一定的交互，但是并没有彻底处理完。

当服务器请求彻底处理完成时，这个对象能够进行下一步处理了，readyState 属性的值最终变成 4。

在大多数情况下，我们要等到 readyState 属性的值变成 4，从而确定服务器已经完成操作，而且我们可以进一步处理 XMLHttpRequest 对象。

> **提示：**对于特定对象来说，并不是上述所有可能值都会出现的。 *TIP*

16.5.2 服务器响应状态代码

除了使用 readyState 属性外，还可以通过另外一种方式查看异步请求的执行状态：HTTP 服务器响应状态代码，比如“200”表示“OK”（在后面介绍回调函数时会介绍如何使用这种代码）。

16.6 回调函数

到目前为止，我们介绍了如何创建 XMLHttpRequest 对象的实例，声明回调函数，准备并且发送异步服务器请求；还说明了根据哪个属性判断服务器已经完成响应了。

现在来看看回调函数 responseAjax()。

首先要注意的是，onreadystatechange 属性的值每次改变时，都会调用这个函数。多数情况下，readyState 属性的值不是 4，表示服务器还没有完成处理，因此调用这个函数时不需要让它进行任何操作。

```
function responseAjax(){
    //we are only interested in readyState of 4, i.e. "completed"
    if (myRequest.readyState==4){
        …执行语句…
    }
}
```

另外，为了达到双重保险的目的，我们还可以查看 HTTP 响应状态代码，确定它的值是 200，表示服务器成功响应了异步 HTTP 请求。

参考表 16.1，可以看到 XMLHttpRequest 对象有两个属性报告 HTTP 状态：myRequest.status 包含状态响应代码，而 myRequest.statusText 包含状态短语。

我们可以利用更复杂的判断来发挥这些属性的作用：

```
function responseAjax(){
    //we are only interested in readyState of 4, i.e. "loaded"
    if (myRequest.readyState==4) {
        // if server HTTP response is"OK"
        if (myRequest.status==200) {
            … 执行语句…
        } else {
            // issue an error message for any other HTTP response
            alert("An error has occurred: "+myRequest.statusText);
        }
    }
}
```

只要服务器状态不是“200”，就会执行 else 子句，从而显示一个提示对话框，其中包含从服务器返回的状态短语。

16.7 responseText 和 responseXML 属性

一旦服务器请求完成，也就是检测到

```
myRequest.readyState == 4
```

responseText 和 responseXML 属性就会包含从服务器返回的数据，分别是文本格式和 XML 格式。

稍后我们将介绍如何访问这些信息并用于 Ajax 程序。

16.7.1 responseText 属性

这个属性以文本形式表示从服务器返回的信息。

> **提示**：如果 XMLHttpRequest 调用失败，或是还没有发送请求，responseText 属性的值是 null。 **TIP**

修改前面的范例代码，在表示服务器完成响应的 if 语句里添加代码，如程序清单 16.3 所示。

程序清单 16.3 查看 responseText 属性的值

```
function responseAjax() {
    // we are only interested in readyState of 4, i.e. "loaded"
    if(myRequest.readyState == 4) {
        // if server HTTP response is "OK"
        if(myRequest.status == 200) {
             alert("The server said: " + myRequest.responseText);
        } else {
            // issue an error message for any other HTTP response
            alert("An error has occurred: " + myRequest.statusText);
        }
    }
}
```

> **提示**：responseText 属性是只读的。 **TIP**

这个简单的范例打开一个警告框来显示服务器返回的文本。

假设服务器使用如下一个简单的 PHP 文件：

```
<?php echo "Hello Ajax caller!"; ?>
```

如果 XMLHttpRequest 成功地调用了这个文件，responseText 属性里就会包含字符串“Hello Ajax caller!”，从而让回调函数生成如图 16.4 所示的对话框。

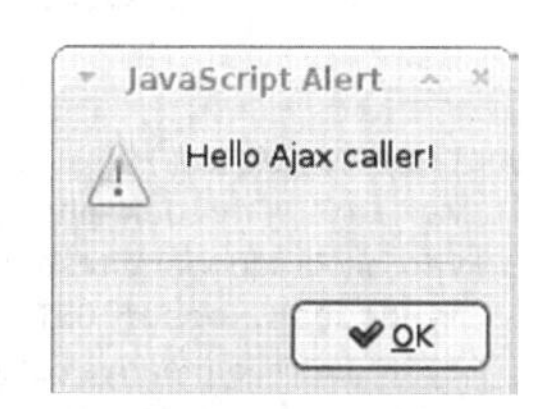

图 16.4 程序清单 16.3 的输出结果

responseText 属性包含的是字符串，因此我们可以用 JavaScript 与字符串相关的方法对其进行操作。

16.7.2 responseXML 属性

现在假设在服务器上使用的 PHP 脚本如程序清单 16.4 所示。

程序清单 16.4 另一段服务器端脚本

```
<?php
header('Content-Type: text/xml');
echo "<?xml version=\"1.0\" ?><greeting>Hello Ajax caller!</greeting>";
?>
```

这段 PHP 脚本输出一个简单但很完整的 XML 文档：

```
<?xml version="1.0" ?>
<greeting>
    Hello Ajax caller!
</greeting>
```

当服务器调用完成之后，这个 XML 文档就会保存在 responseXML 属性里。需要说明的是，这个属性不像 responseText 那样只保存文本，而是包含 XML 文档的全部数据与结构。

实践

Ajax 时钟

现在来编写一个简单的 Ajax 程序，显示从服务器获得的时间，与本地计算机的时间进行比较。

使用很简单的 PHP 脚本就能从服务器获得时间，clock.php 只包含如下一行代码：

```
<?php echo date('H:i:s'); ?>
```

它会以“时：分：秒”的形式返回服务器时间，比如“12:35:44”。

利用 JavaScript 以同样格式获取本地计算机的时间：

```
var localTime = now.getHours() + ":" + now.getMinutes() + ":" +
➥now.getSeconds();
```

程序清单 16.5 展示了完整的 JavaScript 文件。它与程序清单 16.2 很相似，只是 Ajax 调用的目标变成了 clock.php，调用时也没有参数，只包含为了解决缓存问题而使用的随机数。

程序清单 16.5　ajax.js

```
function getXMLHttpRequest() {
    try {
        try {
            return new ActiveXObject("Microsoft.XMLHTTP");
        }
        catch(e) {
            return new ActiveXObject("Msxml2.XMLHTTP");
        }
    }
    catch(e) {
        return new XMLHttpRequest();
    }
}
function callAjax() {
    var url = "clock.php";
    var myRandom = parseInt(Math.random()*99999999);
    myRequest. open("GET", url + "?rand=" + myRandom, true);
    myRequest.onreadystatechange = responseAjax;
    myRequest.send(null);
}
function responseAjax() {
    if(myRequest.readyState == 4) {
        if(myRequest.status == 200) {
            var now = new Date();
            var localTime = now.getHours() + ":" + now.getMinutes() + ":"
➥+ now.getSeconds();
            var serverTime = myRequest.responseText;
            document.getElementById("clock").innerHTML = "Server: " +
➥serverTime + "<br />Local: " + localTime;
        } else {
            alert("An error has occurred: " + myRequest.statusText);
        }
    }
}
var myRequest = getXMLHttpRequest();
```

相应的 HTML 文件如程序清单 16.6 所示，其中使用的 JavaScript 仅用于把 callAjax()函数附加到按钮的 onClick 事件处理器。

程序清单 16.6 Ajax 时钟的 HTML

```
<!DOCTYPE html>
<html>
<head>
    <title>Ajax Clock</title>
    <style>
        #clock { font: 32px normal verdana, helvetica, sans-serif; }
    </style>
    <script src="ajax.js"></script>
    <script>
        window.onload = function() {
            document.getElementById("btn1").onclick = callAjax;
        }
    </script>
</head>
<body>
    <input id="btn1" type="button" value="Get Time" /><br />
    <div id="clock"></div>
</body>
</html>
```

在请求处理成功之后，回调函数 responseAjax()构造一小段 HTML 代码，包含服务器时间与本地时间，并利用 innerHTML 方法放到 id=clock 的 <div>里。

程序运行的结果如图 16.5 所示。

每次点击按钮时，就会生成一个 Ajax 请求并返回服务器时间。图 16.5 展示的结果是本地时间比服务器早一个小时，这是因为我当时在西班牙，而服务器在英国。

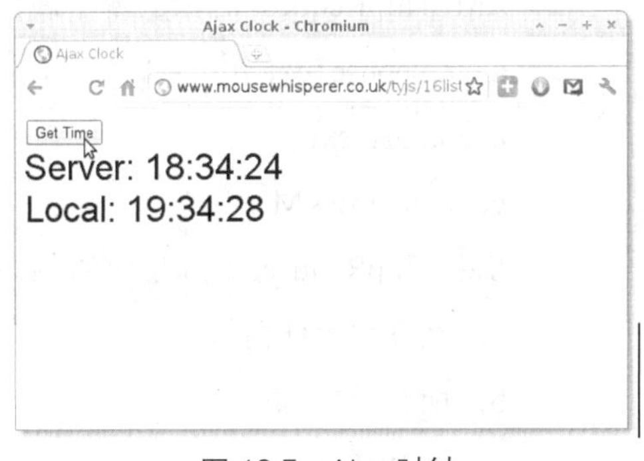

图 16.5 Ajax 时钟

▲

16.8 小结

本章介绍了 Ajax 的基础知识。这是一种不需要重新加载页面，就能从服务器获取信息的方法。

下一章将基于这些知识建立可以重用的 Ajax 库。

16.9 问答

问：在 Ajax 调用发出后，还能够取消吗？

答：能。只需要使用 XMLHttpRequest 对象的 abort()方法：

```
var myRequest = getXMLHttpRequest();
myRequest.abort();
```

问：何时应该使用 GET 请求，何时又应该使用 POST 请求呢？

答：GET 请求的长度不能超过 255 个字符。如果需要发送较多的数据，应该使用 POST 请求。

16.10 作业

请先回答问题，再查看后面的答案。

16.10.1 测验

1．当 readyState 属性值为什么时，表示 Ajax 调用完成了？

a．0

b．true

c．4

2．XMLHttpRequest 对象的哪个属性以文本形式保存了从服务器返回的数据？

a．responseText

b．statusText

c．responseXML

3．XMLHttpRequest 对象能够直接连接：

a．互联网上任何域

b．所在域内部的地址

c．仅 PHP 页面

16.10.2 答案

1．选 c。readyState 等于 4 时表示 Ajax 调用已经完成了。

2．选 a。

3．选 b。只能直接连接所在域内部的地址。

16.11 练习

利用本章及前面章节介绍的知识，修改时钟范例的代码，让时钟间隔一定时间自动更新。（提示：使用定时器，比如 setInterval()或 setTimeout()。）

修改时钟范例的脚本，显示服务器时间与本地时间之间的时差。

第 17 章

创建简单的 Ajax 库

本章主要内容包括：

- 如何建立一个简单的可重用的 Ajax 库
- 在程序里包含库
- 返回文本数据
- 使用 XML

本章将介绍如何把上一章学习的技术封装到一个 JavaScript 库里，以便用于其他程序。

17.1 Ajax 库

前一章的范例代码展示了一些实现 Ajax 程序的 JavaScript 代码技术，包括：

- 生成 XMLHttpRequest 对象的方法。它可以用于当前常用的全部浏览器。
- 利用 XMLHttpRequest 建立和发送 GET 与 POST 请求。
- 避免缓存技术对 GET 请求的影响。
- 回调函数首先检查 Ajax 调用是否正确完成，然后继续其他操作。
- 处理返回到 responseText 属性里的文本数据。

本章将利用这些理念建立一个 JavaScript 库，从而可以用最少的代码给 HTML 添加 Ajax 功能。当然，这个 Ajax 库不会像一些开源库那样复杂，但也具有足够的实用功能。

17.1.1 目标

前一章介绍了如何构造 Ajax 程序的基本模块：

- 创建 XMLHttpRequest 实例。

➢ 监视服务器响应，判断调用何时完成。

➢ 使用回调函数。

那么我们的 Ajax 库应该包含什么功能呢？

➢ 前一章的范例包含了 GET 请求，显然支持 HTTP 的 POST 请求也是很必要的。

➢ 前面的范例只处理服务器返回的文本数据，而我们的库还应该能够处理 XML 数据。

17.2 库的实现

确定了库需要具有什么功能之后，现在就开始建立这个库。

17.2.1 创建 XMLHttpRequest 实例

使用前一章介绍的函数来创建 XMLHttpRequest 对象：

```
function getXMLHttpRequest() {
    try {
        try {
            return new ActiveXObject("Microsoft.XMLHTTP");
        }
        catch(e) {
            return new ActiveXObject("Msxml2.XMLHTTP");
        }
    }
    catch(e) {
        return new XMLHttpRequest();
    }
}
```

这样创建 XMLHttpRequest 就只需要调用函数：

```
var req = getXMLHttpRequest();
```

17.2.2 GET 和 POST 请求

首先是 GET 请求，在前一章是这样处理的：

```
function requestGET(url, query, req) {
    var myRandom = parseInt(Math.random()*99999999);
    if(query == '') {
        var callUrl = url + '?rand=' + myRandom;
    } else {
        var callUrl = url + '?' + query + '&rand=' + myRandom;
    }
    req.open("GET", callUrl, true);
    req.send(null);
}
```

这个函数有三个参数：

➢ 请求的目标 URL。

➢ 附加到 URL 的查询字符串，包含了服务器端程序所需的全部参数，以“参数=值”对的形式进行编码。

➢ 实现调用的 XMLHttpRequest 对象。

这个函数为确保查询字符串的格式正确做了一点处理。对于没有查询字符串的调用，随机数在附加到 URL 时必须跟在问号之后：

```
www.example.com?rand=57483947
```

而当查询字符串不为空时，随机数必须跟在“&”之后：

```
www.example.com?page=6&user=admin&rand=57483947
```

> **注意**：在调用 requestGET()函数之前，传递给 query 参数的值必须已经完成了必要的编码。 ***CAUTION***

接下来是处理 POST 请求的函数。

```
function requestPOST(url, query, req) {
    req.open("POST", url, true);
    req.setRequestHeader('Content-Type', 'application/x-www-form-
➥urlencoded');
    req.send(query);
}
```

POST 请求不像 GET 那样会受到缓存的影响，所以不需要给查询字符串添加随机内容。

POST 请求不是把参数信息附加到字符串，而是把它作为一个参数传递给 send()方法。同时，还需要设置一个 HTTP 标题，告诉服务器端程序我们发送何种类型的数据：

```
req.setRequestHeader('Content-Type', 'application/x-www-form-
➥urlencoded');
```

17.2.3 回调函数

为了让库尽可能地具有通用性，要让用户能够指定使用什么回调函数，也就是说在调用 Ajax 库例程时把回调函数的名称作为参数传递给库。

我们要让 JavaScript 接收这个函数名称，然后执行这个函数，并且把 Ajax 调用返回的数据作为参数传递给它。为此，需要使用 JavaScript 的 eval()方法：

```
eval(callback + '(data)');
```

17.2.4 实现 Ajax 调用

现在来看看前面介绍的这些函数如何相互配合来完成 Ajax 调用：

```
function doAjax(url, query, callback, reqtype, getxml) {
    var myreq = getXMLHttpRequest();
    myreq.onreadystatechange = function() {
        if(myreq.readyState == 4) {
            if(myreq.status == 200) {
                var item = myreq.responseText;
                if(getxml == 1) item = myreq.responseXML;
                eval(callback + '(item)');
            }
        }
    }
    if(reqtype.toUpperCase() == "POST") {
        requestPOST(url, query, myreq);
    } else {
        requestGET(url, query, myreq);
    }
}
```

这个函数有五个参数：

- url：目标URL。
- query：经过编码的查询字符串。
- callback：回调函数的名称。
- reqtype：POST或GET。
- getxml：1表示获取XML数据，0表示文本数据。

程序清单17.1是完整的myAjaxLib.js代码。

程序清单 17.1 myAjaxLib.js 的源代码

```
function getXMLHttpRequest() {
    try {
        try {
            return new ActiveXObject("Microsoft.XMLHTTP");
        }
        catch(e) {
            return new ActiveXObject("Msxml2.XMLHTTP");
        }
    }
    catch(e) {
        return new XMLHttpRequest();
    }
}

function doAjax(url, query, callback, reqtype, getxml) {
    var myreq = getXMLHttpRequest();
    myreq.onreadystatechange = function() {
        if(myreq.readyState == 4) {
            if(myreq.status == 200) {
                var item = myreq.responseText;
                if(getxml == 1) item = myreq.responseXML;
                eval(callback + '(item)');
            }
        }
    }
    if(reqtype.toUpperCase() == "POST") {
        requestPOST(url, query, myreq);
    } else {
        requestGET(url, query, myreq);
    }
}

function requestGET(url, query, req) {
    var myRandom = parseInt(Math.random()*99999999);
    if(query == '') {
        var callUrl = url + '?rand=' + myRandom;
    } else {
        var callUrl = url + '?' + query + '&rand=' + myRandom;
    }
    req.open("GET", callUrl, true);
    req.send(null);
}

function requestPOST(url, query, req) {
    req.open("POST", url, true);
    req.setRequestHeader('Content-Type', 'application/x-www-form-
urlencoded');
    req.send(query);
}
```

17.3 使用 Ajax 库

为了示范如何使用 Ajax 库，先建立一个简单的 HTML 页面，如下所示：

```
<!DOCTYPE html>
<html>
<head>
    <title>Ajax Test</title>
</head>
<body>
    <input type="button" id="btn1" value="Make call" />
</body>
</html>
```

这个简单的页面只是显示一个按钮，标签是“Make Call”。页面所有的功能都是通过 JavaScript 利用我们的 Ajax 库来实现的。

把程序“Ajax 化”的步骤是：

① 在页面的<head>部分包含 Ajax 库 myAjaxLib.js。

② 编写回调函数来处理返回的信息。

③ 给页面上的按钮添加事件处理器来调用服务器请求。

首先来示范使用 GET 请求，处理由 responseText 属性返回的信息。

包含 Ajax 库的方式是很直观的：

```
<script src="myAjaxLib.js"></script>
```

接下来需要编写一些 JavaScript 代码。其一是回调函数。本例就是利用 alert()对话框显示返回的信息：

```
function cback(text) {
    alert(text);
}
```

最后是给按钮添加 onClick 事件处理器：

```
window.onload = function(){
    document.getElementById("btn1").onclick = function(){
        doAjax("libtest.php", "param=hello", "cback", "GET", 0);
    }
}
```

服务器端脚本 libtest.php 只是返回查询字符串里变量 param 的值：

```
<?php
echo "Parameter value was: ".$_GET['param'];
?>
```

调用 doAjax()时使用的参数指明回调函数的名称是 cback，请求的类型是 GET，期望返回的数据保存在 responseText 里。

修改后的 HTML 页面如程序清单 17.2 所示。

程序清单 17.2　调用 myAjaxLib.js 的 HTML 页面

```
<!DOCTYPE html>
<html>
<head>
    <title>Ajax Test</title>
    <script src="myAjaxLib.js"></script>
    <script>
```

```
        function cback(text) {
            alert(text);
            }
        window.onload = function(){
            document.getElementById("btn1").onclick = function(){
                doAjax("libtest.php", "param=hello", "cback", "GET", 0);
            }
        }
    </script>
</head>
<body>
    <input type="button" id="btn1" value="Make call" />
</body>
</html>
```

图 17.1 展示了程序运行的结果。

为了示范使用相同的库获取 XML 数据，我们还可以让服务器端程序以 XML 文档方式返回时间数据：

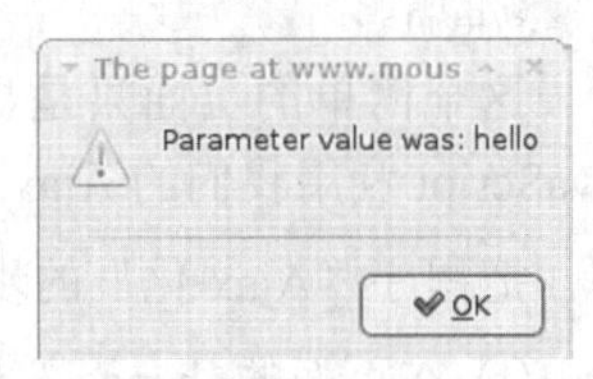

图 17.1 从 GET 请求返回的文本

```
<?php
header('Content-Type: text/xml');
echo "<?xml version=\"1.0\" ?><clock1><timenow>"
➥.date('H:i:s')."</timenow></clock1>";
?>
```

NOTE **说明**：这其实就是第 16 章 clock.php 的 XML 版本。

相应地修改回调函数来返回解析后的 XML，这时需要使用一些 DOM 方法。

```
function cback(text) {
    var servertime =
text.getElementsByTagName("timenow")[0].childNodes[0].nodeValue;
    alert('Server time is ' + servertime);
}
```

还有要修改的就是调用 doAjax()的方式：

```
window.onload = function(){
    document.getElementById("btn1").onclick = function(){
        doAjax("telltimeXML.php", "", "cback", "POST", 1);
    }
}
```

这里使用了 POST 请求。由于服务器端脚本 telltimeXML.php 不需要查询字符串，所以第二个参数是空的。最后一个参数设置为 1，表示我们要从 responseXML 属性获取 XML 数据。

图 17.2 展示了程序打开的对话框。

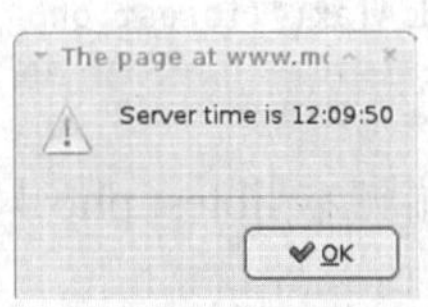

图 17.2 POST 请求返回的 XML 格式的服务器时间

实践

从远程站点返回“keywords”元标签信息

利用 myAjaxLib.js 来编写一个程序，从用户输入的 URL 获取“keywords”元标签信息。

NOTE **说明**：“元标签”是页面<head>部分里一种 HTML 容器元素。它包含了对于搜索引擎很重要的数据，还包含了关于页面内容分类方式的索引。“keywords”元标签通常包含一系列与站点内容相关联的单词，单词之间以逗号分隔。

举例来说，Ajax 开发人员站点的 keywords 元标签的内容可能是：

```
<meta name="keywords" content="programming, design, development,
Ajax, JavaScript, XMLHttpRequest, script" />
```

由于 JavaScript 对于安全的限制，XMLHttpRequest 对象不能向所在域之外的 URL 发送服务器请求。如果想从远程站点获取信息，必须依赖服务器端脚本。

本例中使用另一个简单的 PHP 脚本 metatags.php，如下所示：

```
<?php
$tags = @get_meta_tags('http://'.$_REQUEST['url']);
$result = $tags['keywords'];
if(strlen($result) > 0) {
    echo $result;
} else {
    echo "No keywords metatag is available.";
}
?>
```

这段脚本使用了 PHP 函数 get_meta_tags()。它专门用于从 HTML 页面解析元标签信息，把结果保存到数组里。这段脚本查看是否存在“keywords”元标签，如果存在就返回它的内容。

范例页面的 HTML 代码是相当直观的：

```
<!DOCTYPE html>
<html>
<head>
    <title>Keywords Grabber</title>
</head>
<body>
    http://<input type="text" id="txt1" value="" />
    <input type="button" id="btn1" value="Get Keywords" />
    <h3>Keywords Received:</h3>
    <div id="displaydiv"></div>
</body>
</html>
```

本例中，元标签信息会写入到页面元素<div>（id="displaydiv"）。回调函数没有什么新鲜内容：

```
function display(content) {
    document.getElementById("displaydiv").innerHTML = content;
}
```

当页面加载时，需要给按钮附加一个 onClick 事件处理器。单击按钮后，程序会获得用户输入的 URL，然后让 Ajax 调用 metatags.php。

```
window.onload = function(){
    document.getElementById("btn1").onclick = function(){
        var url = document.getElementById("txt1").value;
        doAjax("metatags.php", "url=" + escape(url), "display", "post",
➥0);
    }
}
```

完整的 metatags.html 代码如程序清单 17.3 所示。

程序清单 17.3　HTML 页面 metatags.html

```
<!DOCTYPE html>
<html>
<head>
    <title>Keywords Grabber</title>
    <script src="myAjaxLib.js"></script>
    <script>
```

```
        function display(content) {
            document.getElementById("displaydiv").innerHTML = content;
        }
        window.onload = function(){
            document.getElementById("btn1").onclick = function(){
                var url = document.getElementById("txt1").value;
                doAjax("metatags.php", "url=" + url, "display", "post",
➥0);
            }
        }
    </script>
</head>
<body>
    http://<input type="text" id="txt1" value="" />
    <input type="button" id="btn1" value="Get Keywords" />
    <h3>Keywords Received:</h3>
    <div id="displaydiv"></div>
</body>
</html>
```

在编辑器里创建这个页面，同时还需要在支持 PHP 的 Web 服务器上部署 metatags.php 和 myAjaxLib.js。

> **TIP** **提示：**如果不方便访问支持 PHP 的 Web 服务器，可以在自己的计算机上或是局域网其他计算机上安装 PHP 服务。互联网上有不少免费的解决方案，比如 XAMPP，详情请见 http://www.apachefriends.org/en/xampp.html。
>
> 用浏览器加载页面 metatags.html，就会看到图 17.3 所示的页面。

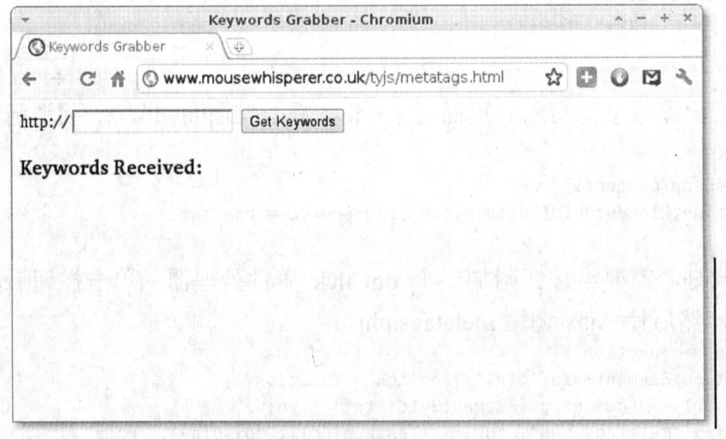

图 17.3 获取关键字的程序

用户需要输入某个 URL，然后单击“Get Keywords”按钮，就会执行 doAjax()函数，把输入的 URL 作为参数发送给服务器脚本 metatags.php。

当服务器调用完成之后，responseText 属性的内容就被加载到<div>容器，从而得到类似图 17.4 的结果。

在页面运行过程中可以发现这样的情况：我们不必等待页面重新加载，就可以继续输入其他的 URL 并点击按钮返回关键字。这正是使用 Ajax 要达到的效果。

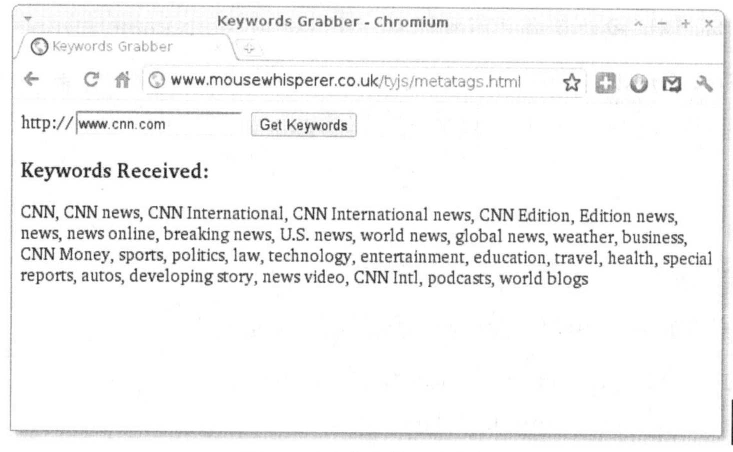

图 17.4 成功获取关键字

▲

17.4 小结

本章利用前一章介绍的技术构造了一个完整可重用的 JavaScript 库，可以给 HTML 页面集成 Ajax 功能。

这个库支持 GET 和 POST 请求，能够处理服务器以文本或 XML 格式返回的数据。

17.5 问答

问：有什么方式可以通过 responseText 属性返回多个值？

答：当然可以从 responseText 属性返回序列化的数据，然后在程序里对数据进行解码而得到多个值。关于数据序列化，请参考第 8 章和第 10 章。

问：应该优先使用文本格式还是 XML 格式呢？

答：对于复杂的数据结构来说，XML 一般是最好的选择。或者说，数据来自于第三方应用或 Web 服务，使用 XML 通常是必要的。然而对于比较简单的应用（甚至也包括一些比较复杂的），文本格式就足够用了，同时还能避免由 XML 架构或 XML 解析延时可能带来的问题。

17.6 作业

请先回答问题，再参考后面的答案。

17.6.1 测验

1．回调函数会：

a．判断 Ajax 调用已经成功完成

b．在 Ajax 调用成功完成之后执行

c．在 Ajax 调用没有顺利完成时执行

2．哪种 Ajax 调用需要特殊技巧以避免缓存的影响？

a．GET 请求

b．POST 请求

c．全部请求

3．在 POST 请求中，参数信息传递给服务器脚本的方式是：

a．作为 XMLHttpRequest 对象 send()方法的参数

b．作为查询字符串附加到目标 URL 之后

c．利用回调函数

17.6.2 答案

1．选 b。当 Ajax 调用成功完成之后，会执行回调函数。

2．选 a。GET 请求需要考虑缓存的影响。我们的范例通过给查询字符串添加随机数的方式来解决这个问题。

3．选 a。参数信息作为 XMLHttpRequest 对象 send()方法的参数传递给服务器脚本。

17.7 练习

尝试修改程序清单 17.3 和 17.4 的代码，在等待 Ajax 请求完成响应的过程中，给用户提示一些信息。

这个库目前在错误检测与处理方面还是很弱的，尝试对其进行修改，从而对于 req.status 不等于 200 时的状态做出适当的处理。

第 18 章

解决 Ajax 问题

本章主要内容包括：

- 利用浏览器工具调试 Ajax
- 常见 Ajax 错误
- 常用编程注意事项

本书前面曾经介绍如何使用常见浏览器的工具或扩展包来调试 JavaScript 代码。Ajax 的调试更加复杂一些，因为服务器调用和页面发起的请求是由 XMLHttpRequest 对象实现的。本章将介绍如何分析数据流转来解决产生的问题，还会介绍在开发 Ajax 应用程序的过程中常见的问题和相应的解决办法。

18.1 调试 Ajax 程序

本章前面的内容里介绍过使用浏览器提供的工具来调试 JavaScript 代码。

Ajax 的调试更加复杂一些，不仅需要了解变量或表达式当前的值，还需要了解输入与输出的数据。另外，了解服务器调用的阶段和它们的响应也是很有帮助的。

下面就来介绍利用一些常见工具了解 Ajax 程序的运行情况。

18.1.1 Firebug

像大多数浏览器一样，Mozilla 的 Firefox 提供了一些开发工具。第 6 章曾经介绍过使用其中的“错误控制台”调试简单的脚本，第 11 章介绍过“DOM 查看器”插件。而现在要介绍的 Firebug 是另一个值得注意的插件，下载地址是 http://getfirebug.com/。

Firebug 可以说是 JavaScript 开发和调试的全能工具，它的功能包括：

- 检查和编辑 HTML。可以动态编辑 HTML，实时看到修改后的结果。

- 检查和编辑CSS。即时修改任何页面元素的样式。
- 测量和显示任何页面元素的位移、边距、边界、填充和大小。
- 分析网络行为，包括加载资源的时间、缓存行为和XMLHttpRequest行为。
- 测试JavaScript的运行，从而发现和消除代码执行过程中的瓶颈，提高脚本运行速度。
- 查看、浏览和编辑DOM树。
- 保存日志信息以便日后分析。

实践

使用Firebug调试Ajax

在给Firefox安装了Firebug之后，打开第17章获取关键字的范例代码，按F12键激活Firebug，应该能看到如图18.1所示的窗口。

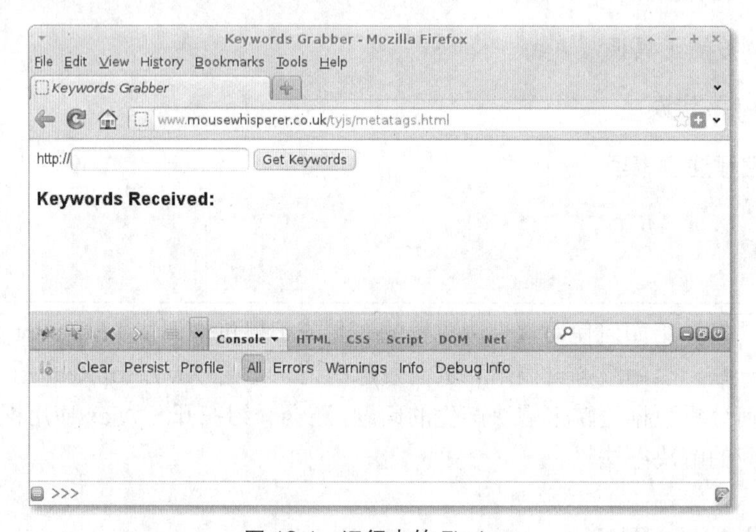

图18.1 运行中的Firebug

可以看到下方的窗口有一些选项卡，其中的"Console"选项卡集中显示了各类消息。通过调整Firebug的设置，可以选择显示哪些类型的消息。

这时的"Console"选项卡很可能是空的。

> **TIP** **提示：**Console选项卡还提供了一个JavaScript命令行，我们可以在其中执行任何的JavaScript命令。

点击"Net"选项卡打开"Network"面板，它可以监视和显示Web页面进行的任何HTTP通信。

全部HTTP请求都会显示在这里，每一行代表着从页面到服务器再返回的一个完整过程。目前这里显示的是两个文件的加载记录：HTML文件metatags.html和JavaScript编写的Ajax库myAjaxLib.js。从图18.2可以看出，在每一行记录的右侧有一个小图示，显示了每个HTTP请求的处理时间。

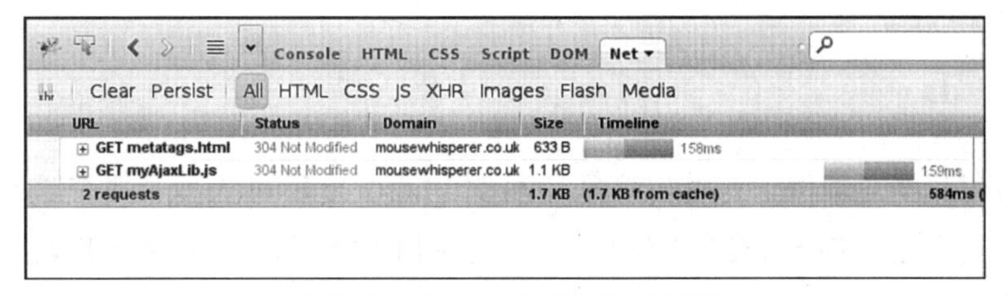

图 18.2　Firebug 显示 HTTP 通信

现在来看看运行我们的应用程序之后，这些选项卡的内容会有什么变化。在页面的表单字段里输入 URL，然后点击“Get Keywords”按钮，从远程站点获取一些元标签信息。这个 HTTP 请求应该出现在“Network”面板的列表里，点击最左侧的加号标签可以展开列表项，获得关于 Ajax 请求的更详细信息，包括发送和返回的数据、返回的 HTTP 状态、数据往返的时间，如图 18.3 所示。

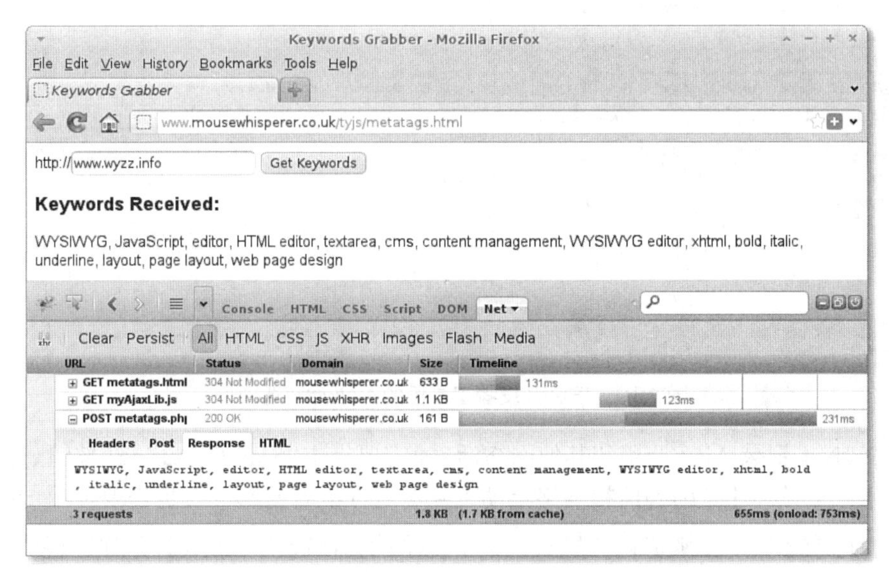

图 18.3　关于 Ajax 调用的信息

有些信息不是从服务器获得的，而是来自于浏览器缓存，这可以从状态“304 Not Modified”分辨出来，如图 18.3 所示。

而状态“200 OK”说明了 Ajax 调用返回的信息来自于服务器，这正是我们所需要的。

用鼠标右键单击列表中的任意一项都会激活上下文菜单，就可以把数据拷贝到剪贴板，或是在新选项卡里打开请求等。

有时还可以在 Network 选项卡工具栏的左侧看到表示暂停的按钮。它可以暂停（或取消暂停）XHR 工具，从而让 Firebug 在每次 XMLHttpRequest 调用时暂停页面，便于我们查看发送与接收的数据。在调试包含了大量调用的复杂 Ajax 程序时，这个功能是非常有用的。

Firebug 的功能远不止如此，如果想深入了解 Ajax（或是作为 JavaScript 开发人员），而且选择使用 Firefox 作为浏览器的人员，Firebug 是值得深入了解的。详细信息请查看 http://getfirebug.com/ wiki/index.php/Main_Page。

▲

18.1.2 IE

微软公司在 IE 9 里提供了一组开发者工具，其功能可与 Firefox 或其他类似浏览器相媲美。

在 IE 9 里同样是按 F12 键激活“开发者工具”。图 18.4 展示了打开这个工具后 metatags.html 页面运行的情况。

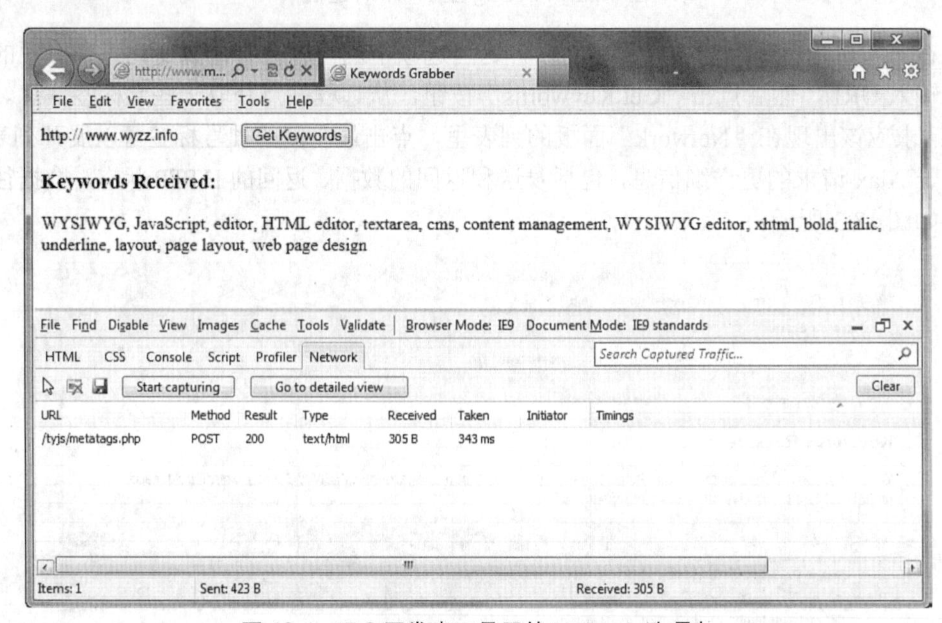

图 18.4 IE 9 开发者工具里的 Network 选项卡

为了在 IE 里记录 Ajax 调用和其他网络活动，需要点击“Start Capturing”按钮（见图 18.4）来启动或停止记录。这是因为监视网络活动本身会对性能有些影响，也需要使用一些内存。

在事件记录之后，在概览视图里双击某个记录就会以选项卡形式打开详细视图，从中可以查看请求和响应标题、请求和响应主体、cookie 和时间信息。图 18.5 展示了这个视图，从中可以看到 Ajax 的时间信息。

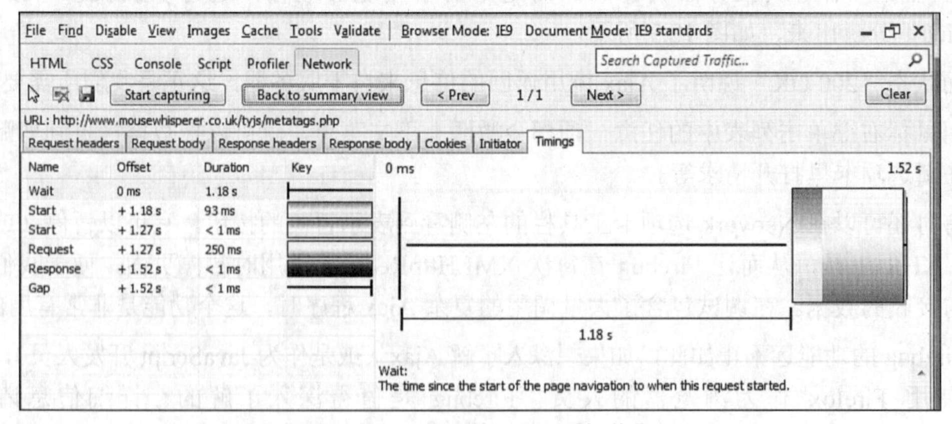

图 18.5 IE 9 里的 HTTP 时间信息

点击表格中的项目可以查看更详细的信息。

IE 9 还可以把捕获的事件信息保存到文件，格式可以是 CSV（逗号分隔值）或 XML，这样便于与其他开发人员分享信息。

18.2 常见 Ajax 错误

除了由简单编码错误导致的问题外，Ajax 还有一些天生的陷阱，一不小心就会导致错误。本节将会介绍其中的一些问题，并且讨论可能的解决方案。

这里提到的问题并不是全部的，给出的解决方案也不是唯一的，但它们应该会提供一些很好的思路。

18.2.1 “返回”按钮

所有的浏览器在导航栏都有一个“返回”按钮。浏览器会在内存里保存最近访问过的页面的列表，让用户能够重新访问最近浏览过的页面。

互联网用户已经习惯于基于页面的浏览方式，其中就包括使用“返回”按钮。

然而从前面的介绍可以看出，Ajax 恰恰是要改变这种在独立的多个页面传递信息的方式，它可以在不需要浏览器加载新页面的情况下不断修改页面内容。

那么，“返回”按钮会怎么样？

这个问题最近引发了开发人员之间的讨论，观点主要分为两派：

- 以编程手段记录页面状态，当用户点击“返回”按钮时，根据记录重建前一个状态。
- 劝说用户不要再使用“返回”按钮。

从技术来说，人为地重新生成前一个状态的页面是可行的，但会让 Ajax 代码相当复杂，恐怕只有一些非常“勇敢”的程序员会这么做。

第二种方式虽然在某种程度上显得是在逃避问题，但它的确有一些优点。我们使用 Ajax 创建类似桌面程序的界面，而桌面程序一般是没有、也不需要“返回”按钮的，因为这种程序根本就没有“页面”的概念。

18.2.2 书签和链接

这个问题与前面的“返回”按钮问题不无关系。

给页面设置书签就是给特定内容建立了快捷方式。从基于页面的角度来说，这种方式不无道理。虽然页面通常会包含一些动态内容，但只要能够找到页面，就会让我们十分接近曾经访问过的内容。

而对于 Ajax 来说，它可以在整个程序里仅使用一个页面地址，根据用户的操作从服务器返回大量动态内容。

这时如果设置某个特定显示内容的书签，然后传递给朋友或同事，会得到什么结果呢？仅利用这个页面的 URL 很可能不会得到期望的结果。

我们可以给程序一些特定状态的内容提供固定的链接，这样虽然不能彻底解决上述问题，但总算是有所帮助。

18.2.3 给用户的反馈

这是 Ajax 改变了独立页面的界面风格之后，产生的另外一个问题。

已经熟悉浏览 Web 页面的用户会习惯于每次操作都导致页面加载的感觉。

为此，很多 Ajax 程序提供了一些视觉提示来表示正在进行的操作，比如用动画代替静止图像，修改鼠标图案，或是显示弹出信息。

18.2.4 让 Ajax 平稳退化

本书介绍的开发技术都针对当今流行的浏览器，但我们不能保证没有人会使用早期不支持这些技术的浏览器来访问我们的页面。

另外，用户也可能关闭浏览器具有的 JavaScript 或 Ajax 功能。

显然，我们不希望自己的 Ajax 程序在这种情况下完全崩溃。

至少，在发生明显错误时，比如 XMLHttpRequest 实例创建失败时，应该对用户有所说明。如果 Ajax 程序本身过于复杂而不能自动转换为非 Ajax 模式，至少应该让用户能够转到不使用 Ajax 的页面。

18.2.5 应对搜索引擎嗅探

搜索引擎使用多种手段收集站点的信息，自动程序 spider 是重要手段之一。

spider 会读取 Web 页面、追踪链接，给内容及与站点相关的其他信息建立数据库。这个数据库就是常说的“目录”。它能够根据用户输入的关键字和短语返回相关的页面链接。

动态化程度很高的网站是基于用户交互（而不是被动的浏览）从服务器加载所需要的数据的，这样 spider 程序就可能访问不到以动态方式加载的内容，也就不能建立相应的目录索引。

Ajax 的本性就是用较少的页面加载很多的动态内容，这明显会使上述问题恶化。明智的做法应该是让 spider 程序能够获取站点内容的静态版本。

18.2.6 突出活跃页面元素

如果不对页面进行精心设计，用户也许不能迅速地发现哪些元素是可以点击的或是可以进行交互的。

在整个程序里应该采取一致的样式展现那些可以产生服务器请求或其他动态行为的页面元素。最常见的例子就是采用特殊样式表示链接的方式，让它与普通文本区分开，让用户很明确它能够产生特定效果。

只需要较少的代码，就可以把关于页面活动元素的指令和信息集成到弹出菜单里，这对于可能让程序状态发生明显改变的链接是特别重要的。图 18.6 展示了这样的一个弹出信息框。

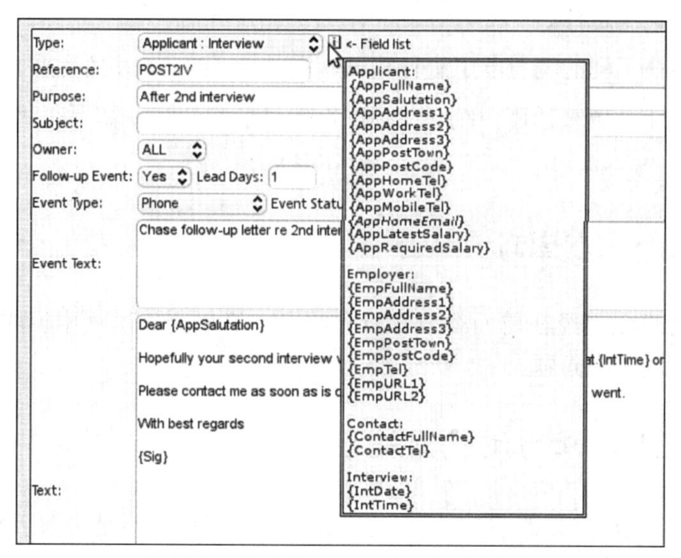

图 18.6　弹出信息有助于用户理解界面

18.2.7　避免在不适宜的场合使用 Ajax

虽然 Ajax 能够增强 Web 界面，但我们也不得不承认在一些场合，Ajax 不仅不会改善用户体验，还可能产生不好的影响。

特别是在基于页面的界面风格特别适合站点样式与内容时，就不必一定使用 Ajax。比如以文本为主要内容，而且按照传统章节方式分隔成不同页面的站点，利用精心设计的链接就可以实现 Ajax 的功能。

小型站点更是经常需要权衡，在发挥 Ajax 界面的功能与额外代码及复杂性之间进行取舍。

18.2.8　安全

在设计 Web 程序方面，Ajax 本身并没有带来什么安全问题，但很明显的是，使用 Ajax 的程序会包含更多的客户端代码。

像 JavaScript 这样的客户端代码能够被用户轻易地看到，所以敏感信息不能在其中出现。这里所说的敏感信息不仅指用户名和密码之类，还包括基本的商业逻辑。这种任务应该是由服务器端脚本通过数据库连接来完成的，而且数据在发送给任何重要过程之前都应该在服务器端进行检验。

18.2.9　多浏览器平台测试

本书很多内容都明确反映出不同浏览器在支持 JavaScript 方面的差别，比如微软早期浏览器与符合 W3C 标准的浏览器之间创建 XMLHttpRequest 对象的差别。除了这个主要的差别外，还有其他一些细微的不同。

特别是 DOM，不仅在不同浏览器之间有差别，甚至在同一浏览器的不同版本之间也有差别。CSS 的实现也是这样。

应用程序应该在不同的浏览器上进行测试，在使用了 Ajax 时尤为重要。

虽然浏览器可能会越来越遵循统一的标准，但目前我们还是需要在尽可能多的浏览器上进行测试。

18.3 常见编程注意事项

有些编程注意事项已经在前面章节有所介绍了，这里会再次集中说明。这些都是 Ajax 开发过程中最经常遇到的问题。

18.3.1 GET 请求与浏览器缓存

对同一个 URL 发出重复的 GET 请求时，获得的响应可能不是来自于服务器，而是来自于浏览器缓存。这个问题在某些版本的 IE 上表现最为明显。

虽然从理论上讲，使用适当的 HTTP 标头可以解决这个问题，但实际上有时这个问题是很顽固的。

解决这个问题的一个有效手段是在目标 URL 的查询字符串里添加随机内容，浏览器就会把它看作一个新请求，从服务器而不是缓存返回所需的内容。

前面范例通过添加一个随机数解决这个问题，很多程序员喜欢使用的另一种方式是从时间导出一个值，显然这个值每次都是不同的：

```
var url = "serverscript.php" + "?rand=" + new Date().getTime();
```

18.3.2 “拒绝访问”错误

收到“拒绝访问”错误通常意味着使用 XMLHttpRequest 对象进行了跨域的请求。基于安全的考虑，脚本只能调用与自己同在一个域的服务器程序。

CAUTION **注意：**在书写域名时注意使用完全相同的方式，比如 example.com 可能会被认为与 www.example.com 不在同一个域，从而产生拒绝访问的错误。

18.3.3 转义序列

在构造 GET 或 POST 请求的查询字符串时，如果变量包含空格或其他非文本字符，就需要进行转义：

```
http.open("GET", url + escape(idValue) + "?rand=" + myRandom, true);
```

18.4 小结

毫无疑问，Ajax 能够极大地改善 Web 界面，然而这种从基于页面到高度动态应用的转变会给开发人员带来一些陷阱，本章就说明了最常见的一些问题，并且给出了解决方案。

18.5 问答

问：Firebug 是否只能用于 Mozilla Firefox？

答：是的。但是有一个名为 Firebug Lite 的版本能够用于多种浏览器，包括 IE、Opera、Safari 和 Chrome。虽然它并没有包括 Firebug 的全部功能，但仍然是个很棒的工具。详情请见 http://getfirebug.com/firebuglite。

问：还有什么手段能够确保搜索引擎的嗅探程序能够正确地获取站点信息？

答：如果站点设计良好，而且使用了渐进增强的策略，大多数嗅探程序都能够发现站点的全部内容。如果想进一步确保这种效果，可以建立一个嗅控器能够访问的站点地图，利用简单的 HTML 链接指向站点的全部内容。

18.6 作业

请先回答问题，再参考后面的答案。

18.6.1 测验

1．Firebug 是：
   a．Firefox 浏览器的一个扩展
   b．一个 Ajax 库
   c．一个独立的调试程序
2．F12 开发者工具包含在：
   a．全部现代浏览器
   b．全部版本的 IE
   c．IE9 及以后版本
3．“拒绝访问”的错误原因通常是：
   a．尝试访问位于其他域的服务器
   b．使用 POST 请求代替 GET 请求
   c．数据没有正确转义

18.6.2 答案

1．选 a。Firebug 是 Firefox 浏览器的一个扩展。

2．选 c。F12 开发者工具包含于 IE 9 及以后版本。

3．选 a。“拒绝访问”的错误通常是因为访问其他域的服务器脚本。

18.7 练习

使用 Firebug 或 IE 的 F12 开发者工具监视大量使用 Ajax 的站点的网络通信，比如 Facebook、Gmail 或 Twitter。

在 metatags.html 里，查看从远程站点返回关键字信息通常需要多长时间。在设计 Ajax 程序里，我们为什么需要考虑像响应时间这类的信息？

第五部分

使用 JavaScript 库

第 19 章

利用库简化工作

本章主要内容包括：

- 为什么要使用库
- 库能帮助我们做什么
- 来自用户社区的库扩展
- 常用库简介
- prototype.js 简介

库就是可重用 JavaScript 代码的集合，让我们在程序只需添加几行代码就能完成复杂的操作。

第 17 章就曾经建立一个简单的库，而实际中有很多免费的 JavaScript 库能够帮助我们迅速地开发功能强大的跨浏览器的应用程序。本章会介绍其中一些最流行的库。

19.1 为什么要使用库

一些 JavaScript 开发人员强烈建议编写自己的代码而不是使用库，主要理由包括：

- 使用库时只是调用其他人编写的算法和函数，所以我们不能确切了解库里的代码是如何运行的。
- JavaScript 库里包含很多不会用到的代码，但用户仍然需要下载它们。

与软件开发工作的其他很多方面一样，这只是与个人喜好有关。就本人而言，我相信“有时”使用库是非常有好处的：

- 为什么要编写别人已经写过的代码呢？常用的 JavaScript 库包含了程序员经常会用到的函数。这些库得到了数以千计的下载和评论，证明它们包含的代码经过了更完整的测试和调试，比我们自己编写的代码会更完善一些。

- 吸取其他程序员的思路。的确有些优秀的程序员乐于分享自己的代码，我们可以利用他们的成果，改善自己的程序。
- 利用细致编写的库可以避免跨浏览器时 JavaScript 可能产生的问题。我们自己可能不便安装多种浏览器，但编写库的程序员和他们的用户会测试各种常见的浏览器。
- 大多数库的文件尺寸并不是很大，下载造成的影响不会很明显。对于一些需要缩短下载时间的场合，大多数库都提供了压缩版本，可以用于实际运行的站点。我们还可以查看库的代码，只保留需要使用的部分。

19.2 库能做什么

库的功能多种多样，取决于它应用的领域、创建者的目的及需求。但有一些功能是大多数库都包括的。

- 封装 DOM 方法。JavaScript 库可以提供方便的方式来选择和管理页面元素或元素组。后面要介绍的 prototype.js 就是如此。
- 动画。第 15 章曾经介绍过用定时器生成页面元素的动画，而很多流行的库用各种函数来完成这类操作，我们只需要很少的代码就能够方便地实现滑动、淡出、晃动、变形、折叠、跳动等效果，而且是在多浏览器都能正常运行的。
- 拖放。真正跨浏览器实现拖放操作是相当复杂的，使用库可以大大简化这个工作。
- Ajax。不必考虑 XMLHttpRequest 实例化问题，不必关心回调函数和状态代码，就能动态更新页面内容。

19.3 常见的库

新的库是不断出现的，有些则经过连续多年的开发和完善。下面介绍的列表并不完全，只是包含了一些最流行的库。

19.3.1 Prototype 框架

Prototype 框架（http://www.prototypejs.org）已经存在了一些年头了，当前版本是 1.7。它的优势在于 DOM 扩展和 Ajax 处理，在 JSON 支持与创建和继承类方面也做的不错。

Prototype 框架作为单独的库进行发布，但也会作为更大项目的组件，比如 Ruby on Rails 和 script.aculo.us 库。

NOTE **说明：**本章后面会进一步介绍 Prototype 框架，包括一些实践练习内容。

19.3.2 Dojo

Dojo（http://www.dojotoolkit.org/）是个开源工具集，能够简化创建程序和用户界面的工作，功能包括扩展的字符串和数学函数，还有动画和 Ajax。最新版本不仅支持全部主流浏览器，还支持手机环境（Dojo Mobile），包括苹果公司的 iOS、安卓和黑莓。

目前，Dojo 的版本是 1.7。

19.3.3 Yahoo! UI

Yahoo! UI 库（http://developer.yahoo.com/yui/）是由 Yahoo!开发的开源程序，功能包括动画、DOM、事件管理及一些方便的用户界面元素，比如日历和滑块。

19.3.4 MooTools

MooTools（http://mootools.net/）是个小型模块化 JavaScript 框架，提供易于理解的、文档清晰的 API（应用程序接口），能够帮助我们创建功能强大的、灵活的跨浏览器程序。

19.3.5 jQuery

jQuery（http://jquery.com）是个小型高效的 JavaScript 库，简化了多种开发工作，比如 HTML 文档转换、事件处理、动画和 Ajax 调用，适合快速开发交互站点。

> **提示：**后面的两章会陆续介绍 jQuery 库和与其相关的用户界面库 jQueryUI。 **TIP**

19.4 prototype.js 介绍

San Stephenson 的 prototype.js 是个很流行的 JavaScript 库，包含了很多用于开发跨浏览器 JavaScript 应用的函数，其中还有针对 Ajax 的支持。稍后就会展示利用这个库对于 DOM 操作、HTML 表单和 XMLHttpRequest 对象的强大支持，我们如何简化 JavaScript 代码。

从 http://prototype.conion.net/上可以下载最新版本的 prototype.js。

> **注意：**本书编写时，prototype.js 的版本是 1.7.0。如果下载了不同的版本，请查看文档来了解其中的差异。 **CAUTION**

在 Web 程序中包含这个库是很简单的，只要在 HTML 文档的<head>部分添加如下代码即可：

```
<script src="prototype.js"></script>
```

prototype.js 包含很多实用的函数，能够帮助我们更快地编写代码，形成的代码更简洁、更易于维护。

这个库包含一些能够方便实现常见编程任务的函数、对 HTML 表单的整体处理、对 XMLHttpRequest 对象的封装、简化 DOM 操作的方法与对象。

下面就来介绍其中一些工具。

19.4.1 $()函数

$()基本就是 getElementById()方法的快捷方式。通常情况下，为了返回特定元素的值，需要使用类似下面的表达式：

```
var mydata = document.getElementById('someElementID');
```

$()函数以元素 ID 作为参数，把上述表达式简化为：

```
var mydata = $('someElementID');
```

更进一步，$()可以接收多个元素 ID 作为参数，返回相应元素值组成的数组。比如下面这条语句：

```
mydataArray = $('id1','id2','id3');
```

这样一来：

mydataArray[0]包含元素 ID 为 id1 的值，mydataArray[1]包含元素 ID 为 id2 的值，mydataArray[2]包含元素 ID 为 id3 的值。

19.4.2 $F()函数

$F()函数以表单的输入元素或它的 ID 作为参数，返回它包含的值。比如下面的 HTML 脚本：

```
<input type="text" id="input1" name="input1">
<select id="input2" name="input2">
    <option value="0">Option A</option>
    <option value="1">Option B</option>
    <option value="2">Option C</option>
</select>
```

然后使用$F('input1')就可以返回文本框的值，使用$F('input2')就可以返回选择框里当前选中的值。我们可以用同样的方式对文本输入框和选择框使用$F()函数，不必考虑输入元素的类型，从而能够非常方便地返回相应的值。

19.4.3 Form 对象

prototype.js 定义了一个 Form 对象，它包含的一些方法能够简化 HTML 表单操作。

比如，调用 getElements()方法可以返回一个数组，其中包含表单的输入字段：

```
inputs=Form.getElements('thisform');
```

serialize()方法可以把输入名称和值转换为 URL 兼容的序列：

```
inputlist = Form.serialize('thisform');
```

在前面这行代码里，变量 inputlist 会包含序列化的“参数/值”对：

```
field1=value1&field2=value2&field3=value3...
```

Form.disable('thisform')和 Form.enable('thisform')从名称就可以看出它们的功能。

19.4.4 Try.these()函数

第 14 章曾经介绍过使用 try…catch 语句来捕获运动时错误并妥善地处理，而 Try.these()

函数提供一种简洁的方式封装了这些方法，实现跨浏览器的解决方案：

```
return Try.these(function1(),function2(),function3(), ...);
```

其中的函数会依次执行，当错误发生时，程序会跳转到下一个函数。如果全部函数都正确执行，操作就会停止，返回值是 true。

把这个方式用于创建 XMLHttpRequest 实例，可以得到很简洁的代码：

```
return Try.these (
    function() {return new ActiveXObject('Msxml2.XMLHTTP')},
    function() {return new ActiveXObject('Microsoft.XMLHTTP')},
    function() {return new XMLHttpRequest()}
)
```

> **说明**：把程序清单 16.1 与上段代码相比，就可以看出代码得到了多好的简化，而且提高了易读性。 ***NOTE***

19.4.5 用 Ajax 对象包装 XMLHttpRequest

prototype.js 定义了一个 Ajax 对象，用于简化开发 Ajax 程序时的代码。它的一些类封装的代码可以发送服务器请求、监视请求的过程、处理返回的数据。

Ajax.Request

```
var myAjax=new Ajax.Request(url,{method:'post',parameters:mydata,onComplete:
  responseFunction} );
```

在这一行代码里，url 表示服务器资源的地址，method 可以是 post 或 get，mydata 是包含请求参数的序列化字符串，responseFunction 是处理服务器响应的回调函数的名称。

> **提示**：第二个参数是使用 JSON 标签构造。很多流行的 JavaScript 库都会尽可能地使用 JSON，包括 YUI Library、Prototype、jQuery、Dojo Toolkit 和 MooTools。 ***TIP***

onComplete 参数是对应于 XMLHttpRequest 的 readyState 属性的若干值之一。它相当于 readyState=4，也就是完成状态。如果想指定在其他状态下调用的回调函数，对应于“加载中”、“已经加载”、“交互”状态的参数是 onLoading、onLoaded 和 onInteractive。

还有其他一些参数，比如 asynchronous:false 表示服务器调用应该是同步的，它的默认值是 true。

Ajax.Updater

在很多情况下，我们需要让返回的数据更新页面元素，使用 Ajax.Updater 类可以简化这种工作，我们要做的就是指定要更新的元素：

```
var myAjax=new Ajax.Updater(elementID,url,options);
```

这类似于调用 Ajax.Request，只是第一个参数是目标元素的 ID。下面是 Ajax.Updater 的范例代码。

```
<script>
    function updateDIV(mydiv) {
        var url = 'http://example.com/serverscript.php';
        var params = 'param1=value1&param2=value2';
        var myAjax = new Ajax.Updater (
                mydiv,
```

```
                url,
                {method: 'get', parameters: params}
            )
    }
</script>
<input type="button" value="Go"
onclick="updateDIV(targetDiv)">
<div id="targetDiv"></div>
```

调用这个类也有一些额外的可选参数，比如 evalscripts:true，会让服务器返回的 JavaScript 代码得到运算。

Ajax.PeriodicalUpdater

这个类可以反复使用来创建 Ajax.Updater 实例，从而实现页面元素以一定时间间隔进行更新。这种功能对于像股票走势软件或 RSS 阅读器之类的应用是很有用的，确保用户能够获得及时更新的数据。

与 Ajax.Updater 相比，Ajax.PeriodicalUpdater 又多了以下两个参数。

- frequency：更新间隔的时间，默认是 2 秒。
- decay：一个乘数因子。它是当服务器返回的数据没有变化时，间隔时间要增加的位数。默认值是 1，也就是不改变间隔时间。

下面是 Ajax.PeriodicalUpdater 的一个范例：

```
var myAjax = new Ajax.PeriodicalUpdater(elementID, url, {frequency: 3.0,
➥decay: 2.0});
```

这条语句把时间间隔设置为 3，当服务器返回的数据没有改变时，就会把间隔延长一倍。

实践

股票价格阅读器

现在利用 prototype.js 库开发一个简单的应用，定期从服务器获得最新的数据。在本例中，我们利用一个简单的服务器端脚本 rand.php 来模拟不断变化的股票价格：

```
<?php
srand ((double) microtime( )*1000000);
$price = 50 + rand(0,5000)/100;
echo "$price";
?>
```

这段脚本首先调用 srand()函数，使用从当前时间获得的数据作为参数，对 PHP 的随机数函数进行初始化；然后使用 rand(0,5000)生成随机数，进行一定的运算之后得到 50.00 到 100.00 之间的数值，用于模拟股票价格。

现在建立一个简单的 HTML 来显示当前股票价格。它也反映了 Ajax 程序的基本结构：

```
<!DOCTYPE html>
<html>
<head>
    <script src="prototype.js"></script>
    <title>Stock Reader powered by Prototype.js</title>
</head>
<body>
    <h2>Stock Reader</h2>
    <p>Current Stock Price:</p>
    <div id="price"></div>
</body>
</html>
```

在这段脚本中，我们在文档头部的<script>标签引用了 prototype.js 库，还设置了一个 id 为 price 的<div>，用于显示当前股票价格。

接下来的工作是使用 Ajax.PeriodicalUpdater 类，把它附加到 body 元素的 onLoad 事件处理器。程序清单 19.1 展示了完整的脚本。

程序清单 19.1　使用 prototype.js 的 Ajax 股票价格阅读器

```
<!DOCTYPE html>
<html>
<head>
    <title>Stock Reader powered by Prototype.js</title>
    <script src="prototype.js"></script>
    <script>
        function checkprice() {
            var myAjax = new Ajax.PeriodicalUpdater('price', 'rand.php',
➥{method: 'post', frequency: 3.0, decay: 1});
        }
        window.onload = checkprice;
    </script>
</head>
<body>
    <h2>Stock Reader</h2>
    <p>Current Stock Price:</p>
    <div id="price"></div>
</body>
</html>
```

从这段代码就可以看出，通过使用 prototype.js 可以大大简化代码。比如这个程序只需要定义一个函数 checkprice()来实例化重复的 Ajax 调用，然后从 body 元素的 onLoad 事件处理器调用它就可以了。

从 Ajax.PeriodicalUpdater 的参数可以看出，时间间隔设置为 3 秒。decay 值设置为 1，表示即使从服务器返回的数据没有变化，也不会延长刷新间隔。

图 19.1 展示了程序运行的情况。当然，图中没有展示出每隔 3 秒数值就会变化的效果。

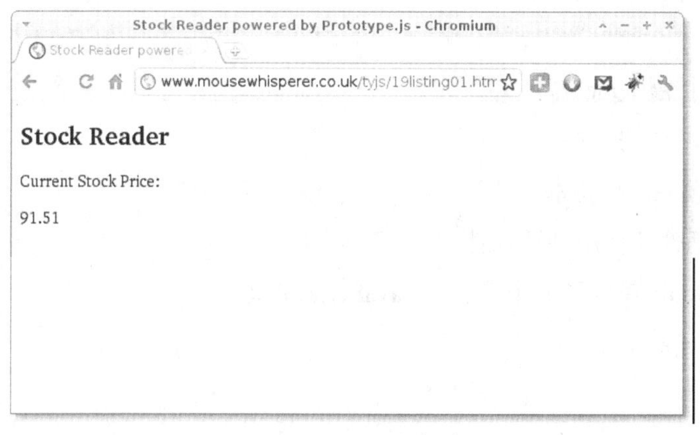

图 19.1　Ajax 股票阅读器

这个简单的范例并没有完全展现 prototype.js 的强大功能，只是为我们提供了一个了解它的切入点。

▲

19.5 小结

在很多情况下，利用库都能简化 JavaScript 的编写过程。这些库把常用的对象和方法包装为更便于使用的形式，让程序员在添加或删除事件监听器或是实例化 XMLHttpRequest 对象时不必再担心跨浏览器的问题。本章只是简单介绍了几个最常用的 JavaScript 库。

19.6 问答

问：如何在页面里引用第三方 JavaScript 库？

答：对于不同的库，方法可能稍有不同。通常来说，引用一个或多个外部.js 文件的最简单方法是在页面的<head>部分。具体的细节可以参考随库提供的文档。

问：在一个脚本里能否使用多个第三方库？

答：能。从理论上说，如果库文件的设计与编写都考虑到了不互相干扰，组合使用它们就不会有问题。而事实上，这取决于我们要使用的库以及它们的编写方式。

19.7 作业

请先回答问题，再参考后面的答案。

19.7.1 测验

1．下面哪个选项不是 JavaScript 库？

a．MooTools

b．Prototype

c．Ajax

2．如何自己扩展 jQuery？

a．jQuery 不能扩展

b．编写服务器端脚本

c．编写插件或使用预置插件

3．script.aculo.us 使用了哪个第三方 JavaScript 库？

a．Prototype

b．Dojo

c．jQuery

19.7.2 答案

1．选 c。Ajax 是一种让脚本利用服务器资源的编程技术。有很多库可以帮助我们实现

Ajax 功能，但 Ajax 本身不是一个库。

2．选 c。jQuery 对插件的支持非常好。

3．选 a。script.aculo.us 使用了 prototype.js 库。

19.8 练习

编写一个简单的脚本来使用 Prototype 库，或是使用 http://www.prototypejs.org 的范例脚本。

访问 http://script.aculo.us，查看它的完整功能列表。

第 20 章 jQuery 入门

本章主要内容包括：

- 在页面里引用 jQuery
- jQuery 的$(document).ready 处理器
- 选择页面元素
- 操作 HTML 内容
- 显示和隐藏元素
- 元素动画
- 命令链
- 处理事件
- 在 Ajax 应用里使用 jQuery

虽然存在着很多 JavaScript 库，但 jQuery 显然是最常用的，而且几乎是最容易扩展的一个。大量开发人员给 jQuery 提供了开源的插件，让我们几乎可以为任何应用找到适当的插件。这些范围广泛的插件和易于使用的简单语法让 jQuery 成为一个“伟大”的库。本章就来简要介绍它，稍微展现一下它的强大功能。

20.1 在页面里引用 jQuery

在使用 jQuery 之前，我们需要在页面里引用它。主要的方式有两种，详情如下。

20.1.1 下载 jQuery

从官方站点 http://docs.jquery.com/Downloading_jQuery 可以下载 jQuery，它有压缩版和非

压缩版。压缩版是用于运行站点的，文件体积比较小。

在开发环境中建议使用非压缩版，它包含了格式整齐、良好注释的源代码，便于我们观察 jQuery 是如何工作的。

我们需要在页面的<head>部分用<script>标签包含 jQuery 库，最简单的方式是把下载的 jquery.js 文件放到与页面相同的文件夹，像下面这样引用它：

```
<script src="jquery-1.7.1.js"></script>
```

当然，如果 jQuery 文件保存在其他文件夹，就要相应地修改 src 属性里的路径。

> **说明**：jQuery 实际的文件名取决于下载的版本。在本书编写时的版本是 1.7.1。 **NOTE**

20.1.2 使用远程方式

除了下载使用 jQuery 外，我们还可以用“内容分发网络”，也就是 CDN 的方式引用它。除了不必下载 jQuery 之外，这种方式还有其他一些优点：当浏览器需要使用 jQuery 时，它很可能已经在缓存里了；另外，CDN 通常能够保证从最近地理位置的服务器提供文件，从而减少加载时间。

官方 jQuery 站列出的 CDN 包括：

Google Ajax API CDN

http://ajax.googleapis.com/ajax/libs/jquery/1.7.1/jquery.min.js

Microsoft CDN

http://ajax.aspnetcdn.com/ajax/jQuery/jquery-1.7.1.min.js

jQuery CDN

http://code.jquery.com/jquery-1.7.1.min.js（简化版）

http://code.jquery.com/jquery-1.7.1.js（完全版）

根据不同的 CDN 来设置<script>标签里的内容，比如：

```
<script
src="https://ajax.googleapis.com/ajax/libs/jquery/1.7.1/jquery.min.js">
➥</script>
```

除非有特定的理由要在自己的服务器上加载 jQuery，一般情况下 CDN 方式是更好的选择。

> **提示**：如果想确保使用最新版的 jQuery，可以链接到 http://code.jquery.com/ jquery-latest.min.js。 **TIP**

20.2 jQuery 的$(document).ready 处理器

本书中多次了 window.onload 处理器，而 jQuery 具有自己相应的方法：

```
$(document).ready(function() {
    // jQuery 代码
});
```

一般情况下，我们编写的很多代码会从类似这样的语句里执行。

与 window.onload 一样，它完成两件事情：

- 确保在 DOM 可用之后，也就是确保代码中可能访问的元素都已经存在了，再执行代码，从而避免产生错误。
- 把语义层（HTML）和表现层（CSS）分离开，让代码更加清晰。

JQuery 相比 window.onload 还有一个优点，不是一定要等到页面加载完成才运行代码。在使用 jQuery 的$(document).ready 时，只要 DOM 树构造完成，代码就会开始运行，而不会等到图像和其他资源都加载完毕，这对改善性能略有帮助。

20.3 选择页面元素

在 jQuery 里，利用操作符$("")就可以选择 HTML 元素。下面是一些使用范例：

```
$("span");  //全部 span 元素
$("#elem");  //id 为"elem"的 HTML 元素
$(".classname");  //类为"classname"的 HTML 元素
$("div#elem");   //id 为"elem"的<div>元素
$("ul li a.menu");  //类为"menu"且嵌套在列表项里的锚点
$("p > span");  //p 的直接子元素 span
$("input[type=password]");  //具有指定类型的输入元素
$("p:first");  //页面上第一个段落
$("p:even");  //全部偶数段落
```

TIP **提示**：在这个操作符里也可以使用单引号：$('')。

关于 DOM 和 CSS 的选择符就是上述这些，但 jQuery 还有一些自己定制的选择符，比如：

```
$(":header");  //标题元素（h1 到 h6）
$(":button");  //全部按钮元素（输入框或按钮）
$(":radio");  //单选钮
$(":checkbox");  //选择框
$(":checked");  //选中状态的选择框或单选钮
```

前面这几条 jQuery 语句都会返回一个对象，其中包括由指定 DOM 元素组成的数组。这些语句并没有实际操作，只是从 DOM 获取相应的元素。后面的章节会介绍如何操作这些元素。

20.4 操作 HTML 内容

操作页面元素内容是最能体现 jQuery 高效工作的方面之一。html()和 text()方法能够获取和设置选中元素的内容，而 attr()可以获取和设置单个元素的属性。下面来看一些范例。

20.4.1 html()

这个方法能够获取元素或一组元素的 HTML 内容，类似于 JavaScript 的 innerHTML：

```
var htmlContent = $("#elem").html();
/* variable htmlContent now contains all HTML
(including text) inside page element
with id "elem" */
```

变量 htmlContent 就会包含 id 为“elem”的页面元素内部的全部 HTML（包括文本）。

使用类似的语法，就可以设置元素或一组元素的 HTML 内容：

```
$("#elem").html("<p>Here is some new content.</p>");
/* page element with id "elem"
has had its HTML content replaced*/
```

这样就会修改 id 为“elem”的页面元素的 HTML 内容。

20.4.2 text()

如果只是想获得一个元素或一组元素的文本内容，除了使用 html()外，还可以使用 text()：

```
var textContent = $("#elem").text();
/* variable textContent contains all the
text (but not HTML) content from inside a
page element with id "elem" */
```

变量 textContent 就会包含 id 为“elem”的页面元素内部的全部文本（不包括 HTML）。

同样地，它也可以设置元素的文本内容：

```
$("#elem").text("Here is some new content.");
/* page element with id "elem"
has had its text content replaced*/
```

这样就会修改 id 为“elem”的页面元素的文本内容。

如果想给元素添加文本内容而不是替换其中的内容，可以这样做：

```
$("#elem").append("<p>Here is some new content.</p>");
/* keeps current content intact, but
adds the new content to the end */
```

这样会在保持原有内容的基础上，添加新的内容。

类似地：

```
$("div").append("<p>Here is some new content.</p>");
/* add the same content to all
<div> elements on the page. */
```

会给页面上全部<div>元素添加一些内容。

20.4.3 attr()

当应用于一个元素时，这个方法返回特定属性的值。

```
var title = $("#elem").attr("title");
```

如果应用于一组元素，它只返回第一个元素的值。

利用这个方法还可以设置属性的值：

```
$("#elem").attr("title", "This is the new title");
```

20.5 显示和隐藏元素

对于传统的 JavaScript 来说，显示和隐藏页面元素通常是利用元素 style 对象的 display

或 visibility 属性来实现的。这种方法没有什么问题，但通常会导致比较长的代码：

```
document.getElementById("elem").style.visibility = 'visible';
```

利用 jQuery 的 show()和 hide()方法就可以只用较短的代码实现相同的功能，而且还具有额外一些功能。

20.5.1 show()

show()方法可以让单个元素或一组元素显示在页面上：

```
$("div").show();  //显示全部<div>元素
```

另外，还可以添加一些参数来调整显示的过程。

在下面的范例里，第一个参数“fast”决定了显示元素的速度。这个参数除了可以设置为 fast 或 slow 外，还可以用数字表示特定时间（单位是毫秒）。如果不设置这个参数，元素就会立即显示，没有任何动画。

> **TIP** **提示**：“slow”对应的数值大约是 600 毫秒，“fast”对应的数值大约是 200 毫秒。

第二个参数类似于回调函数，能够在显示完成时执行一次操作。

```
$("#elem").show("fast",function() {
     // 在元素显示之后进行某些操作
});
```

本例中使用的是匿名函数，当然使用命名函数也是可以的。

20.5.2 hide()

这个方法的用途显然与 show()是相反的，用于隐藏页面元素。它也有一些像 show()一样的可选参数：

```
$("#elem").hide("slow",function() {
     //在元素隐藏之后进行某些操作
});
```

20.5.3 toggle()

```
$("#elem").toggle(1000,function() {
     // 在元素显示或隐藏之后进行某些操作
});
```

这个方法会改变一个元素或一组元素的当前显示状态，也就是说把处于显示状态的元素隐藏起来，把处于隐藏状态的元素显示出来。它也具有关于变化速度及回调函数的参数。

> **TIP** **提示**：show()、hide()和 toggle()方法都可以应用于一组元素，这些元素会同时显示或隐藏。

20.6 元素动画

jQuery 提供的一些标准效果就已经相当强大了。第 15 章曾经介绍过如何使用元素的 opacity 属性和 JavaScript 定时器实现元素淡入淡出的效果，而这些操作都已经漂亮地包装在 jQuery 的一些方法里，只需简单地调用就可以应用于单个或一组元素。

20.6.1 淡入淡出

在实现元素淡入淡出的同时，还可以设置持续时间和回调函数。

淡出的操作是这样的：

```
$("#elem").fadeOut("slow",function() {
    // 在淡出之后进行一些操作
});
```

淡入的操作是这样的：

```
$("#elem").fadeIn(500,function() {
    // 在淡入之后进行一些操作
});
```

还可以让元素只进行部分淡入或淡出：

```
$("#elem").fadeTo(3000,0.5,function() {
    // 在淡入或淡出之后进行一些操作
});
```

其中第二个参数（本例是 0.5）代表最终的不透明度，类似于 CSS 里设置的不透明度。不管元素曾经的不透明度是多少，在执行上述语句之后，它都会变成第二个参数所指定的值。

20.6.2 滑动

jQuery 实现元素滑动的方法与实现淡入淡出的方法如出一辙，它们的参数具有同样的规则，可以实现单个或一组元素的向上或向下滑动。

```
$("#elem").slideDown(150,function() {
    // 向下滑动之后进行一些操作
});
```

向上滑动是这样的：

```
$("#elem").slideUp("slow",function() {
    //向上滑动之后进行一些操作
});
```

为了实现根据元素目前位置自动决定是向上滑动还是向下滑动，jQuery 还提供了 slideToggle()方法。

```
$("#elem").slideToggle(1000,function() {
    // 向上或向下滑动之后进行一些操作
});
```

20.6.3 动画

实现动画的方法很简单，利用 jQuery 指定元素要使用 CSS 样式表，jQuery 就以渐变方式应用 CSS 样式，而不是像普通的 CSS 或 JavaScript 那样直接应用，从而实现动画的效果。

animate()方法可以应用于很多 CSS 属性。下面的范例中把元素的宽度和高度动画到 400 像素×500 像素，并且在动画完成之后，利用回调函数把元素淡出为隐藏。

```
$("#elem").animate(
    {
        width: "400px",
        height: "500px"
        }, 1500, function() {
                $(this).fadeOut("slow");
    }
);
```

20.7 命令链

jQuery 的大多数方法都返回一个 jQuery 对象，可以用于再调用其他方法，这是 jQuery 的另一个方便之处。比如可以像这样组合前面的范例：

```
$("#elem").fadeOut().fadeIn();
```

上面这行代码会先淡出指定的元素，然后淡入显示它们。命令链的长度没有什么限制，从而可以对同一组元素连续进行很多操作：

```
$("#elem").text("Hello from jQuery").fadeOut().fadeIn();
```

实践

简单的 jQuery 动画

现在来利用前面介绍的内容实现一个简单的动画。

HTML 页面最初会显示一个<div>元素，它的样式由 CSS 设置，但其中没有内容。具体的 HTML 代码如下：

```
<!DOCTYPE html>
<html>
<head>
    <style>
        #animateMe {
            position:absolute;
            width: 100px;
            height: 400px;
            top: 100px;
            left: 100px;
            border: 2px solid black;
            background-color: red;
            padding: 20px;
        }
    </style>
</head>
<body>
    <div id="animateMe"></div>
</body>
</html>
```

接下来首先要在页面里添加<script>元素，以 CDN 方式链接到 jQuery 库：

```
<script src="http://code.jquery.com/jquery-latest.min.js"></script>
```

> **注意**：为了以 CDN 方式使用 jQuery，计算机需要连接到互联网，否则就只能使用本地的 jQuery 库了。
>
> **CAUTION**

然后利用 text()方法给<div>元素添加一些文本：

```
$("#animateMe").text("Changing shape...")
```

然后对元素的大小（及形状）进行动画：

```
$("#animateMe").animate(
    {
        width: "400px",
        height: "200px"
    }, 5000, function() {
        //回调函数
    }
);
```

由于 text()和 animate()方法是对同一个元素进行操作，我们可以用命令链的方式实现：

```
$("#animateMe").text("Changing shape...").animate(
    {
        width: "400px",
        height: "200px"
    }, 5000, function() {
        // 回调函数
    }
);
```

在动画结束之后，我们会修改元素里的文本，然后让元素缓慢淡出。在此，我们让两个命令形成命令链，并且利用 animate()的回调函数在动画结束之后实现这种效果。

```
$("#animateMe").text("Changing shape...").animate(
    {
        width: "400px",
        height: "200px"
    }, 5000, function() {
        $(this).text("Fading away ...").fadeOut(4000);
    }
);
```

注意其中使用了关键字 this，这是因为方法是作用于父元素$("#animateMe")的，所以在这个代码块内部使用 this 来引用父元素。

最后，我们把上述代码包装到 jQuery 的$(document).ready 处理器，确保在 DOM 准备好之后执行这些操作。

完整的代码如程序清单 20.1 所示。

程序清单 20.1　一个简单的 jQuery 动画

```
<!DOCTYPE html>
<html>
<head>
    <style>
```

```
        #animateMe {
            position:absolute;
            width: 100px;
            height: 400px;
            top: 100px;
            left: 100px;
            border: 2px solid black;
            background-color: red;
            padding: 20px;
        }
    </style>
    <script src="http://code.jquery.com/jquery-latest.min.js"></script>
    <script>
        $(document).ready(function() {
            $("#animateMe").text("Changing shape...").animate(
                {
                    width: "400px",
                    height: "200px"
                }, 5000, function() {
                    $(this).text("Fading away ...").fadeOut(4000);
                }
            );
        });
    </script>
</head>
<body>
    <div id="animateMe"></div>
</body>
</html>
```

页面加载之后应该显示一个红色<div>元素，具有黑色边框，其中内容是“Changing shape....”，在动画变化为新的宽度和高度之后，其中的内容会变为“Fading away...”，并且整个元素淡出消失。图20.1展示了这个动画过程。

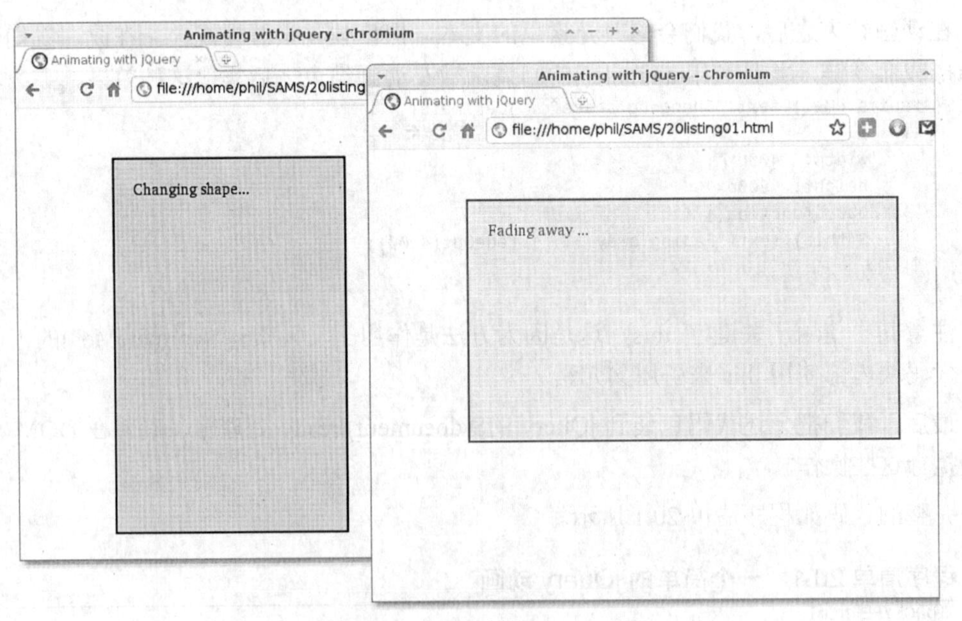

图20.1　一个简单的jQuery动画

20.8 处理事件

在 jQuery 里可以用多种方式给单个元素或一组元素添加事件处理器。首先，最直接的方法是这样的：

```
$("a").click(function() {
    // 当锚点元素被点击时要执行的代码
});
```

或者像下面这样使用命名的函数：

```
function hello() {
    alert("Hello from jQuery");
}
$("a").click(hello);
```

在上面这两个范例里，当锚点被点击时，就会执行指定的函数。jQuery 里其他常见的事件包括 blue、focus、hover、keypress、change、mousemove、resize、scroll、submit 和 select。

jQuery 以跨浏览器的方式包装了 attachEvent 和 addEventListener 方法，从而便于添加多个事件处理器：

```
$("a").on('click', hello);
```

> **说明**：on()方法是在 jQuery 1.7 引入的，用于取代以前一些事件处理方法，包括 bind()、delegate()和 live()。详情请见 jQuery 文档。 ***NOTE***

on()方法可以给原本存在于 HTML 页面的元素或者动态添加 DOM 的元素添加处理器。

20.9 使用 jQuery 实现 Ajax

第 16 章和第 17 章介绍了 Ajax 的基本要点，它可以在后台与服务器之间进行通信，在不刷新页面的情况下显示得到的结果，从而让页面与用户的交互更加顺畅。

由于不同浏览器以不同方式实现 XMLHttpRequest 对象，Ajax 编程显得有些复杂。好在 jQuery 解决了这些问题，让我们可以用很少的代码就可以编写 Ajax 程序。

jQuery 包含不少执行 Ajax 对服务器调用的方法，这里介绍其中最常用的一些。

20.9.1 load()

如果只是需要从服务器获取一个文档并在页面元素里显示它，那么只需要使用 load()方法就可以了。比如下面的代码片段会获取 newContent.html，并且把它的内容添加到 id 为“elem”的元素：

```
$(function() {
    $("#elem").load("newContent.html");
});
```

在使用 load()方法时，除了指定 URL 外，还可以传递一个选择符，从而只返回相应的页面内容：

```
$(function() {
    $("#elem").load("newContent.html #info");
});
```

上面的范例在 URL 之后添加了一个 jQuery 选择符，中间以空格分隔。这样就会返回选择符指定的容器里的内容，本例就是 id 为“info”的元素。

为了弥补 load()方法的简单功能，jQuery 还提供了发送 GET 和 POST 请求的方法。

20.9.2 get()和 post()

这两个方法很类似，只是调用不同的请求类型而已。调用这两个方法时不需要选择某个 jQuery 对象（比如某个或一组页面元素），而是直接调用：$.get()或$.post()。在最简单的形式中，它们只需要一个参数，就是目标 URL。

通常情况下我们还需要发送一些数据，它们是以“参数/值”对的形式出现的，以 JSON 风格的字符串作为数据格式。

大多数情况下，我们会对返回的数据进行一些处理，为此还需要把回调函数作为参数。

```
$.get("serverScript.php",
    {param1: "value1", param2: "value2"},
    function(data) {
        alert("Server responded: " + data);
});
```

post()方法的语法基本上是相同的：

```
$.post("serverScript.php",
    {param1: "value1", param2: "value2"},
    function(data) {
        alert("Server responded: " + data);
});
```

TIP **提示**：如果是从表单字段获取数据，jQuery 还提供了 serialize()方法，能够对表单数据进行序列化：

```
var formdata =
$('#form1').serialize();
```

20.9.3 ajax()

ajax()方法具有很大的灵活性，几乎可以设置关于 Ajax 调用及如何处理响应的各个方面。详细的介绍请见 http://api.jquery.com/jQuery.ajax/的文档。

实践

使用 jQuery 的 Ajax 表单

让我们用 jQuery 实现简单的 Ajax 表单提交，以此结束本章的学习。

要处理的表单是这样的：

```
<form id="form1">
    Name<input type="text" name="name" id="name"><br />
    Email<input type="text" name="email" id="email"><br />
    <input type="submit" name="submit" id="submit" value="Submit Form">
</form>
```

利用 jQuery 实现如下操作：

- 检查并确保两个输入字段都有内容。
- 利用 HTTP POST 通过 Ajax 提交表单。
- 把服务器返回的数据显示在页面的<div>元素里。

为了检查两个输入字段都有内容，只需要使用如下的函数：

```
function checkFields(){
    return ($("#name").attr("value") && $("#email").attr("value"));
}
```

当两个输入字段的 value 属性都包含一些文本时，这个函数才会返回 true。只要有任何一个字段是空的，空字段就会被解释为 false，而 false 的逻辑“与”操作的结果一定是 false。

接下来，利用 jQuery 的 submit()事件处理器检测表单提交动作。如果函数 checkFields()返回 false，默认操作是取消提交；如果返回 true，jQuery 会对数据进行序列化，并且向服务器脚本发送一个 post()请求。

jQuery 的 serialize()方法可以获取表单信息，进行序列化，满足 Ajax 调用的需要。

在这个范例里，服务器脚本 test.php 并没有什么实际操作，只是把它收到的信息调整一下格式，以 HTML 形式返回：

```
<?php
echo "Name: " . $_REQUEST['name'] . "<br />Email: " . $_REQUEST['email'];
?>
```

最后，用回调函数在页面上显示返回的内容：

```
function(data){
    $("#div1").html(data);
}
```

完整的代码如程序清单 20.2 所示。

程序清单 20.2　Ajax 表单

```
<!DOCTYPE html>
<html>
<head>
    <title>Ajax Form Submission</title>
    <script src="http://code.jquery.com/jquery-latest.min.js"></script>
    <script>
        $(document).ready(function(){
            function checkFields(){
                return ($("#name").attr("value") &&
➥$("#email").attr("value"));
            }
            $("#form1").submit(function(){
                if(checkFields()){
                    $.post(
                        'test.php', $("#form1").serialize(),
                        function(data){
                            $("#div1").html(data);
                        }
                    );
                }
                else alert("Please fill in name and email fields!");
                return false;
            });
        });
    </script>
</head>
```

```
<body>
    <form id="form1">
        Name<input type="text" name="name" id="name"><br />
        Email<input type="text" name="email" id="email"><br />
        <input type="submit" name="submit" id="submit" value="Submit
Form">
    </form>
    <div id="div1"></div>
</body>
</html>
```

为了运行这个范例脚本，还需要把 test.php 上传到支持 PHP 的 Web 服务器上。

尝试在一个或两个字段为空时提交表单，这样会让脚本发出一个警告信息，而且表单不会被提交。

成功的表单提交操作会在页面上显示格式化之后的内容，如图 20.2 所示。该图中还展示了 Firebug Lite 所显示的关于 Ajax 调用和响应的细节内容。

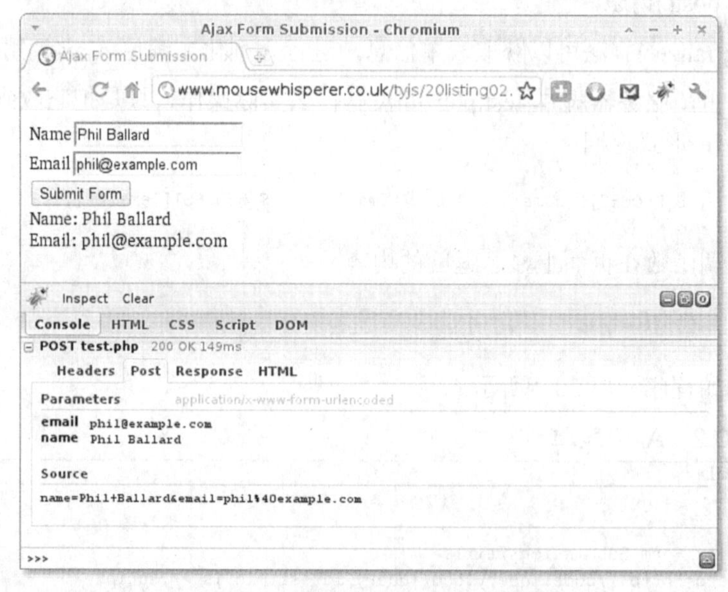

图 20.2 使用 jQuery 的 Ajax 表单

▲

20.10 小结

本章介绍了 jQuery 的基本知识，展示了它如何帮助我们编写跨浏览器的 JavaScript 程序。

20.11 问答

问：jQuery 来自何处？

答：jQuery 由 John Resig 编写，发布于 2006 年。目前有多个 jQuery 项目，包括 jQuery Core（本章所用的项目）和 jQuery UI（第 21 章将有所介绍）。这些项目都处于活跃的开发状态，由 John 和一个志愿者小组进行维护。关于这些项目及开发小组的情况可以参考 jquery.org。

问：jQuery 能与其他库同时使用吗？会有冲突吗？

答：是的，jQuery 可以与其他库同时使用。它提供了 jQuery.noConflict()方法来避免冲突，详情请见 http://docs.jquery.com/Using_jQuery_with_Other_Libraries。

20.12 作业

请先回答问题，再查看后面的答案。

20.12.1 测验

1. 如何选择页面上全部具有 class="sidebar"的元素？
   a. `$(".sidebar")`
   b. `$("class:sidebar")`
   c. `$(#sidebar)`
2. 表达式$("p:first").show()执行什么操作？
   a. 在显示其他元素之前，首先显示段落元素
   b. 让页面上第一个段落元素是可见的
   c. 让全部段落元素的第一行是可见的
3. 在实现淡入淡出、滑动和动画时，值“fast”相当于：
   a. 1 秒
   b. 600 毫秒
   c. 200 毫秒

20.12.2 答案

1. 选 a。
2. 选 b。
3. 选 c。

20.13 练习

复习本书前面一些章节里的范例，尝试用 jQuery 重新编写。

访问 jQuery 的站点 jquery.com，查看其中的文档和范例，特别是本章没有介绍的一些 jQuery 方法。

第 21 章 jQuery UI（用户界面）库

本章主要内容包括：

- jQuery UI 是什么
- 使用 ThemeRoller
- 如何在页面引用 jQuery UI
- 交互：拖动、放置、调整大小和排序
- 使用微件：可折叠控件、日期拾取器和选项卡

前一章介绍了 jQuery 库，本章介绍它的同伴：jQuery UI。

jQuery UI 提供了很多高级效果和主题微件，可以帮助我们建立互动的 Web 应用。

21.1 jQuery UI 是什么?

jQuery 开发小组决定提供一个“官方”的 jQuery 插件集合，集中大量流行的用户界面组件，并且赋予它们统一的界面风格。利用这些组件，只用少量的代码就可以建立高度交互且样式迷人的 Web 应用。

jQuery UI 为我们提供了：

- 交互性。jQuery UI 支持对页面元素进行拖放、调整尺寸、选择和排序。
- 微件。这些功能丰富的控件包括可折叠控件、自动完成、按钮、日期拾取器、对话框、进度条、滑动条和选项卡。
- 主题。让站点在全部用户界面组件都具有一致的观感。从 http://jqueryui.com/themeroller 上下载 ThemeRoller 工具，它可以从预先设置的很多设计中选择主题，也可以根据现有主题创建定制的主题。

本章将介绍如何使用一些常用的插件。由于 jQuery UI 具有出色的用户界面一致性，利用 jQuery 文档，读者可以轻松地查看其他的插件。

21.2 如何在页面里引用 jQuery UI

第一步是访问 http://jqueryui.com/themeroller/的 jQuery ThemeRoller 在线应用。

使用 ThemeRoller

jQuery UI CSS 框架是一组类，满足了相当大范围的用户界面需求。利用 ThemeRoller 工具，我们就可以从无到有建立自己的样式，或是基于 http://jqueryui.com/themeroller/提供的大量范例来实现自己的样式。

在确定了样式之后，jQuery UI 会提供一个可下载的构造器，其中包含了我们所需要的组件。它还会处理关于文件依赖的问题，避免下载的微件或交互缺少支持文件。我们要做的就是下载和解压这个压缩文件就可以了。

文件解压缩之后，会得到如下的目录结构：

```
/css/
/development-bundle/
/js/
```

development-bundle 目录保存了 jQuery UI 源代码、范例和文档。如果不需要修改 jQuery UI 代码，把这个目录删除就可以了，不会有什么问题。

一般来说，我们需要在使用 jQuery UI 微件和交互的页面里从剩余的其他文件中引用主题以及 jQuery 和 jQuery UI：

```
<link rel="stylesheet" type="text/css" href="css/themename/
➥jquery-ui-1.8.18.custom.css"  />
<script src="http://code.jquery.com/jquery-latest.min.js"></script>
<script src="http://ajax.googleapis.com/ajax/libs/jqueryui/1.8.17/
➥jquery-ui.min.js"></script>
```

如果是使用标准范例的主题，就可以利用 CDN 链接全部这些文件：

```
<link rel="stylesheet" type="text/css"
➥href="http://ajax.googleapis.com/ajax/libs/jqueryui/1.8.16/themes/base/
➥jquery-ui.css"/
<script src="http://code.jquery.com/jquery-latest.min.js"></script>
<script src="http://ajax.googleapis.com/ajax/libs/jqueryui/1.8.17/jquery
```

21.3 交互

先来看看 jQuery UI 能做哪些事情来改善页面元素与用户的交互。

21.3.1 拖和放

使用 jQuery UI 让一个元素成为能够拖放的再简单不过了：

```
$("#draggable").draggable();
```

程序清单 21.1 展示了如何在 HTML 页面里实现这个功能。

程序清单 21.1 让页面元素可拖动

```
<!DOCTYPE html>
<html>
<head>
    <link rel="stylesheet" type="text/css"
➥href="http://ajax.googleapis.com/ajax/libs/jqueryui/1.8.16/themes/base/
➥jquery-ui.css"/>
    <style>
        #dragdiv {
            width: 100px;
            height: 100px;
            background-color: #eeffee;
            border: 1px solid black;
            padding: 5px;
        }
    </style>
    <title>Drag and Drop</title>
    <script src="http://code.jquery.com/jquery-latest.min.js"></script>
    <script
➥src="http://ajax.googleapis.com/ajax/libs/jqueryui/1.8.17/
➥jquery-ui.min.js"></script>
    <script>
        $(function() {
            $("#dragdiv").draggable();
        });
    </script>
</head>
<body>
    <div id="dragdiv"> Drag this element around the page!</div>
</body>
</html>
```

当页面加载之后，元素<div id="dragdiv">被设置为可拖动的：

```
$(function() {
    $("#dragdiv").draggable();
});
```

用鼠标点击这个元素，然后就能够在页面上拖动它了，如图 21.1 所示。

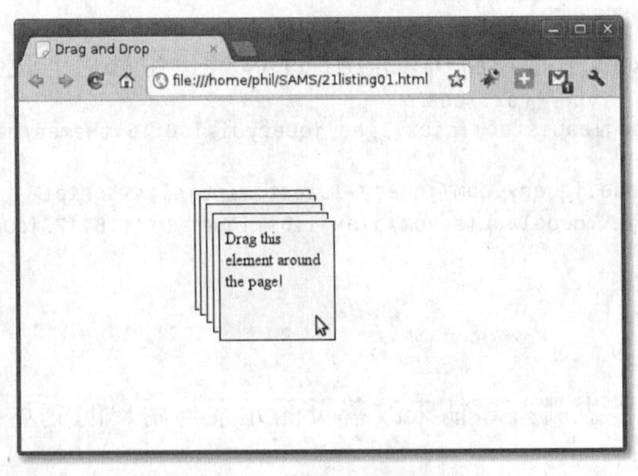

图 21.1 拖动页面元素

实践

利用 jQuery UI 实现元素的拖和放

为了让某个元素能够接受拖放到它的另一个元素，需要使用 droppable()方法。这个方法可以指定用于多个事件，比如可拖动元素被放下、经过可拖动区域或离开可拖动区域。

现在来修改程序清单 21.1 的代码，添加一个更大的 div 元素作为拖放区域：

```
<div id="dropdiv">This is the drop zone ...</div>
```

除了要让拖动元素成为可拖动的，还需要把这个新 div 指定为可放置区域：

```
$("#dropdiv").droppable();
```

另外，我们给 drop 和 out 事件处理器添加方法，让拖动元素里的文本在它被放下或离开放置区域时有相应的变化。

```
$("#dropdiv").droppable({
    drop: function() { $("#dragdiv").text("Dropped!"); },
    out: function() { $("#dragdiv").text("Off and running again ..."); }
});
```

完整的代码如程序清单 21.2 所示。

程序清单 21.2　利用 jQuery UI 实现拖放

```
<!DOCTYPE html>
<html>
<head>
    <link rel="stylesheet" type="text/css"
➥href="http://ajax.googleapis.com/ajax/libs/jqueryui/1.8.16/themes/base/
➥jquery-ui.css"/>    <style>
        div {
            font: 12px normal arial, helvetica;
        }
        #dragdiv {
            width: 150px;
            height: 50px;
            background-color: #eeffee;
            border: 1px solid black;
            padding: 5px;
        }
        #dropdiv {
            position: absolute;
            top: 80px;
            left: 100px;
            width: 300px;
            height: 200px;
            border: 1px solid black;
            padding: 5px;
            }
    </style>
    <title>Drag and Drop</title>
    <script src="http://code.jquery.com/jquery-latest.min.js"></script>
    <script src="http://ajax.googleapis.com/ajax/libs/jqueryui/1.8.17/
➥jquery-ui.min.js"></script>
    <script>
        $(function() {
            $("#dragdiv").draggable();
            $("#dropdiv").droppable({
                drop: function() { $("#dragdiv").text("Dropped!"); },
                out: function() { $("#dragdiv").text("Off and running
➥again ..."); }
            });
        });
    </script>
</head>
<body>
```

```
    <div id="dropdiv">This is the drop zone ...</div>
    <div id="dragdiv">Drag this element around the page!</div>
</body>
</html>
```

在浏览器里打开这个页面，可以看到拖动的页面元素可以被放置到新的 div 区域里，还会相应地改变文本内容。

当我们把拖动元素拖出放置区域时，它的文本也会相应变化，如图 21.2 所示。

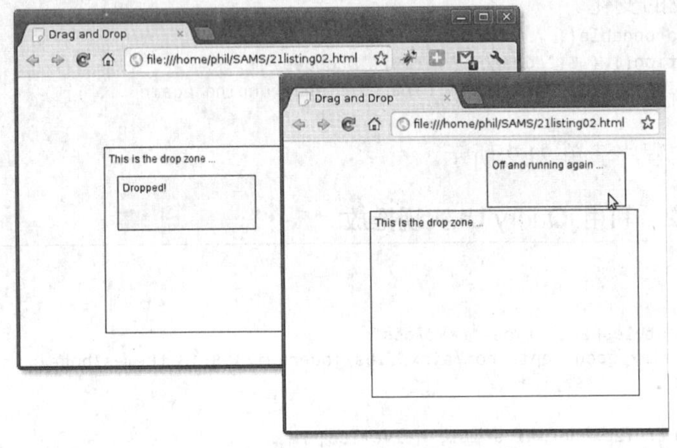

图 21.2 使用 jQuery UI 实现拖放

21.3.2 调整大小

使用 jQuery UI 给矩形元素添加调整大小的手柄也是很容易的，如图 21.3 所示。

```
$( "#resizable" ).resizable();
```

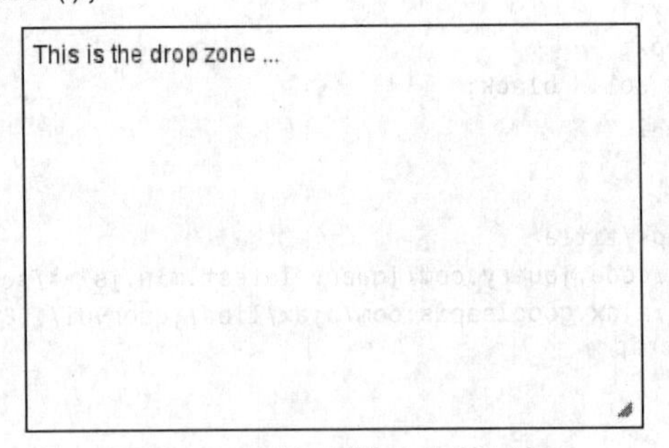

图 21.3 添加调整大小的手柄

作为一个示范，我们可以把程序清单 21.2 里的放置区域以命令链形式添加 resizable()方法：

```
$(function() {
    $("#dragdiv").draggable();
    $("#dropdiv").droppable({
        drop: function() { $("#dragdiv").text("Dropped!"); },
        out: function() { $("#dragdiv").text("Off and running again
➥..."); }
    }).resizable();
});
```

21.3.3 排序

使用 sortable()方法可以把元素添加到列表，并且让列表可以进行排序：

```
$("#sortMe").sortable();
```

程序清单 21.3 展示了如何对一个无序列表元素使用这个方法。

程序清单 21.3 让元素可排序

```
<!DOCTYPE html>
<html>
<head>
    <link rel="stylesheet" type="text/css"
➥href="http://ajax.googleapis.com/ajax/libs/jqueryui/1.8.16/themes/base/
➥jquery-ui.css"/>
    <title>Sortable</title>
    <script src="http://code.jquery.com/jquery-latest.min.js"></script>
    <script src="http://ajax.googleapis.com/ajax/libs/jqueryui/1.8.17/
➥jquery-ui.min.js"></script>
    <script>
        $(function() {
            $("#sortMe").sortable();
        });
    </script>
</head>
<body>
    <ul id="sortMe">
        <li>One</li>
        <li>Two</li>
        <li>Three</li>
        <li>Four</li>
        <li>Five</li>
    </ul>
</body>
</html>
```

如果把某个元素拖放到列表的新位置，就会导致列表进行排序动作，让列表形成新的次序，如图 21.4 所示。

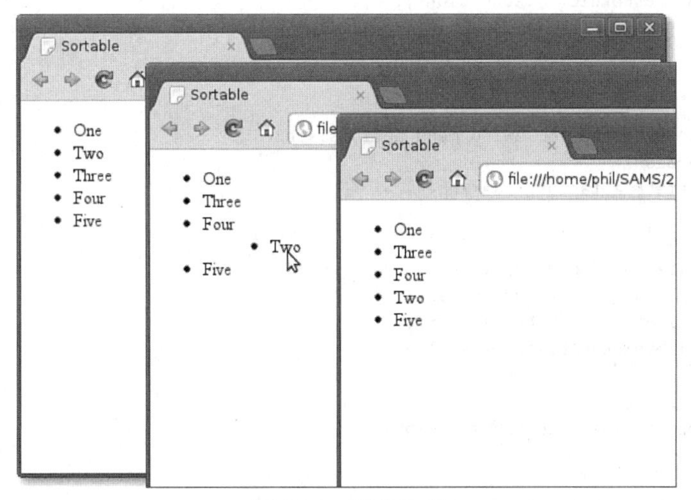

图 21.4 列表排序

21.4 使用微件

微件是一种界面元素，在提供方便功能的同时，对于程序的影响保持在最小程度。

21.4.1 可折叠控件

可折叠控件让用户在一组 div 元素里可以一次只展开一个，而其他的保持在只显示标题的状态。

首先需要在语义层添加数据，方法是使用多个标题和内容窗格：

```
<div id="accordion">
    <h3><a href="#">First header</a></h3>
    <div>First content</div>
    <h3><a href="#">Second header</a></h3>
    <div>Second content</div>
</div>
```

然后在外层容器元素上调用 accordion()方法来激活折叠控件：

```
$(function() {
        $( "#accordion" ).accordion();
});
```

程序清单 21.4 是个范例程序，它把一家餐馆的午餐菜品在折叠控件的不同部分展示。

程序清单 21.4 使用可折叠控件

```
<!DOCTYPE html>
<html>
<head>
    <link rel="stylesheet" type="text/css"
➥href="http://ajax.googleapis.com/ajax/libs/jqueryui/1.8.16/themes/base/
➥jquery-ui.css"/>
    <title>Menu Choices</title>
    <script src="http://code.jquery.com/jquery-latest.min.js"></script>
    <script src="http://ajax.googleapis.com/ajax/libs/jqueryui/1.8.17/
➥jquery-ui.min.js"></script>
    <script>
        $(function() {
            $("#accordion").accordion();
        });
    </script>
</head>
<body>
    <h2>Choose from the following menu options:</h3>
<div id="accordion">
    <h3><a href="#">Starters</a></h3>
    <div>
        <ul>
            <li>Clam Chowder</li>
            <li>Ham and Avocado Salad</li>
            <li>Stuffed Mushrooms</li>
            <li>Chicken Liver Pate</li>
        </ul>
    </div>
    <h3><a href="#">Main Courses</a></h3>
    <div>
        <ul>
            <li>Scottish Salmon</li>
```

```
            <li>Vegetable Lasagna</li>
            <li>Beef and Kidney Pie</li>
            <li>Roast Chicken</li>
        </ul>
    </div>
    <h3><a href="#">Desserts</a></h3>
    <div>
        <ul>
            <li>Chocolate Sundae</li>
            <li>Lemon Sorbet</li>
            <li>Fresh Fruit Salad</li>
            <li>Strawberry Cheesecake</li>
        </ul>
    </div>
</div>
</body>
</html>
```

图21.5展示了折叠控件的工作情况。它不允许多个内容窗格同时显示，比如点击“Starters”标题会打开这个区域，同时也会关闭刚才处于打开状态的区域。

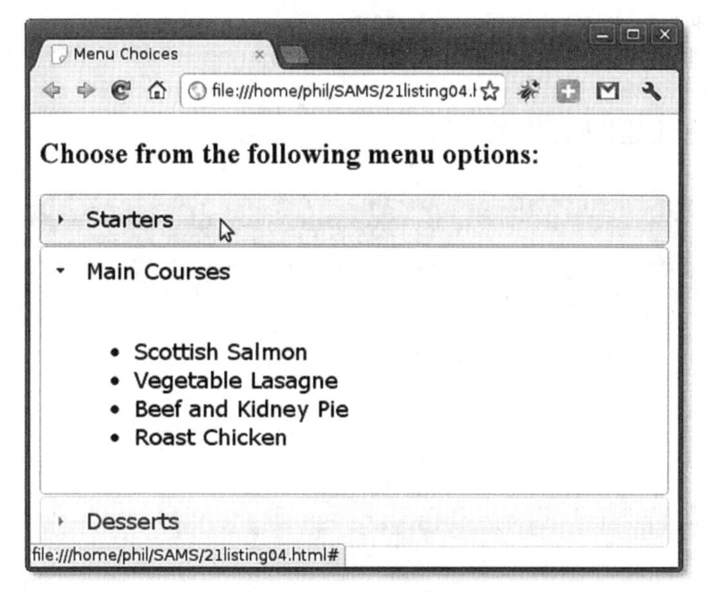

图 21.5　可折叠控件

21.4.2　日期拾取器

由于日常使用的日期格式比较多，让用户以正确格式在字段里填写日期一直是件烦人的事情。

日期拾取器是一种弹出式日历，用户只需要点击相应的日期，控件就会以设置好的格式把日期填写到相应的字段里。

假设下面这个字段是要输入日期的：

```
<input type="text" id="datepicker">
```

只需一行代码就可以给这个字段添加日期拾取器：

```
$( "#datepicker" ).datepicker();
```

程序清单 21.5 列出了一个完整的范例。

程序清单 21.5 使用日期拾取器

```
<!DOCTYPE html>
<html>
<head>
    <link rel="stylesheet" type="text/css"
➥href="http://ajax.googleapis.com/ajax/libs/jqueryui/1.8.16/themes/base/
➥jquery-ui.css"/>
    <title>Date Picker</title>
    <script src="http://code.jquery.com/jquery-latest.min.js"></script>
    <script src="http://ajax.googleapis.com/ajax/libs/jqueryui/1.8.17/
➥jquery-ui.min.js"></script>
    <script>
        $(function() {
            $( "#datepicker" ).datepicker();
        });
    </script>
</head>
<body>
    Date: <input type="text" id="datepicker">
</body>
</html>
```

图 21.6 展示了上述代码的运行结果。

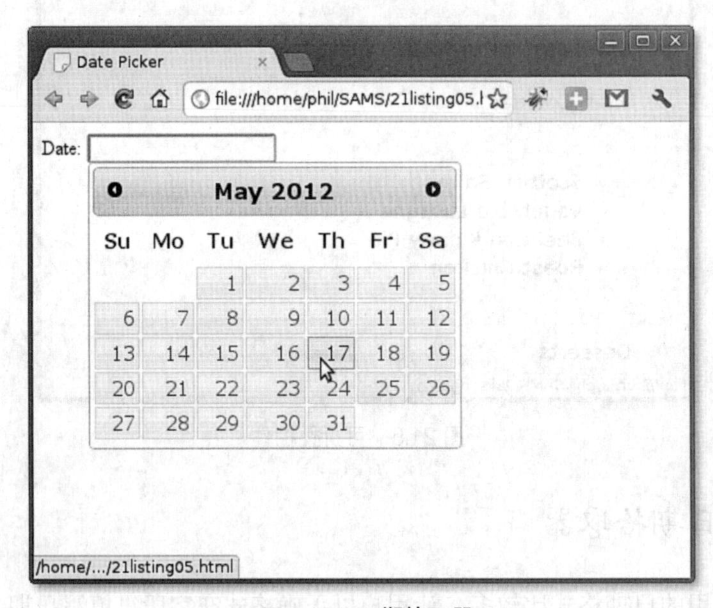

图 21.6 日期拾取器

21.4.3 选项卡

前面介绍的可折叠控件可以在一组窗格中只显示其中一个的内容，从而节省一定的页面空间。

要达到这种节省空间的目的，还有另一种方法，就是使用选项卡界面。同样地，jQuery UI让实现这种方式变得非常容易。

程序清单 21.6 选项卡界面

```
<!DOCTYPE html>
<html>
<head>
    <link rel="stylesheet" type="text/css"
➥href="http://ajax.googleapis.com/ajax/libs/jqueryui/1.8.16/themes/base/
➥jquery-ui.css"/>
    <title>Tabs</title>
    <script src="http://code.jquery.com/jquery-latest.min.js"></script>
    <script src="http://ajax.googleapis.com/ajax/libs/jqueryui/1.8.17/
➥jquery-ui.min.js"></script>
    <script>
        $(function() {
            $( "#tabs" ).tabs();
        });
    </script>
</head>
<body>
    <div id="tabs">
        <ul>
            <li><a href="#tabs-1">Home</a></li>
            <li><a href="#tabs-2">About Us</a></li>
            <li><a href="#tabs-3">Products</a></li>
        </ul>
        <div id="tabs-1">
            <p>Welcome to our online store....</p>
        </div>
        <div id="tabs-2">
            <p>We've been selling widgets for 5 years ...</p>
        </div>
        <div id="tabs-3">
            <p>We sell all kinds of widgets ...</p>
        </div>
    </div>
</body>
</html>
```

选项卡位于一个无序列表内：

```
<ul>
    <li><a href="#tabs-1">Home</a></li>
    ...
</ul>
```

每个选项卡的标题位于一个锚点元素里，其 href 指向包含窗格内容的<div>：

```
<div id="tabs-1">
    <p>Welcome to our online store....</p>
</div>
```

上面这些内容都位于一个 div 容器里，其 id 为 tabs。为了激活这个选项卡界面，我们要做的就是对这个容器元素调用 tabs()方法：

```
$( "#tabs" ).tabs();
```

当选项卡激活时，界面效果如图 21.7 所示。

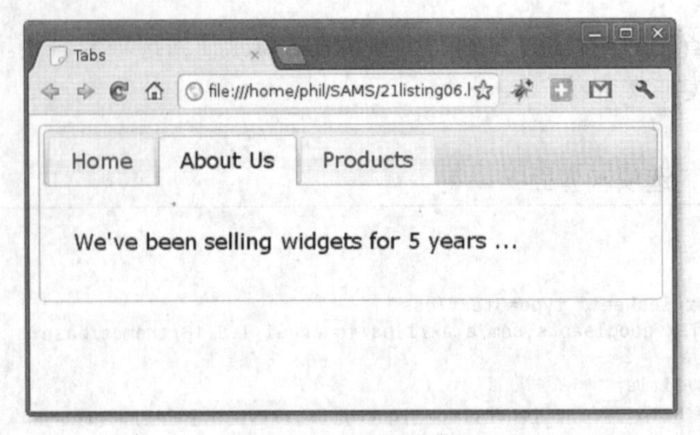

图 21.7 选项卡界面

21.5 小结

本章介绍了如何利用 jQuery UI 配合 jQuery 建立灵活的用户界面，如何利用 ThemeRoller 应用设置界面元素的整体风格，可以看到给页面添加交互和微件是多么地轻松。

21.6 问答

问：能对界面元素进一步定制吗？

答：能。由于篇幅有限，本书介绍的界面和微件都使用了它们的默认设置，而它们实际上有大量的定制选项，可以根据我们的需要进行设置。http://docs.jquery.com/UI/提供了大量的文档和范例。

问：如何让页面上的其他元素与 jQuery UI 生成的元素具有同样的样式？

答：当 jQuery UI 生成装饰效果时，它会把很多的类应用于新创建的元素。这些类对应于 jQuery UI CSS 框架里的 CSS 声明。每个微件的详细说明请见 jQuery UI 文档。

21.7 作业

请先回答问题，再参考后面的答案。

21.7.1 测验

1．为了在页面里使用 jQuery UI，每个页面必须至少包含：

a．jQuery 和 jQuery UI 库，以及指向 jQuery UI 主题 CSS 文件的链接

b．jQuery 和 jQuery UI 库

c．jQuery UI 库和指向 jQuery UI 主题 CSS 文件的链接

2．如何让 id="parking"的 div 元素能够容纳拖放到其区域的元素？

a．$("#parking").drop()

b．$("#parking").dropzone()

c．$("#parking").droppable()

3．可折叠控件能够：

a．一次显示一个内容区域

b．同时显示指定数量的内容区域

c．同时显示全部内容区域

21.7.2 答案

1．选 a。

2．选 c。

3．选 a。可折叠控件一次只显示一个内容区域。

21.8 练习

使用 ThemeRoller 下载一个 jQuery UI 主题，用它来修改本章的一些范例，比较一下前后不同的显示效果。

访问 http://docs.jquery.com/UI/来查看 jQuery UI 文档，了解如何进一步定制这些微件，并且利用本章的范例进行一些尝试。

第六部分

JavaScript 与其他 Web 技术的配合

第 22 章

JavaScript 与多媒体

本章主要内容包括：

- 关于多媒体文件格式
- 浏览器插件是如何使用的
- 如何使用<embed>和<object>
- 用 JavaScript 控制 Flash 影片回放

“多媒体”这个术语几乎可以涵盖关于音频与视频效果的任何内容，包括图像、音乐、音效、语音、视频片段、影片和动画。几乎全部现代浏览器都支持多种多媒体格式。

本章将介绍一些不同类型的多媒体文件，以及如何使用 JavaScript 操作它们。

22.1 多媒体格式

多媒体内容保存在媒体文件里，像其他很多文件一样，根据文件的后缀，我们通常能够判断相应的格式。下面的小节将介绍常见的媒体类型及其文件后缀。

22.1.1 音频格式

声音文件是通过对声波采样而得到的。一般来说，采样的频率（采样率）越高、采样的精度越高（以“比特”数衡量），得到的音频质量越高，而文件也越大。为了减小文件尺寸和带宽占用，很多文件格式采用了压缩技术，但这通常会影响音频质量。

常见的音频格式如表 22.1 所示。在这个列表中，WAV 是最常用的非压缩音频格式，得到了所有浏览器的支持。MP3 格式是目前最流行的音乐和语音压缩格式。“MP3”这个术语已经几乎与数字音频等同了。

表 22.1 常见音频文件格式

格式	描述
Wave（.wav）	Wave（波形）格式是由 IBM 和微软开发的。所有运行 Windows 的计算机和全部浏览器都支持这个格式
WMA（.wma）	WMA（Windows 媒体音频）能够以连续数据流的方式进行传输，所以适合用于流媒体应用，比如互联网广播
RealAudio（.rm，.ram）	RealAudio 格式由 Real Media 开发，能够以较低的带宽提供音频流，但是音频质量有所下降
MP3（.mp3）	MP3 文件是 MPEG 格式的音频部分，后者是由“动态图像专家组”为视频开发的一种格式。MP3 是一种非常流行的音频格式，在压缩与音质方面达到了一个很好的平衡

22.1.2 视频格式

所有常用的视频格式都使用压缩算法来减少带宽占用和文件尺寸。表 22.2 列出了常见的格式。

表 22.2 常见视频文件格式

格式	描述
AVI（.avi）	微软公司开发的格式。所有 Windows 和全部常用浏览器都支持它
WMV（.wmv）	微软开发的格式
MPEG（.mpg，.mpeg）	互联网上最常用的格式。全部常用浏览器都支持它
QuickTime（.mov）	苹果公司开发的一种常见格式，在大多数浏览器上需要安装插件才能使用
RealVideo（.rm，.ram）	只占用很少带宽的视频流格式，但影响质量
Flash（.swf，.flv）	由 Macromedia（现在是 Adobe）开发的一种格式。它也需要插件，但大多数常见浏览器已经预装它的插件了
Mpeg-4（.mp4）	遵循 H.264 视频压缩标准，是互联网上最新流行的格式，得到了 YouTube 和其他一些网站的支持

22.1.3 浏览器插件

不同浏览器采用了不同方式支持音频和视频，有些可以直接处理，有些则需要被称为“插件”的外部程序。当前常见的浏览器都有大量各种插件，图 22.1 展示了其中的一些。

使用最广泛的一些是：

- Macromedia 的 Shockwave 和 Flash 支持动画和视频。
- 苹果公司的 QuickTime 插件支持很多音频和视频格式。
- RealPlayer 支持多种格式的音频流和视频流。

不同的浏览器会使用不同的插件格式，而且通常需要不同的版本。有些插件只能用于特定的平台，比如 Windows 或 Macintosh。

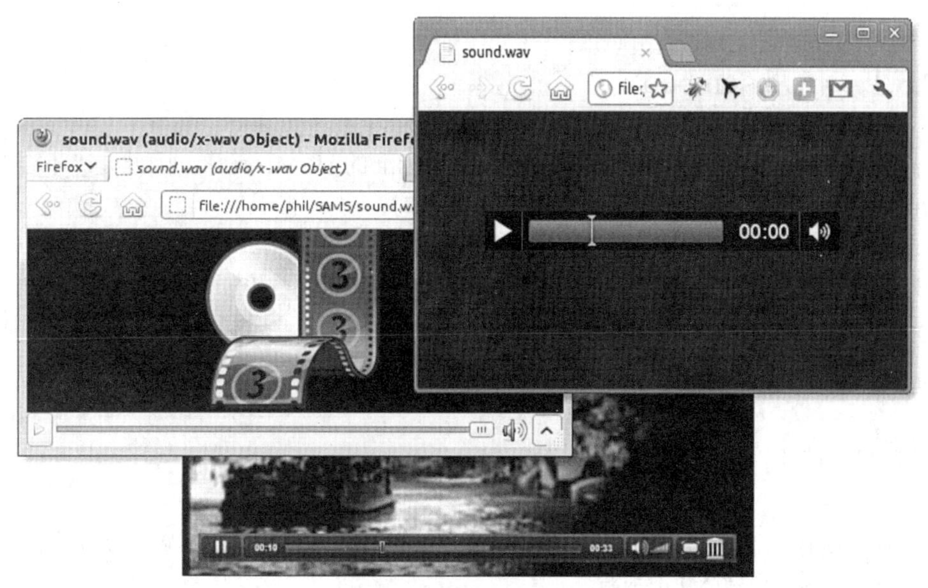

图 22.1 各种浏览器插件

22.2 使用锚点标签

加载和播放多媒体内容的最简单方式可能就是利用<a>标签链接一个多媒体文件，比如：

```
<a href="sound.wav">Play Sound</a>
```

当用户点击这个链接时，浏览器就会加载指定的文件。如果文件是浏览器能够显示的类型，比如.png 图像文件或.html 页面，浏览器就会加载并显示它。

如果文件格式不是浏览器能够直接处理的，比如音频或视频文件，浏览器首先会在插件列表里查看为这种文件格式注册的插件，如果找到了，就加载插件并且把文件传递给它。如果文件是与一个外部程序相关联，而且浏览器的安全规则允许，那么浏览器可能会加载这个程序，并且把文件传递给它，否则浏览器会询问用户是否继续操作。

然而使用<a>标签有不少缺点：

- 如果针对特定文件类型注册的插件多于一个，我们不能指定使用哪个插件或程序。
- 如果没有安装所需的插件，浏览器只会简单地报告不支持这种类型。
- 通过<a>标签不能向插件传递属性，也就不能控制插件的操作。
- 有些浏览器会在加载插件之前下载整个文件，如果文件比较大，就会造成明显的延时。
- <a>标签会在自己的窗口或选项卡加载指定文件，而不是在同一个页面里加载。

在大多数实际应用中，最好避免使用<a>标签，使用下面介绍的其他方法。

22.3 使用<embed>和<object>

浏览器长期以来一直支持两个关于插件的标签：<embed>和<object>。

22.3.1 使用<embed>

大多数浏览器都支持<embed>元素，但它不是标准的HTML元素，因此是“不合法”的。它的使用很简单，特别是用于常见的音频文件格式时：

```
<embed src="music.wav" autostart="true" loop="false">
```

上例使用了音频文件music.wav，参数autostart控制着文件在页面加载时是否自动播放，参数loop控制文件是否循环播放。

<embed>还可以用于视频文件，只要浏览器支持相应的格式即可。

22.3.2 使用<object>

正如前文所述，使用<embed>是一种老方法，“国际网络联盟”（W3C）目前推荐使用<object>元素。它属于HTML4规范。

> **TIP** **提示**：虽然<object>是嵌入文件更标准的方式，但目前大多数浏览器仍然支持<embed>。

下面的代码也是播放music.wav文件，但使用了<object>元素：

```
<object type="audio/x-wav" data="music.wav" width="200" height="75">
    <param name="src" value="music.wav">
    <param name="autostart" value="true">
</object>
```

> **NOTE** **说明**：在HTML5里有了新的<audio>和<video>标签，其作用是在HTML页面里嵌入多媒体元素。下一章将会介绍HTML5。

22.3.3 JavaScript和插件

大多数插件都支持JavaScript编程。

通常情况下，我们给<embed>或<object>元素指定id属性，就可以利用像getElementById()这样的DOM方法获得嵌入元素对应的对象，然后对它应用一些方法。

能够使用的方法取决于文件类型和插件本身。大多数音频插件支持play()方法。下面的范例是找到id属性为sound1的嵌入音频文件，并且播放音频：

```
document.getElementById("sound1").Play();
```

插件的方法并不属于标准的DOM，所以要参考插件的文档来了解能够使用哪些方法。

22.3.4 插件功能检测

在使用插件时，要谨记不是所有浏览器都安装了所需的插件，我们要利用功能检测来确保使用已经安装的插件。举例来说，应该像下面这样检测play()方法：

```
var myObj = document.getElementById("sound1");
if (myObj.Play) {
    myObj.Play();
} else {
    alert("Play method is not supported.");
}
```

22.4 Flash

Adobe 公司（之前是 Macromedia）的 Flash 是一种给 HTML 页面添加动画、视频和交互性的工具。它不仅利用矢量或点阵图形提供文本、图形和照片的动画，还支持音频流和视频流，以及鼠标、键盘、麦克风或相机的输入。

Flash 文件通常使用.swf 作为后缀，通常被称为 ShockWave Flash，或简称为 Flash 影片。Flash 视频的文件后缀是.flv。它可以用于.swf 文件内部，也可以通过媒体播放器播放，比如 QuickTime 或安装了 codecs（编解码器）的 Windows Media Player。

与其他视频格式相比，Flash 文件通常更小一些。

通过调用嵌入式 Flash 影片对象的方法，JavaScript 能够给 Flash 发送命令，其形式就像调用其他 JavaScript 对象的方法一样。JavaScript 方法不需要影片本身增加什么特殊的代码就能够控制它。

表 22.3 列出了常用的方法。

表 22.3　　一些 Flash 方法

方法	描述
Play()	播放影片
StopPlay()	停止播放影片
IsPlaying()	判断影片是否处于播放状态
GotoFrame(x)	跳到第 *x* 帧；*x* 是个整数
TotalFrames()	统计影片中总的帧数
Rewind()	跳到第 1 帧，并且停止播放
Zoom(percent)	缩放视窗。其参数与习惯思维有点相反： Zoom(50)相当于两倍尺寸； Zoom(200)相当于二分之一尺寸； Zoom(0)相当于原始尺寸
PercentLoaded()	检查影片下载的百分比，返回值在 0 到 100 之间

实践

利用 JavaScript 控制 Flash 影片

现在来编写一段代码，用 JavaScript 控制 Flash 影片的播放。

首先需要确定影片文件存在并且已经从服务器完全加载了，为此要使用表 22.3 里列出的 PercentLoaded()方法。

```
function flashLoaded(theMovie) {
    if (typeof(theMovie) != "undefined") {
        return theMovie.PercentLoaded() == 100;
```

```
    } else {
        return false;
    }
}
```

在调用任何方法之前，使用 flashLoaded()方法来查看影片的加载情况，如下所示：

```
function play() {
    if (flashLoaded(movie)) {
        …进行操作…
    }
}
```

TIP **提示：**这个范例需要一个 Flash 影片文件，可以到 http://wonderful.net/在线创建一个。

接下来需要创建函数来包装 Flash 影片的 Play()、StopPlay()和 Rewind()方法。

在处理 Play()和 StopPlay()时，还需要检查影片是否处于播放状态：

```
function play(){
    if (flashLoaded (document.getDocumentByIdgetElementById('demo')) &&
        !document.getElementById('demo').IsPlaying()){
            document.getElementById('demo').Play();
    }
}
function stop(){
    if (flashLoaded (document.getDocumentByIdgetElementById('demo')) &&
        document.getElementById('demo').IsPlaying()){
            document.getElementById('demo').StopPlay();
    }
}
```

在处理 Rewind()方法时，在执行回退操作之前，函数先使用 stop()函数停止播放：

```
function rewind(){
    stop();
    if (document.getElementById('demo').Rewind()) {
        document.getElementById('demo').Rewind();
    }
}
```

完整的代码如程序清单 22.1 所示。在运行时，.swf 影片文件要与它位于同一个文件夹。

程序清单 22.1 利用 JavaScript 控制 Flash 影片

```
<!DOCTYPE html>
<html>
<head>
    <title>Using Embedded Objects</title>
    <script>
        function flashLoaded(theMovie) {
            if (typeof(theMovie) != "undefined") {
                return theMovie.PercentLoaded() == 100;
            } else {
                return false;
            }
        }
        function play(){
            if
➥flashLoaded(document.getDocumentByIdgetElementById('demo')) &&
                !document.getElementById('demo').IsPlaying()){
                    document.getElementById('demo').Play();
```

```
            }
        }
        function stop(){
            if
➥(flashLoaded(document.getDocumentByIdgetElementById('demo')) &&
                document.getElementById('demo').IsPlaying()){
                    document.getElementById('demo').StopPlay();
            }
        }
        function rewind(){
            stop();
            if (document.getElementById('demo').Rewind()) {
                document.getElementById('demo').Rewind();
            }
        }
        window.onload = function() {
            document.getElementById("play").onclick = play;
            document.getElementById("stop").onclick = stop;
            document.getElementById("rewind").onclick = rewind;
        }
    </script>
</head>
<body>
    <embed id="demo" name="demo"
        src="example.swf"
        width="318" height="300" play="false" loop="false"
        pluginspage="http://www.macromedia.com/go/getflashplayer"
        swliveconnect="true">
    </embed>
    <form name="form" id="form">
        <input id="play" type="button" value="Start" />
        <input id="stop" type="button" value="Stop" />
        <input id="rewind" type="button" value="Rewind" />
    </form>
</body>
</html>
```

这个页面在浏览器加载之后的情况类似图 22.2 所示（当然可能播放的影片文件不一样），查看一下三个按钮是否按预期的工作。

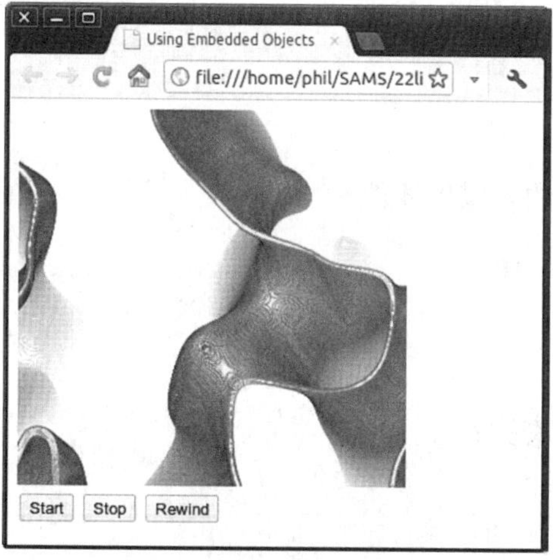

图 22.2　使用 JavaScript 控制 Flash 影片

▲

22.5 小结

本章介绍了一些不同的多媒体文件格式，以及如何利用 JavaScript 操作这些文件，给页面添加音频和视频效果。

下一章将介绍使用 HTML5 标签控制多媒体的最新方法。

22.6 问与答

问：什么是“流”音频和“流”视频，常见的流格式是什么？

答：“流”格式让浏览器可以在没有完全下载音频或视频文件时就进行播放。它首先下载文件的部分内容，保存到内存里。这部分内存被称为“缓存”。程序利用缓存里的数据开始播放，而同时在后台继续进行下载。缓存让浏览器插件能够保留一部分数据，从而抵消文件传输带来的延时。

问：在页面里包含多媒体文件有什么不利的方面吗？

答：在给页面添加多媒体时，除了要处理很多不同类型的文件格式和插件之外，这些文件本身通常是比较大的，所以会消耗很多存储空间和网络带宽。

22.7 作业

请先回答问题，再查看后面的答案。

22.7.1 测验

1．哪个 html 标签经常用于在 Web 页面包含插件对象？

a．<object>

b．<flash>

c．<stream>

2．下面哪个是浏览器的多媒体插件？

a．Acrobat Reader

b．QuckTime

c．Firebug

3．下面哪个是流视频格式？

a．.wav

b．.mp3

c．.ram

22.7.2 答案

1．选 a。

2．选 b。

3．选 c。

22.8 练习

找到一些嵌入多媒体内容的互联网站点，查看源代码，了解其中使用了什么技术来嵌入文件。

修改程序清单 22.1 的代码，添加按钮来放大和缩小视频窗口尺寸。（提示：利用 Zoom(percent)属性。）

第 23 章

HTML5 与 JavaScript

本章主要内容包括：

- 关于 HTML5 的新标签
- 如何处理音频和视频
- 使用<canvas>元素
- HTML5 里的拖放
- 使用本地存储
- 与本地文件系统的交互

HTML 前一个版本是 1999 年发布的 4.01。

XHTML 是基于 XML 的 HTML。它是 W3C 近年来不断努力的一个项目，最新版本是 XHTML2。但在 2009 年，W3C 宣布放弃 XHTML，把全部精力投入到新版的 HTML：HTML5。

这个最新版本的 HTML 致力于把 HTML 作为 Web 应用的前端，使用语义丰富的元素来扩展标签语言，引用新属性，支持使用 JavaScript 和崭新的 API。

HTML5 很快就会成为 HTML 的新标准，而且主流浏览器已经支持很多 HTML5 的元素和 API 了。

本章将介绍如何使用 JavaScript 来控制其中一些强大的新功能。

TIP **提示：** 注意这个新版本的书写方式：HTML5，在 L 与 5 之间是没有空格的。

23.1 HTML5 的新标签

即使是组织良好的 HTML 页面，对其代码的阅读与解释都会比想像中困难的多，主要原因是标签本身包含的语义信息很少。

像边栏、标题和页脚、导航元素这些页面组成部分都被包含在像 div 这样的通用元素里，只能根据开发人员设置的 id 和类名加以区分。

HTML5 添加的新元素更容易识别，也更明确其中的内容。表 23.1 列出了一些新标签。

表 23.1　　一些 HTML5 新标签

标签	描述
<section>	定义页面的区域
<header>	页面标题
<footer>	页面页脚
<nav>	页面导航元素
<article>	页面的文章或主要内容
<aside>	页面的附加内容，比如边栏
<figure>	文章的配图
<figcaption>	<figure>元素的标题
<summary>	<details>元素的可视标题

23.2 一些重要的新元素

HTML5 引入了很多有趣的新功能，本节先着重介绍解决了一些老麻烦的新标签。

23.2.1 使用<video>回放视频

视频在 Web 上是很流行的，但从前一章的介绍我们可以知道，实现视频的方法是多种多样的，视频的回放是通过使用插件实现的，比如 Flash、Windows Media 或苹果的 QuickTime。能够在一个浏览器里嵌入这些元素的标签在另一个浏览器里不一定能够正常使用。

HTML5 提供了一个崭新的<video>元素，其目标是嵌入任何一种视频格式。

比如实现 QuickTime 视频的方法是这样的：

```
<video src="video.mov" />
```

到目前为止，<video>元素应该支持什么视频格式（编解码器）还处于讨论之中，还在继续寻找不需要专门许可的编解码器，但 WebM（www.webmproject.org）似乎不错。目前，解决这个问题的方式是引用多个格式，还不必使用浏览器所需要的功能嗅探。当前获得广泛支持的视频格式有 3 种：MP4、WebM 和 Ogg。

```
<video id="vid1" width="400" height="300" controls="controls">
    <source src="movie.mp4" type="video/mp4" />
    <source src="movie.ogg" type="video/ogg" />
    <source src="movie.webm" type="video/webm" />
    <p>Video tag not supported.</p>
</video>
```

给<video>元素指定宽度和高度是个很好的习惯，否则浏览器不知道应该保留多大面积的区域，导致视频加载时会改变页面布局。

我们还建议在<video>和</video>之间设置一些文本，用于在不支持<video>标签的浏览器里显示。

表23.2列出了<video>标签一些重要的属性。

表23.2 <video>标签的一些属性

属性	描述
loop	循环播放
autoplay	视频加载后自动播放
controls	显示回放控件（其外观取决于浏览器）
ended	回放结束时，值为true（只读）
paused	回放暂停时，值为true（只读）
poster	设置影片加载时显示的图像
volume	音量，值是从0（静音）到1（最大）。

利用controls属性显示的控件外观依赖于所使用的浏览器，如图23.1所示。

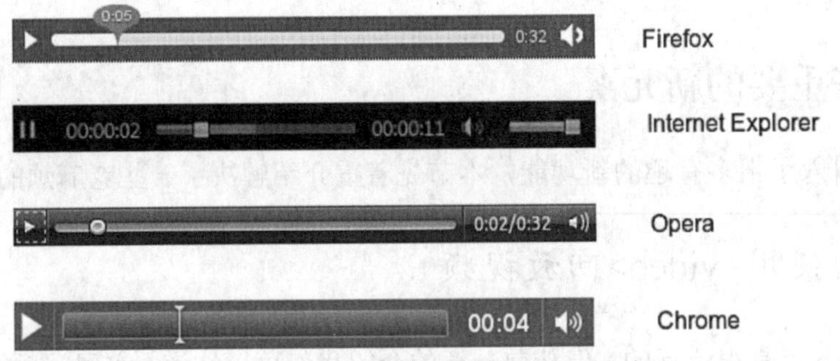

图23.1 不同浏览器上回放控件的不同外观

操作这些属性的方式与对待其他JavaScript或DOM对象是一样的，比如对于前面的<video>元素：

```
var myVideo = document.getElementById("vid1").volume += 0.1;
```

就可以稍微提高音量。

```
if(document.getElementById("vid1").paused) {
    alert(message);
}
```

上面的代码可以在视频回放暂停时向用户显示提示消息。

23.2.2 利用canPlayType()测试可用的格式

利用JavaScript的media.canPlayType(type)方法可以检查对特定编解码器的支持，其中type是表示媒体类型的字符串，比如“video/webm”。如果浏览器确定支持指定内容，这个方法会返回一个空字符串。如果浏览器认为它支持指定格式，方法会返回“probably”，其他情况就返回“maybe”。

23.2.3 控制回放

利用 pause()和 play()命令也可以控制视频回放，像下面这样：

```
var myVideo = document.getElementById("vid1").play();
var myVideo = document.getElementById("vid1").pause();
```

23.2.4 用<audio>标签播放声音

<audio>元素与<video>很相似，只不过它专门用于处理音频文件。使用<audio>元素最简单的方法是：

```
<audio src="song.mp3"></audio>
```

还可以对回放进行更多的控制，比如 loop 和 autoplay：

```
<audio src="song .mp3" autoplay loop></audio>
```

提示：千万不要混淆 loop 和 autoplay，否则可能严重影响用户体验而影响网站的访问量。 **TIP**

像前面处理视频文件一样，我们可以包含多个不同的格式，以确保浏览器可以找到自己能播放的，比如下面的代码：

```
<audio controls="controls">
    <source src="song.ogg" type="audio/ogg" />
    <source src="song.mp3" type="audio/mpeg" />
    Your browser does not support the audio element.
</audio>
```

<audio>元素支持的最常见文件格式是 MP3、WAV 和 Ogg。在 JavaScript 里控制音频的方式与视频差不多。

利用 JavaScript 添加和播放音频文件时，只需把它当作其中 JavaScript 或 DOM 对象即可：

```
var soundElement = document.createElement('audio');
soundElement.setAttribute('src', sound.ogg');
soundElement.play();
soundElement.pause();
```

<audio>和<video>标签有很多有用的属性可以通过 JavaScript 进行控制。下面列出了常用的一些，它们作用的效果是立即呈现的：

```
mediaElement.duration
mediaElement.currentTime
mediaElement.playbackRate
mediaElement.muted
```

提示：关于这些标签及其属性和方法的详细介绍，请见 www.whatwg.org/specs/web-apps/ current-work/multipage/the-video-element.html。 **TIP**

举例来说，要想跳转到某首歌的第 45 秒，可以这样：

```
soundElement.currentTime = 45;
```

23.3.5 利用<canvas>在页面上绘图

<canvas>标签能够提供的是页面上的一个矩形区域，我们可以利用JavaScript在其中绘制图形与图像，也可以加载和展现图像文件并控制其显示方式。这个元素有很多实用领域，比如动态图表、JavaScript/HTML游戏和受控动画。

<canvas>元素只是通过它的width和height参数定义一个区域，其他与创建图形内容相关的事情都是通过JavaScript实现的。Canvas 2D API就是绘画方法的一个大集合。

实践

使用<canvas>实现一个移动的圆球

现在利用<canvas>实现一个简单的动画，就是一个红色圆盘（代表一个球）在页面上以圆形轨迹运动。

页面<body>部分里只需要一个<canvas>即可：

```
<canvas id="canvas1" width="400" height="300"></canvas>
```

TIP **提示**：如果不设置width和height参数，默认尺寸是300像素宽，150像素高。

所有的绘图和动画工作都是由JavaScript完成的。

首先需要指定“渲染环境”。在本书编写时，2D是唯一得到广泛支持的环境，3D环境还在开发中。

```
context= canvas1.getContext('2d');
```

<canvas>唯一支持的形状就是简单的矩形：

```
fillRect(x,y,width,height);   //绘制一个填充的矩形
strokeRect(x,y,width,height);   //绘制一个矩形框
clearRect(x,y,width,height);   //清除矩形
```

其他的形状就需要使用一个或多个路径绘制函数才能实现。本例需要绘制一个彩色圆盘，现在就来绘制。

<canvas>提供了很多不同的路径绘制函数：

moveTo(x,y)会移动到指定位置，不绘制任何东西。

lineTo(x,y)会从当前位置到指定位置绘制一条直线。

arc(x,y,r,startAngle,endAngle,anti)绘制弧线，圆心位置是x,y，半径是r，起始角度是startAngle，结束角度是endAngle。默认绘制方向是顺时针。如果最后一个参数是true，就会以逆时针方向绘制。

为了使用这些基本命令来绘制形状，还需要其他一些方法：

```
object.beginPath();
object.closePath();   //  完成剩余部分形状
object.stroke();      //  绘制轮廓形状
object.fill();        //  绘制填充形状
```

为了得到范例需要的球体，我们要绘制一个填充的圆形，颜色是红色，半径是 15，圆心是 50,50：

```
context.beginPath();
context.fillStyle="#ff0000";
context.arc(50, 50, 15, 0, Math.PI*2, true);
context.closePath();
```

为了实现动画效果，需要用一个定时器修改圆心的 *x*,*y* 坐标。

```
function animate() {
    context.clearRect(0,0, 400,300);
    counter++;
    x += 20 * Math.sin(counter);
    y += 20 * Math.cos(counter);
    paint();
}
```

setInterval()方法会重复调用函数 animate()。这个函数每次被调用时，首先用 clearRect()方法清除绘制区域，然后变量 counter 的值会增加，以此作为圆形的新圆心坐标。

完整的代码如程序清单 23.1 所示。

程序清单 23.1　使用<canvas>实现一个移动的圆球

```
<!DOCTYPE HTML>
<html>
<head>
    <title>HTML5 canvas</title>
</head>
<script>
    var context;
    var x=50;
    var y=50;
    var counter = 0;
    function paint()   {
        context.beginPath();
        context.fillStyle="#ff0000";
        context.arc(x, y, 15, 0, Math.PI*2, false);
        context.closePath();
        context.fill();
    }
    function animate() {
        context.clearRect(0,0, 400,300);
        counter++;
        x += 20 * Math.sin(counter);
        y += 20 * Math.cos(counter);
        paint();
    }
    window.onload = function() {
        context= canvas1.getContext('2d');
        setInterval(animate, 100);
    }
</script>
<body>
    <canvas id="canvas1" width="400" height="300">
        <p>Your browser doesn't support the canvas element.</p>
    </canvas>
</body>
</html>
```

在支持<canvas>元素的浏览器打开这个文件，就会看到一个红色圆形在页面上做圆形运动，如图 23.2 所示。

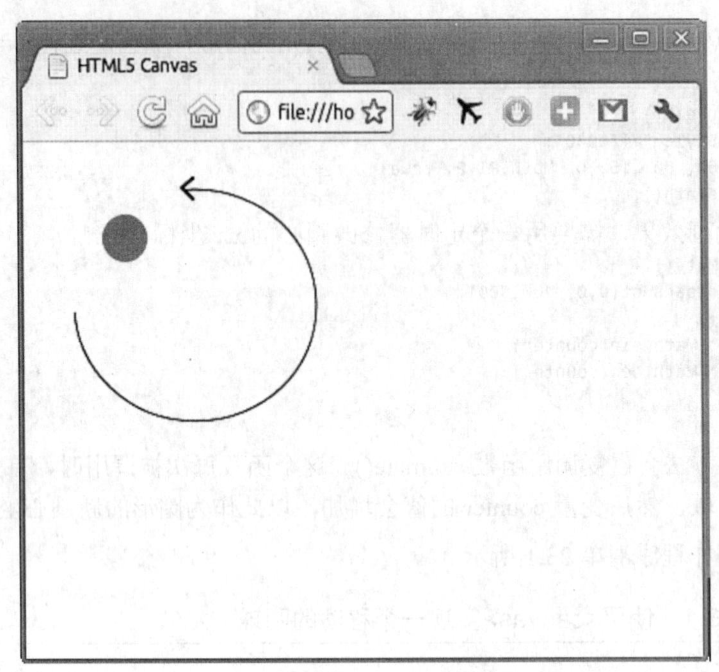

图 23.2 使用<canvas>的动画

23.4 拖放

拖放操作是 HTML5 标准的组成部分，几乎页面上所有元素都是可以拖放的。

想让元素是可以拖动的，只需要把它的 draggable 属性设置为 true：

```
<img draggable="true" />
```

但是拖动操作本身并没有太大的实际意义，被拖动的元素需要能够被放下才有意义。

为了定义元素能够被放到什么地方，并且控制拖动和放下的过程，我们需要编写事件监听器来检测和控制拖放过程的各个部分。

能够用于控制拖放操作的事件有：

- dragstart
- drag
- dragenter
- dragleave
- dragover
- drop
- dragend

为了控制拖放操作，我们需要定义源元素（拖放开始的地方）、数据（拖动的对象）和放置目标（捕获拖动元素的区域）。

> **提示**：不是任何元素都能够作为放置区域的，比如<img>就不能接受放置操作。 **TIP**

dataTransfer 属性包含的数据会在拖放操作中进行传递，它通常在 dragstart 事件处理器里进行设置，由 drop 事件处理器进行读取和处置。

setData(format.data)和 getData(format,data)分别用于这个属性的设置与读取。

实践

HTML5 里的拖放操作

现在来体会一下 HTML5 拖放界面，代码如程序清单 23.2 所示。

程序清单 23.2　HTML5 的拖放操作

```
<!DOCTYPE HTML>
<html>
<head>
    <title>HTML5 Drag and Drop</title>
    <style>
         body {background-color: #ddd; font-family: arial, verdana,
➥sans-serif;}
         #drop1 {width: 200px;height: 200px;border: 1px solid
➥black;background-color: white}
         #drag1 {width: 50px;height: 50px;}
    </style>
    <script>
        function allowDrop(ev) {
            ev.preventDefault();
        }

        function drag(ev) {
            ev.dataTransfer.setData("Text",ev.target.id);
        }

        function drop(ev) {
            var data = ev.dataTransfer.getData("Text");
            ev.target.appendChild(document.getElementById(data));
            ev.preventDefault();
        }

        window.onload = function() {
            var dragged = document.getElementById("drag1");
            var drophere = document.getElementById("drop1");
            dragged.ondragstart = drag;
            drophere.ondragover = allowDrop;
            drophere.ondrop = drop;
        }
    </script>
</head>
<body>
    <div id="drop1" ></div>
    <p>Drag the image below into the box above:</p>
    <img id="drag1" src="drag.gif" draggable="true" />
</body>
</html>
```

为了达到示范的目的，代码里先定义了一些 HTML 元素。id 为 drop1 的<div>元素是捕获拖放操作的放置区域，而 id 为 drag1 的图像元素是要拖动的元素。

代码里定义了三个重要的函数，它们都会接收到当前处理的事件。ev.target 在后台会基于拖放操作的状态而自动变化为相应的事件类型。

➢ 函数 drag(ev)在拖放开始时执行，它把 dataTransfer 属性设置为拖动元素的 id：
```
function drag(ev) {
    ev.dataTransfer.setData("Text",ev.target.id);
}
```
➢ 函数 allowDrop(ev)在拖动元素经过放置区域时执行，它的作用就是阻止放置区域执行默认操作：
```
function allowDrop(ev) {
    ev.preventDefault();
}
```
➢ 函数 drop(ev)会在拖动元素被放下时执行，它会读取 dataTransfer 属性的值来获得拖动元素的 id，把这个元素设置为放置区域的子元素。这时仍然需要阻止放置区域执行默认操作：
```
function drop(ev) {
    var data = ev.dataTransfer.getData("Text");
    ev.target.appendChild(document.getElementById(data));
    ev.preventDefault();
}
```
文件加载在浏览器后的效果类似于图 23.3 所示，我们可以把这个小图像拖放到白色的放置区域，会看到它“停靠”在<dive>元素上。

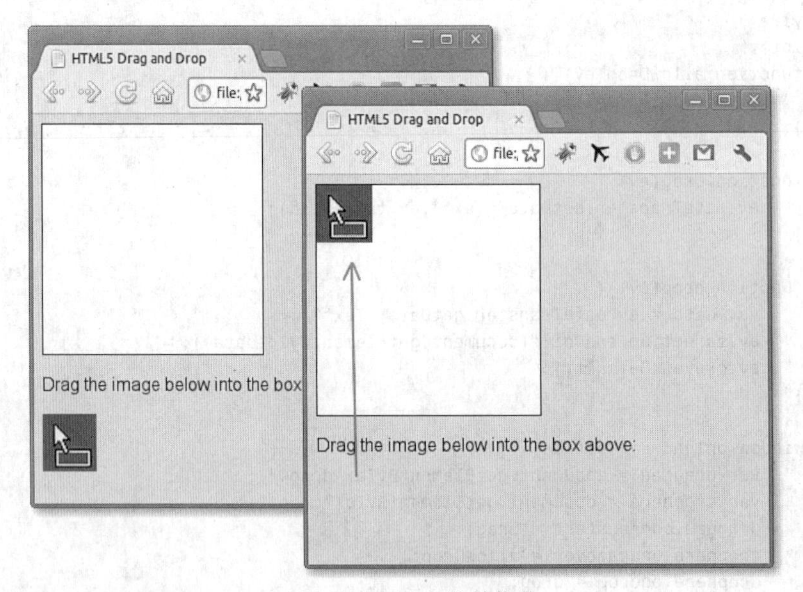

图 23.3　HTML5 拖放操作

23.5　本地存储

HTML5 能够在用户的浏览器里保存大量数据，同时不会对站点的性能造成任何影响。与使用 cookies 相比，Web 存储更加安全和快速。与 cookie 相同的是，数据也是以“关键字/

值”对的方式存储的，而且 Web 页面只能访问自己存储的数据。

在浏览器里实现本地数据存储的两个新对象如下。

- localStorage：存储数据，没有过期时间。
- sessionStorage：只在当前会话中保存数据。

如果不能确定浏览器是否支持本地存储，解决的办法仍然是使用功能检测：

```
if(typeof(Storage)!="undefined") {
    …使用两个新对象进行操作…
}
```

保存数据的方式有两种。一种是调用 setItem 方法，向它传递一个关键字和一个值：

```
localStorage.setItem("key", "value");
```

另一种方式是像操作关联数组一样使用 localStorage 对象：

```
localStorage["key"] = "value";
```

获取数据时也可以使用以下两种方式之一：

```
alert(localStorage.getItem("key"));
```

或

```
alert(localStorage["key"]);
```

23.6 操作本地文件

HTML5 的文件 API 规范让我们终于可以利用 HTML 来访问用户的本地文件了，具体途径有多个。

- File：提供的信息包括名称、大小和 MIME 类型，以及对文件句柄的引用。
- FileList：类似数组的 File 对象列表。
- FileReader：使用 File 和 FileList 异步读取文件的接口。我们可以查看读取进程、捕获错误、判断文件何时加载完成。

查看浏览器的支持情况

利用功能检测可以查看浏览器是否支持文件 API：

```
if (window.File && window.FileReader && window.FileList) {
    //进行操作
}
```

实践

与本地文件系统交互

我们将修改前一个拖放操作的范例，实现多个本地文件拖放到 Web 页面的操作，方法是使用 FileList 数据结构。

修改后的 drop(ev)函数是这样的：

```
function drop(ev) {
        var files = ev.dataTransfer.files;
        for (var i = 0; i < files.length; i++) {
            var f = files[i];
            var pnode = document.createElement("p");
            var tnode = document.createTextNode(f.name + " (" +
➥f.type + ") " + f.size + " bytes");
            pnode.appendChild(tnode);
            ev.target.appendChild(pnode);
        }
        ev.preventDefault();
    }
```

在这里，程序从 dataTransfer 对象提取了 FileList，它包含了拖放文件的信息：

```
var files = ev.dataTransfer.files;
```

然后依次处理每个文件：

```
for (vari=0; i<files.length; i++) {
    var f=files[i];
    …对每个文件进行操作…
}
```

完整的代码如程序清单 23.3 所示。

程序清单 23.3　与本地文件系统交互

```
<!DOCTYPE HTML>
<html>
<head>
    <title>HTML5 Local Files</title>
    <style>
        body {background-color: #ddd; font-family: arial, verdana,
➥sans-serif;}
        #drop1 {
            width: 400px;
            height: 200px;
            border: 1px solid black;
            background-color: white;
            padding: 10px;
        }
    </style>
    <script>
        function allowDrop(ev) {
            ev.preventDefault();
        }

        function drop(ev) {
            var files = ev.dataTransfer.files;
            for (var i = 0; i < files.length; i++) {
                var f = files[i]
                var pnode = document.createElement("p");
                var tnode = document.createTextNode(f.name + " (" +
➥f.type + ") " + f.size + " bytes");
                pnode.appendChild(tnode);
                ev.target.appendChild(pnode);
            }
            ev.preventDefault();
        }

        window.onload = function() {
            var drophere = document.getElementById("drop1");
            drophere.ondragover = allowDrop;
```

```
            drophere.ondrop = drop;
        }
    </script>
</head>
<body>
    <div id="drop1" ></div>
    <output id="text"></output>
</body>
</html>
```

在浏览器里加载这个页面，我们可以从本地文件系统向页面的放置区域拖放文件，然后就能看到文件名称、MIME 类型和大小信息，如图 23.4 所示。

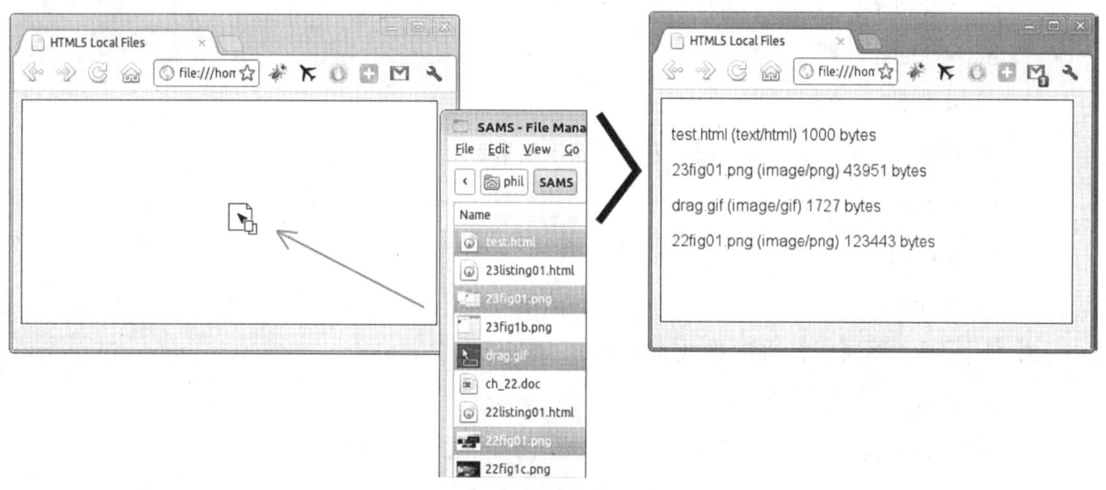

图 23.4　与本地文件系统交互

▲

23.7 小结

HTML5 为 HTML 提供了一系列新功能，让这种标签语言更好地完成 Web 应用的基础工作，也让 JavaScript 能够使用一些崭新的 API。

本章简要介绍了一些新功能，也展现了使用这些新 API 的实用代码。

23.8 问答

问：学习 HTML5 的最佳途径是什么？

答：学习 HTML5 的最佳途径是使用它。利用 HTML5 的特性建立页面，比如使用语义明确的标签，尝试音频和视频回放，尝试拖放操作，使用本地存储，使用文件 API，使用<canvas>建立动画。如果遇到问题，互联网上有很多教程、博客和范例代码都可以提供帮助。

问：已经有使用 HTML5 的实用站点了吗？

答：当然，有很多。详情请见 http://html5gallery.com/。

23.9 作业

请先回答问题，再查看后面的答案。

23.9.1 测验

1．下面哪个标签不是HTML5语义化元素？

a．<header>

b．<sidebar>

c．<nav>

2．下面哪个方法不属于<audio>和<video>元素？

a．play()

b．pause()

c．stop()

3．下面哪个不属于标准的拖放事件？

a．drag

b．dragover

c．dragout

23.9.2 答案

1．选b。<sidebar>不是有效的HTML5元素。

2．选c。没有stop()方法。

3．选c。没有dragout事件，应该是dragleave事件。

23.10 练习

尝试把前面章节的范例用HTML5重写。

HTML5目前还是相当新潮的东西，如果想了解浏览器对于HTML5各种特性的支持情况，可以查看 http://caniuse.com/或 http://html5readiness.com/。

第 24 章

Web 页面之外的 JavaScript

本章主要内容包括：

- Web 页面之外的 JavaScript 应用程序实例
- 如何给 Google Chrome 编写浏览器扩展

到目前为止，我们已经介绍了很多关于 JavaScript 在 Web 页面里的操作。但 JavaScript 不是只能用于 Web 页面，还可以建立和扩展来增强浏览器的功能。而且除了浏览器之外，很多工具软件也都内置了 JavaScript 解释程序，它们通常提供自己的对象模型来模拟主机环境，但核心 JavaScript 语言在大多数情况下都能保持基本相同的效果。

本章将介绍 JavaScript 如何在 Web 页面之外发挥作用，并将给 Google Chrome 浏览器编写一个扩展程序。

24.1 浏览器之外的 JavaScript

除在 Web 页面外，JavaScript 还可以用于很多场合来实现应用程序：

- 为 Google Chrome、Opera 和 Apple Safari 5 浏览器编写扩展，给 Apple Dashboard、微软、Yahoo!和 Google Desktop 编写微件。
- Adobe Acrobat 和 Adobe Reader 的 PDF 文件，以及很多第三方应用程序都支持 JavaScript。
- Adobe 的 Photoshop、Illustrator、Dreamweaver 和其他很多程序都支持 JavaScript 编写脚本。
- OpenOffice.org 的办公软件套装（及其同族 LibreOffice）把 JavaScript 作为宏脚本语言之一。这些软件主要是用 Java 开发的，并且基于 Mozilla Rhino 提供了 JavaScript 实现。JavaScript 宏语言能够访问应用程序的变量和对象，很像 Web 浏览器脚本访问页面的 DOM。

- Sphere 是一种编写角色扮演游戏的开源、跨平台程序，Unity 游戏引擎支持使用 JavaScript 脚本。
- Google Apps Script 允许用户利用 JavaScript 访问和控制 Google Spreadsheets 和其他产品。
- ActionScript 是 Adobe Flash 使用的一种编程语言，它是 ECMAScript 标准的另一种实现。
- Mozilla 平台是 Firefox、Thunderbird 和其他一些项目的基础，使用 JavaScript 编写这些程序的图形化用户界面。

在本书的这最后一章里，我们将实际尝试其中一种应用：给 Google Chrome 浏览器编写一个扩展。

24.2 编写 Google Chrome 扩展

扩展是在 Web 浏览器内部运行的一种小程序，提供额外的服务，比如集成第三方站点或数据源、定制用户浏览器的体验。Google Chrome 扩展就是一些文件集合，包括 HTML、CSS、JavaScript、图像等，打包为一个 zip 文件（尽管其文件后缀是.crx）。

扩展程序的基本功能就是创建一个 Web 页面。能够使用浏览器给普通 Web 页面提供的全部界面元素，包括 JavaScript 库、CSS 样式表、XMLHttpRequest 对象等。

扩展程序能够与 Web 页面或服务器进行交互，还可以通过代码与浏览器功能（比如标签和选项卡）进行交互。

24.2.1 建立简单的扩展程序

第一个步骤是在计算机上建立一个文件夹，用于保存扩展程序的代码。

每个扩展程序都有一个清单文件：manifest.json。它使用 JSON 格式，包含了关于扩展程序的重要信息。

这个清单文件可以包含很多参数和选项，但只有两个字段是必须的：name 和 version。

```
"name": "My Chrome Extension",
"version": "1.0"
```

现在在新文件夹里创建一个文本文件，命名为 manifest.json，输入如下内容：

```
{
    "name": "My First Extension",
    "version": "1.0",
    "description": "Hello World extension.",
    "browser_action": {
        "default_icon": "icon.png",
        "popup": "popup.html"
    }
}
```

在同一个文件夹里保存一个图标 icon.png，再按照程序清单 24.1 新建 popup.html 文件，也保存到这个文件夹。

程序清单 24.1　Google Chrome 扩展 popup.html

```
<!DOCTYPE html>
<html>
<head>
    <style>
        body {
            width:350px;
        }
        div {
            border: 1px solid black;
            padding: 20px;
            font: 20px normal helvetica, verdana, sans-serif;
        }
    </style>
    <script>
        function sayHello() {
            var message = document.createTextNode("Hello World!");
            var out = document.createElement("div");
            out.appendChild(message);
            document.body.appendChild(out);
        }
        window.onload = sayHello;
    </script>
</head>
<body>
</body>
</html>
```

点击浏览器上的扳手图标，然后选择“Tools” > “Extensions”。

选中“Developer Mode”选项，可以看到更多一点的信息。

然后点击“Load Unpacked Extensions”按钮，找到保存扩展程序文件的文件夹并选择它，就会看到类似图 24.1 所示的内容。

图 24.1　在 Extensions 页面里查看扩展程序

选中扩展程序名称旁边的复选框从而启用这个扩展，这样就可以点击工具栏图标来运行扩展程序了，如图 24.2 所示。

图 24.2 作为 Google Chrome 扩展程序的 Hello World

24.2.2 调试扩展程序

右击代表扩展程序的图标，在弹出菜单里可以看到启用或禁用扩展程序的选项，还有一个 Inspect popup 选项，点击它就会打开 Chrome 的开发者工具，如图 24.3 所示。

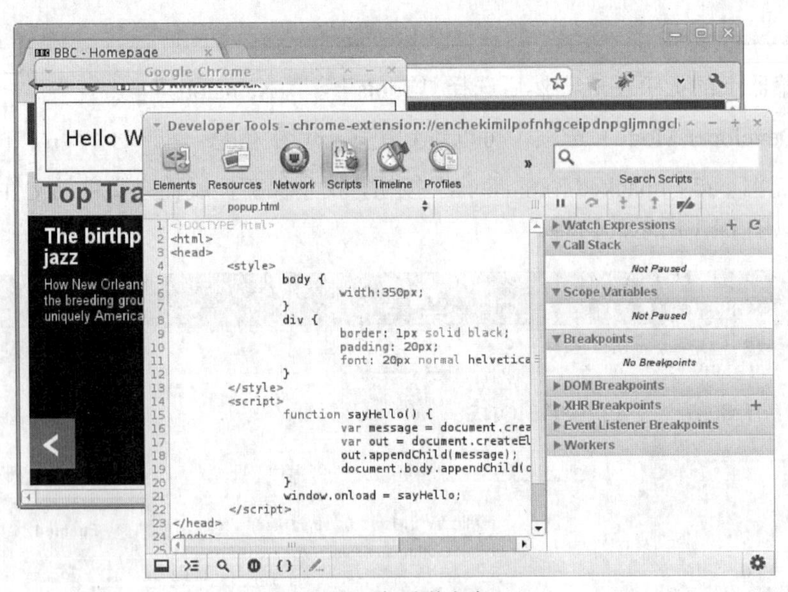

图 24.3 查看弹出窗口

实践

获得机场信息的 Chrome 扩展程序

现在来让这个 Chrome 扩展更加实用一些。通过利用 jQuery 库，这个弹出窗口能够获取关于美国机场的当前信息。

提示：关于 jQuery 的介绍可以参考第 20 章。 TIP

为此，需要从代码里实现一个 Ajax 调用，访问 http://services.faa.gov/的信息源。如果想了解这个服务是如何工作的，可以查看 http://services.faa.gov/airport/status/ SFO?format=application/json。

SFO 是旧金山机场的缩写代码。我们当然可以使用其他代码来替换前面 URL 里的 SFO，比如 LAX 代表洛杉矶国际机场，SEA 代表西雅图塔科马国际机场。

提示：从 http://www.fly.faa.gov/flyfaa/usmap.jsp 上可以了解机场代码和它们的位置。 TIP

format 参数告诉服务器我们希望以 JSON 字符串格式返回信息：

```
{"name":"San Francisco
International","ICAO":"KSFO","state":"California","status":{"avgDelay":""
➥,"closureEnd":"","closureBegin":"","type":"","minDelay":"","trend":"",
➥"reason":"No known delays for this
➥airport.","maxDelay":"","endTime":""},"delay":"false","IATA":"SFO","
➥city":"San Francisco","weather":{"weather":"Partly
➥Cloudy","meta":{"credit":"NOAA's National Weather
➥Service","url":"http://weather.gov/","updated":"1:56 AM
➥Local"},"wind":"Southwest at 9.2mph","temp":"44.0 F (6.7
➥C)","visibility":"10.00"}}
```

我们用代码解析这段信息，以更友好的形式显示出来。

首先我们在计算机上新建一个文件夹，命名为 airport，它也会像前面的范例一样包含三个文件。

图标文件

选择一个图标文件，它会显示在 Chrome 工具栏里，用于加载这个扩展程序。本例使用的文件是 plane.png，是个 20 像素×20 像素的机场图标。

manifest.json 文件

这个清单文件与前例的十分相似，但有一个明显的不同之处：一个新参数 permissions。程序中将使用 Ajax 调用来获取 services.faa.gov 上的信息，但 Ajax 调用只能用于页面所在的域。添加了 permissions 参数之后，Chrome 就会向服务器发送适当的 header 信息来满足这个要求。完整的 manifest.json 如程序清单 24.2 所示。

程序清单 24.2 manifest.json 文件

```
{
    "name": "Airport Information",
    "version": "1.0",
    "description": "Information on US airports",
    "browser_action": {
        "default_icon": "plane.png",
        "popup": "popup.html"
    },
    "permissions": [
    "http://services.faa.gov/"
  ]
}
```

HTML 文件

范例的 HTML 文件也叫 popup.html。当然可以使用其他名称，但要相应地修改 manifest.json 文件，改变 popup 参数的设置。

这个 HTML 文件的代码如程序清单 24.3 所示。

程序清单 24.3　基本的 HTML 文件 popup.html

```
<!DOCTYPE html>
<html>
<head>
    <title>Airport Information</title>
    <style>
        body {
            width:350px;
            font: 12px normal arial, verdana, sans-serif;
        }
        #info {
            border: 1px solid black;
            padding: 10px;
        }
    </style>
</head>
<body>
    <h2>Airport Information</h2>
    <input type=Text id="airportCode" value="SFO" size="6" />
    <input id="btn" type="button" value="Get Information" />
    <div id="info"></div>
</body>
</html>
```

除了 CSS 样式之外，这个页面只包含几个简单的元素：一个输入字段用于接收机场代码，其默认值是 SFO；一个按钮用来发出数据请求；还有一个<div>用来显示返回的结果。

接下来给页面添加 JavaScript 代码。

由于要利用 jQuery 来简化编码工作，所以首先要做的是在页面引用它，这次我们用 CDN 方式：

```
<script src="http://code.jquery.com/jquery-latest.min.js" /></script>
```

在页面完成加载之后，我们需要给“Get Information”按钮添加一些代码，从而根据输入字段里的机场代码构造请求 URL，进行 Ajax 调用。由于远程服务的响应需要一定的时间，在此期间提示用户操作正在进行会给用户不错的体验。

下面就是完成这些任务的代码：

```
$(document).ready(function(){
    $("#btn").click(function(){
        $("#info").html("Getting information ...");
        var code = $("#airportCode").val();
        $.get("http://services.faa.gov/airport/status/" + code +
"?format=application/json",
            '',
            function(data){
                displayData(data);
            }
        );
    });
});
```

在页面加载之后，jQuery 给按钮的 onClick 事件处理器添加代码。

首先利用 jQuery 的 html()方法给<div>元素添加提示信息，稍后获得的机场信息会覆盖这个提示。

```
$("#info").html("Getting information ...");
```

接下来从输入字段获得机场代码：

```
var code = $("#airportCode").val();
```

然后构造 Ajax 调用，这里使用了 GET 方法：

```
$.get("http://services.faa.gov/airport/status/" + code +
"?format=application/json",
    '',
    function(data){
        displayData(data);
    }
);
```

Ajax 调用的回调函数是 displayData()，会调整返回数据的格式，显示给用户。

```
function displayData(data) {
    var message = "Airport: " + data.name + "<br />";
    message += "<h3>STATUS:</h3>";
    for (i in data.status) {
        if(data.status[i] != "") message += i + ": " + data.status[i] +
"<br />";
    }
    message += "<h3>WEATHER:</h3>";
    for (i in data.weather) {
        if(i != "meta") message += i + ": " + data.weather[i] + "<br />";
    }
    $("#info").html(message);
}
```

从第 8 章的介绍可以知道，JSON 数据会被直接解释为层级结构的 JavaScript 对象集合。displayData(data)函数接收返回的 JSON 对象，获取 data.name（一个字符串）、data.status 和 data.weather（本身也是对象集合），从而构造要显示的内容。

完整的代码如程序清单 24.4 所示。

程序清单 24.4　完整的 popup.html

```
<!DOCTYPE html>
<html>
<head>
    <title>Airport Information</title>
    <style>
        body {
            width:350px;
            font: 12px normal arial, verdana, sans-serif;
        }
        #info {
            border: 1px solid black;
            padding: 10px;
        }
    </style>
    <script src="http://code.jquery.com/jquery-latest.min.js" /></script>
    <script>
        function displayData(data) {
            var message = "Airport: " + data.name + "<br />";
            message += "<h3>STATUS:</h3>";
            for (i in data.status) {
```

```
                if(data.status[i] != "") message += i + ": " +
➥data.status[i] + "<br />";
            }
                message += "<h3>WEATHER:</h3>";
            for (i in data.weather) {
                if(i != "meta") message += i + ": " + data.weather[i] +
➥"<br />";
            }
            $("#info").html(message);
        }
        $(document).ready(function(){
            $("#btn").click(function(){
                $("#info").html("Getting information ...");
                var code = $("#airportCode").val();
                $.get("http://services.faa.gov/airport/status/" + code +
➥"?format=application/json",
                    '',
                    function(data){
                        displayData(data);
                    }
                );
            });
        });
    </script>
</head>
<body>
    <h2>Airport Information</h2>
    <input type=Text id="airportCode" value="SFO" size="6" />
    <input id="btn" type="button" value="Get Information" />
    <div id="info"></div>
</body>
</html>
```

把三个文件保存到 airport 文件夹，就可以像前面的范例一样把这个扩展添加到 Google Chrome。

点击扩展程序的图标，页面上会出现一个简单的表单。输入机场代码，点击 Get Information 按钮，程序就会从远程站点获取信息，以便以阅读的方式展现出来。

图 24.4 展示了这个扩展程序的运行情况。

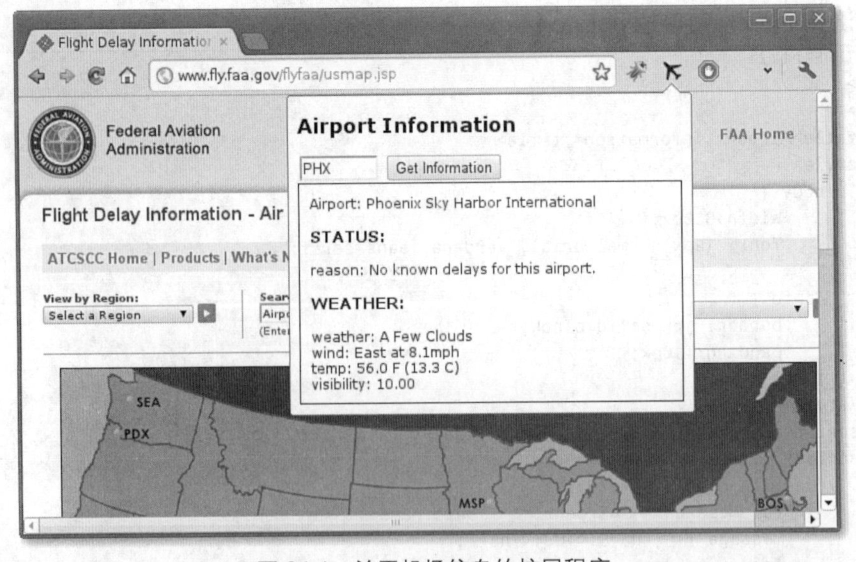

图 24.4 关于机场信息的扩展程序

打包扩展程序

在完成扩展程序的开发之后，在扩展程序页面点击“打包扩展程序…”按钮，扩展程序就会被打包为.crx 文件。我们可以在站点提供这个文件，用户就可以在自己的 Google Chrome 上安装这个扩展程序了。

▲

24.2.3 下一步

本章介绍的练习只是 Chrome 扩展程序的皮毛。Chrome 对于 HTML5 和 CSS3 提供了很好的支持，我们可以在扩展程序中使用最新的 Web 技术，比如 canvas、localStorage 和 CSS 动画，以及访问外部 API 和数据源；甚至可以给 Chrome 浏览器的用户界面添加按钮，或是在浏览器窗口之外弹出提示内容。

24.3 小结

本章，实际也是本书，到此就结束了。

在最后一章里，我们介绍了 JavaScript 在 HTML Web 页面之外的应用，还编写了 Google Chrome 浏览器的一个扩展作为范例。

本书介绍了 JavaScript 的很多方面，从让页面更生动的基本语句，到专业项目中使用的复杂 JavaScript 技术。

希望本书介绍的内容能够帮助读者获取扎实的 JavaScript 基础知识，从而能够利用这种有趣且实用的语言进一步提高自己的编码技巧。

祝各位在 JavaScript 的世界里找到属于自己的快乐！

24.4 问答

问：能否以本章介绍的编写 Chrome 扩展程序的方式给 Firefox 编写扩展程序呢？

答：在 Mozilla 平台创建扩展有一点点复杂，除了要使用 JavaScript 外，还需要混合一点 XML。详情请见 https://developer.mozilla.org/en/XUL_School/Getting_Started_with_Firefox_ Extensions。

问：能否用 JavaScript 编写完全独立的、不必在浏览器里运行的程序？

答：可以。比如 Node js（www.nodejs.org），它是一个平台，建立在 Google Chrome 的 JavaScript 运行引擎上，用于建立服务器端网络应用程序，比如 Web 服务器、聊天程序、网络监测工具等。

24.5 作业

请先回答问题，再参考后面的答案。

24.5.1 测验

1．Google Chrome扩展程序的信息包含在哪个文件里？

a．manifest.json

b．manifest.js

c．manifest.txt

2．Google Chrome扩展程序的文件后缀是：

a．.js

b．.xml

c．.crx

24.7.2 答案

1．选a。

2．选c。Google Chrome扩展程序的文件后缀是.crx。

24.6 练习

查看www.programmableweb.com/apitag/weather?format=JSON列出的JSON API，尝试自己编写简单的Chrome扩展程序来显示这些数据。

查看Node js（www.nodejs.org）的文档，了解如何使用JavaScript编写服务器端脚本。

第七部分

附录

附录 A

JavaScript 开发工具

JavaScript 开发并不需要什么特殊的工具或软件，一个文本编辑器和一个浏览器就足够了。

大多数操作系统都会内置这两种软件，而且一般情况下它们的功能对于编写代码来说都是足够的。

但是也还有一些工具可以帮助我们提高工作效率，比如接下来要介绍的这些。

提示：请注意查看相关站点或软件包里的许可规则。 ***TIP***

A.1 编辑器

对于编辑器的选择完全是取决于个人喜好的，而且大多数程序员都有自己的偏爱。下面列出的是常见的免费编辑软件。

A.1.1 Notepad++

如果是在 Windows 环境下进行开发，大家一定都知道记事本这个软件了。Notepad++（http://notepad-plus-plus.org）是个功能更加强大的编辑器，同时还保持了体积小巧、运行快速的特点。

Notepad++支持行号、语法和括号突出显示、宏、搜索和替换等大量功能。

A.1.2 jEdit

jEdit 是个用 Java 编写的免费编辑器，可以安装在任何具有 Java 虚拟机的平台（比如 Windows、Mac OS X、OS/2、Linux 等）上。

jEdit 是拥有自己版权的功能完整的编辑器，但还可以通过超过 200 个插件进行扩展，从而成为完整的开发环境或高级的 XML/HTML 编辑器。

jEdit 的下载地址是 www.jedit.org。

A.1.3 SciTE

SciTE 最初是作为 Scintilla 编辑软件的一个组件开发的，现在已经发展为功能完整强大，具有自己版权的编辑器。

从 www.scintilla.org/SciTE.html 上可以下载它在 Windows 和 Linux 平台的免费版本，而苹果用户可以从 App 商店获得商业版。

A.1.4 Geany

Geany（www.geany.org）是个功能强大的编辑器，也可以当作基本的 IDE（集成开发环境）使用。它最初的开发目标是一个小巧、快速的 IDE，能够安装在 GTK 工具集支持的任何平台上，包括 Windows、Linux、Mac OS X 和 fressBSD。

Geany 可以免费下载，使用权限遵循 GNU 通用公共许可。

A.2 验证程序

为了确保页面无论在什么浏览器和操作系统都按照预期正常工作，我们需要对 HTML 代码的正确性与对标准的遵循程度进行检查。

下面介绍一些能够对此有所帮助的在线工具和程序。

A.2.1 W3C 验证服务

W3C 在 http://validator.w3.org/提供了一个在线验证器，可以检查 HTML、XHTML、SMIL、MathML 和其他标签语言文档的有效性。我们可以输入待检查页面的 URL，或是把代码直接拷贝粘贴到验证器里。

CSS 验证的方式与之类似，地址是 http://jigsaw.w3.org/css-validator/validator.html.en。

A.2.2 Web 设计组（WDG）

WDG 也提供了在线验证，地址是 www.htmlhelp.com/tools/validator/。

它与 W3C 验证器类似，但在某些环境下会提供一点更有用的信息，比如警告有效但有危险的代码，或是突出显示未定义的引用（而不是简单地把它们列为错误）。

A.3 调试与检验工具

在尝试追踪 JavaScript 代码里隐藏错误时，或是在分析支行时间来提高脚本速度时，调试工具可以明显地节约我们的时间。

检验工具能够帮助我们编写条理清楚、简洁、可读性强和跨平台的代码。

调试和检验工具有很多种，下面介绍其中常用的一些工具。

A.3.1 Firebug

Firebug 集成在 Mozilla Firefox 浏览器里，是个出色的调试、编辑工具。详情请见 http://getfirebug.com/javascript。

A.3.2 JSLint

JSLint（www.jslint.com）由 Douglas Crockford 编写，能够分析 JavaScript 源代码并报告潜在的问题，包括样式规范和代码错误。

附录 B

JavaScript 快速参考

本附录中的表 B.1、表 B.2、表 B.3 和表 B.4 列出了 JavaScript 中最常用的一些元素，以及内置对象的一些属性和方法。

表 B.1　　JavaScript 操作符

<table>
<tr><th>操作符</th><th>描述</th></tr>
<tr><td colspan="2">算术操作符</td></tr>
<tr><td>*</td><td>两个数相乘</td></tr>
<tr><td>/</td><td>两个数相除</td></tr>
<tr><td>%（模）</td><td>两个数进行整数除法之后的余数</td></tr>
<tr><td colspan="2">字符串操作符</td></tr>
<tr><td>+</td><td>（字符串相加）连接两个字符串</td></tr>
<tr><td>+=</td><td>连接两个字符串，并且把得到的字符串赋予第一个操作对象</td></tr>
<tr><td colspan="2">逻辑操作符</td></tr>
<tr><td>&&</td><td>（逻辑与）如果两个操作数都是 true，就返回 true；否则返回 false</td></tr>
<tr><td>||</td><td>（逻辑或）只要有一个操作是 true，就返回 true；如果两个操作数都是 false，就返回 false</td></tr>
<tr><td>!</td><td>（逻辑非）如果操作数是 true，就返回 false；如果操作数是 false，就返回 true</td></tr>
<tr><td colspan="2">位操作符</td></tr>
<tr><td>&</td><td>（位与）如果操作数的对应位都是 1，返回值的相应位就是 1</td></tr>
<tr><td>^</td><td>（位异或）如果操作数的对应位中只有一个是 1，返回值的相应位就是 1</td></tr>
<tr><td>|</td><td>（位或）如果操作数的对应位中有一个是 1，返回值的相应位就是 1</td></tr>
<tr><td>-</td><td>（位非）把 1 的位置变成 0，把 0 的位置变成 1，也就是把每一位都取反</td></tr>
<tr><td><<</td><td>（左移位）把第一个操作数向左移动第二个操作数指定的位数</td></tr>
<tr><td>>></td><td>（符号填充的右移位）把第一个操作数向右移动第二个操作数指定的位数</td></tr>
<tr><td>>>></td><td>（0 填充的右移位）把第一个操作数向右移动第二个操作数指定的位数，同时从左方移入 0</td></tr>
<tr><td colspan="2">赋值操作符</td></tr>
<tr><td>=</td><td>如果第一个操作数是变量，把第二个操作数的值赋予它</td></tr>
<tr><td>+=</td><td>如果第一个操作数是变量，就把两个操作数相加，把结果赋予它</td></tr>
<tr><td>-=</td><td>如果第一个操作数是变量，就把两个操作数相减，把结果赋予它</td></tr>
<tr><td>*=</td><td>如果第一个操作数是变量，就把两个操作数相乘，把结果赋予它</td></tr>
<tr><td>/=</td><td>如果第一个操作数是变量，就把两个操作数相除，把结果赋予它</td></tr>
</table>

续表

%=	如果第一个操作数是变量，就对两个操作数进行模运算，把结果赋予它
&=	如果第一个操作数是变量，就对两个操作数进行位与运算，把结果赋予它
^=	如果第一个操作数是变量，就对两个操作数进行位异或运算，把结果赋予它
|=	如果第一个操作数是变量，就对两个操作数进行位或运算，把结果赋予它
<<=	如果第一个操作数是变量，就对两个操作数进行左移位操作，把结果赋予它
>>=	如果第一个操作数是变量，就对两个操作数进行右移位操作，把结果赋予它
>>>=	如果第一个操作数是变量，就对两个操作数进行填 0 的右移位操作，把结果赋予它
比较操作符	
==	（相等操作符）如果两个操作数彼此相等，返回 true
!=	（不相等操作符）如果两个操作数不相等，返回 true
===	（严格相等）如果两个操作数类型相同、值相等，返回 true
!==	（严格不相等）如果两个操作数或者类型不同，或者值不相等，返回 true
>	（大于）如果第一个操作数的值大于第二个操作数，返回 true
>=	（大于等于）如果第一个操作数的值大于或等于第二个操作数，返回 true
<	（小于）如果第一个操作数的值小于第二个操作数，返回 true
<=	（小于等于）如果第一个操作数的值小于或等于第二个操作数，返回 true
特殊操作符	
?:	（条件操作符）执行像“if...else”的操作
,	（逗号操作符）计算两个表达式的值，返回第二个表达式的值
delete	（删除）删除一个对象，并且把它从内存移除；或是删除对象的属性，或是删除数组里的一个元素
function	创建匿名函数
in	如果指定对象包含特定属性，就返回 true
instanceof	如果指定对象是特定类型的实例，就返回 true
new	创建指定类型的一个新对象
typeof	返回操作数的类型名称
void	允许计算表达式的值但不返回值

表 B.2　　字符串方法

方法	描述
substring	返回字符串的一部分
toUpperCase	把字符串里全部字符转化为大写
toLowerCase	把字符串里全部字符转化为小写
indexOf	在一个字符串里寻找另一个字符串
lastIndexOf	从一个字符串的末尾开始寻找另一个字符串
replace	在字符串里寻找特定子串，用新的子串替代找到的子串
split	把字符串分解为一个数组，返回一个新数组
link	利用字符串的文本创建一个 HTML 链接
anchor	在当前页面里创建一个 HTML 锚点

表 B.3 Math 对象

属性	描述
	常数
E	自然对数的底（大约是 2.718）
LN2	2 的自然对数（大约是 0.693）
LN10	10 的自然对数（大约是 2.302）
LOG2E	以 2 为底 e 的对数（大约是 1.442）
LOG10E	以 10 为底 e 的对数（大约是 0.434）
PI	圆周率（大约 3.141 59）
SQRT1_2	0.5 的平方根（大约是 0.707）
SQRT2	2 的平方根（大约是 1.414 2）
方法	描述
	代数
acos	反余弦
asin	反正弦
atan	反正切
cos	余弦
sin	正弦
tan	正切
	统计与对数
exp	返回 e（自然对数）的幂
log	返回数值的自然对数
max	接收两个数值，返回较大的数值
min	接收两个数值，返回较小的数值
	基本运算和取整
abs	数值的绝对值
ceil	把数值向上取整到最近的整数
floor	把数值向下取整到最近的整数
pow	一个数值与另一个数值的幂
round	把数值取整到最近的整数
sqrt	数值的平方根
随机数	
random	0 到 1 之间的随机数

表 B.4 Date 对象

方法	描述
getDate()	返回月份里的日期（1～31）
getDay()	返回星期里的日期（0～6）

续表

方法	描述
getFullYear()	返回年份（四位数字）
getHours()	返回小时数（0～23）
getMilliseconds()	返回毫秒数（0～999）
getMinutes()	返回分钟数（0～59）
getMonth()	返回月份数（0～11）
getSeconds()	返回秒数（0～59）
getTime()	获得自 1970 年 1 月 1 日以来的毫秒数
getTimezoneOffset()	返回与 GMT 的时差及本地时间，单位是分
getUTCDate()	根据全球统一时间返回月份里的日期（1～31）
getUTCDay()	根据全球统一时间返回星期里的日期（0～6）
getUTCFullYear()	根据全球统一时间返回年份（四位数字）
getUTCHours()	根据全球统一时间返回小时数（0～23）
getUTCMilliseconds()	根据全球统一时间返回毫秒数（0～999）
getUTCMinutes()	根据全球统一时间返回分钟数（0～59）
getUTCMonth()	根据全球统一时间返回月份数（0～11）
getUTCSeconds()	根据全球统一时间返回秒数（0～59）
parse()	解析日期字符串，返回自 1970 年 1 月 1 日午夜至今的毫秒数
setDate()	设置月份里的日期数（1～31）
setFullYear()	设置年份（四位数字）
setHours()	设置小时数（0～23）
setMilliseconds()	设置毫秒数（0～999）
setMinutes()	设置分钟数（0～59）
setMonth()	设置月份数（0～11）
setSeconds()	设置秒数（0～59）
setTime()	对自 1970 年 1 月 1 日午夜以来的毫秒数进行加减，以结果设置日期和时间
setUTCDate()	根据全球统一时间设置月份里的日期（1～31）
setUTCFullYear()	根据全球统一时间设置年份（四位数字）
setUTCHours()	根据全球统一时间设置小时数（0～23）
setUTCMilliseconds()	根据全球统一时间设置毫秒数（0～999）
setUTCMinutes()	根据全球统一时间设置分钟数（0～59）
setUTCMonth()	根据全球统一时间设置月份数（0～11）
setUTCSeconds()	根据全球统一时间设置秒数（0～59）
toDateString()	把 Date 对象的日期部分转化为直观的字符串
toLocaleDateString()	以遵循本地规范的字符串返回 Date 对象的日期部分
toLocaleTimeString()	以遵循本地规范的字符串返回 Date 对象的时间部分

续表

方法	描述
toLocaleString()	以遵循本地规范的字符串返回 Date 对象
toString()	把 Date 对象转化为字符串
toTimeString()	把 Date 对象的时间部分转化为字符串
toUTCString()	根据全球统一时间把 Date 对象转化为字符串
UTC()	根据全球统一时间，返回自 1970 年 1 月 1 日午夜以来的毫秒数
valueOf()	返回 Date 对象的原始值